JN113510

大東亜戦争
戦犯として処刑された陸軍将官36人列伝

伊藤 禎
Ito Tadashi

大東亜戦争　戦犯として処刑された陸軍将官36人列伝

目次

はじめに……………………………………7
執筆の経緯
戦犯
戦犯指名
本書の特徴
大東亜戦争の呼称

大将

①板垣征四郎（第七方面軍司令官）18
②木村兵太郎（ビルマ方面軍司令官　元陸軍次官）33
③土肥原賢二（教育総監）44
④東條英機（予備役　元内閣総理大臣　陸軍大臣　陸軍参謀総長）56
⑤松井石根（元中支那方面軍司令官兼上海派遣軍司令官）92
⑥山下奉文（第十四方面軍司令官）107

（注）Ａ級戦犯として処刑された広田弘毅（元首相）は文官のため除外した。松井石根、山下奉文は実質ＢＣ級戦犯として裁かれた。

中将

①岡田　資（第十三方面軍司令官）　134
②河村参郎（第二百二十四師団長）　141
③洪　思翊（第十四方面軍兵站監）　153
④河野　毅（歩兵第七十七旅団長）　161
⑤近藤新八（第百三十師団長）　166
⑥酒井　隆（予備役　元第二十三軍司令官）　172
⑦田島彦太郎（独立混成第六十一旅団長）　180
⑧立花芳夫（第百九師団長）　185
⑨田中久一（第二十三軍司令官兼香港占領地総督）　193
⑩田辺盛武（第二十五軍司令官）　200
⑪谷　寿夫（第五十九軍司令官兼中国軍管区司令官）　214
⑫田上八郎（第三十六師団長）　223
⑬西村琢磨（予備役　シャン州政庁長官　元近衛師団長）　234
⑭馬場正郎（第三十七軍司令官）　244
⑮原田熊吉（第五十五軍司令官兼四国軍管区司令官　元第十六軍司令官）　251

⑯福栄真平（第百二師団長） 258
⑰本間雅晴（予備役　元第十四軍司令官） 268
⑱武藤　章（第十四方面軍参謀長　元軍務局長） 285

少将

①齋　俊男（独立混成第三十六旅団長） 314
②鏑木正隆（第五十五軍参謀長） 321
③河根良賢（北支那自動車廠長） 327
④佐々　誠（中部軍付　元タイ俘虜収容所長） 336
⑤佐藤為徳（独立混成第三十五旅団長） 343
⑥田中　透（台湾歩兵第二連隊長） 353
⑦平野儀一（歩兵第九十二旅団長） 360
⑧藤重正従（歩兵第十七連隊長） 367
⑨谷萩那華雄（第二十五軍参謀長） 374
⑩山本省三（主計　第二十五軍経理部長） 383
⑪大塚　操（法務　第七方面軍法務部長） 390

⑫日高己雄（法務　南方軍法務部長）　395

終わりに……………………………………400
戦犯法廷の問題点
事後法と罪刑法定主義
刑死将官列伝一覧表

はじめに

執筆の経緯

本書は、先に上梓した①『大東亜戦争戦没将官列伝』(陸軍・戦死編)文芸社　平成二十一年、②『大東亜戦争　責任を取って自決した陸軍将官26人列伝』展望社　平成三十年、に次ぐ大東亜戦争戦没将官列伝三部作目ともいうべき作品である。

子供のころから戦記物に耽溺し、戦記物を読みふけったが、おそらくこれまでに読んだ戦記物は、漫画、雑誌まで入れると四～五千冊は読んだに違いない。その中で日本人が三百二十万人以上死亡したということを知った。大部分は、命令に従って弾丸の下を走り回った軍人・軍属や、砲弾下を逃げ回った一般市民に違いないと想像したが、「者ども進め」と後方から命令した高級将校、将官(将軍)がどのくらいいるのだろうかという疑問が湧き起こってきた。色々調べてみたが、将官に的を絞った網羅的な資料はない。サラリーマン生活も終わりが近づいてきており、リタイアしたらライフワークとして調べてみようと決意した。平成十年頃である。調べてみると戦没将官は、陸軍百八十七名、海軍八十二名、陸海併せて計二百六十九名に上る。戦没者といっても、純粋の戦死者もいれば、戦病死者もいれば、殉職者もいる。終戦後の自決者、シベリアなど抑留中の死者、さらには戦犯として処刑された者もいる。陸軍、海軍二百六十九名の軍歴、死の状況などについて、国会図書館や靖国神社の偕行文庫や自衛隊防衛研究所（当時）など探し回って基礎資料を作るのに十五年ほどかかった。陸軍編の三部作を上梓するのに二十年近くかかった。

陸軍の戦没将官①戦死者六十名、②戦病死者三十三名、③殉職死者（事故死者）十一名、④終戦時の自決者二十六名、⑤刑死者三十六名（戦犯として処刑された者）、⑥シベリアなどの抑留中の死者二十一名、計百八十七名全員について紹介したいと思っていたが、これまで上梓出来たのは、戦死者六十名、自決者二十六名及び今回刑死者三十六名（文官一名を除いている）、合計百二十二名である。

海軍の戦没将官八十二名も原因別に見ると、戦闘による戦死者（行方不明を含む）四十九名、戦病死者十二名、殉職四名、自決五名、刑死者十二名である。陸・海総計二百六十九名全員について原因別に執筆したかったが、残念ながら基礎的な資料はそろえたものの実現しなかった。このほかまだ現役の時に仕事の合間に書いた『敗者の戦訓　一経営者の見た日本軍の失敗と教訓』文芸社　平成十五年、があり、陸軍編の戦病死者、殉職者、シベリアなど抑留中の死者などは基礎資料の収集と骨格の執筆、海軍編については、名簿と経歴の収集が終わった処であった。

どの本も原稿はかなり前からほぼ完成していたが、取り上げてくれる出版社が見つからず時間がかかったが、今回、『大東亜戦争　戦犯として処刑された陸軍将官36人列伝』を展望社の唐澤明義社長のご厚意により取り上げていただいた。

このほか展望社の唐澤社長には令和二年に『自分に合った終の住処の選び方ハンドブック』を出版していただいている。これは平成十九年にボランティアでNPO法人老人ホーム評価センターを設立し、十四年間、高齢者時代の終の住処の選び方で悩んでおられる方々の相談に乗ってきた経験を元に、高齢者のための参考書として出版させていただいたものである。

そのご縁で今回眠っていた原稿『大東亜戦争　戦犯として処刑された陸軍将官36人列伝』も上梓していただくことになった。厚くお礼を申し上げたい。

戦犯

昭和二十年八月十五日、大日本帝国（以下日本という）は、ポツダム宣言を受諾し、九月二日戦艦ミズーリ艦上で降伏調印式が行われた。この日が日本敗戦の日である。八月十五日を終戦記念日とするのは正確ではない。また終戦記念日ではなく敗戦記念日というべきであろう。

アメリカを中心とする連合国側では、日本敗戦のおよそ二年前の昭和十八年十月から、戦争犯罪人の処罰を巡って連合国戦争犯罪委員会が戦争犯罪事実の調査・処罰方針を検討していた。戦争犯罪人処罰の方向は、日本はドイツのように組織的、計画的な迫害の事実は認められないが、連合国側の捕虜の死亡率に大差があった。ドイツによる連合国軍（米英軍）の捕虜の死亡率は四パーセント程度にすぎないのに対し、日本の場合は二十三〜三十四パーセント（国による、中国人を除く）程度と格段に高く、戦時中から捕虜の取り扱いなどを定めたジュネーブ協定違反の疑いが問題視されていた。このためポツダム宣言第十条で「我らの俘虜を虐待したものを含む一切の戦争犯罪人に対しては厳重な処罰が加えられるであろう」と警告されていた。

アメリカ政府内では、終戦以降の処理方針を巡って昭和十九年八月から政府内で本格的な検討が始められた。ヘンリー・モーゲンソー財務長官の主要責任者の即決処刑論とヘンリー・スティムソン陸軍長官の文明国として裁判で裁くべきだという裁判論が対立したが、ルーズベルト大統領の裁定で裁判方式が採用された。

ドイツの場合、かつてナチ党大会が開催されたニュルンベルグに国際軍事裁判所が設置されたことからニュルンベルグ裁判と呼ばれたように、極東国際軍事裁判所も東京に置かれたため東京裁判と通称されるようになった。

日本政府及び国会は、東京裁判での裁判及び判決（the judgements）を昭和二十七年に発効した講和条約十一条により受諾し、異議を申し立てる立場にないと表明している。しかし、国民の一部には、極東軍事裁判判決を東京裁判史観としてこれを受け入れない人々がいる。

ニュルンベルグ裁判、東京裁判とも以下の三点を訴因として裁かれた。

A項　平和に対する罪

宣戦を布告せるまたは、布告せざる侵略戦争、若しくは国際法、条約、協定または誓約に違反せる戦争の計画、準備、開始、または遂行。若しくは右諸行為のいずれかを達成するための共通の計画また

は共同謀議への参加

B項　通例の戦争犯罪
　戦争の法規または慣例の違反

C項　人道に対する罪
　戦前または戦時中なされたる殺人、殲滅、奴隷的虐使、追放、その他の非人道的行為、若しくは犯行地の国内法違反たると否とを問わず、本裁判所の管轄に属する犯罪の遂行としてまたはこれに関連してなされたる政治的または人種的理由に基づく迫害行為

以上三つの訴因について、我が国ではA級、B級、C級と呼ばれることが多いが、これは罪の軽重を指すものではなく、種類を指すものである。C項については日本には具体的に適用されることはなく、実際はA級とBC級の二本立てであった。A級は国家指導者、B級は戦争犯罪を命令した者、C級は命令にしたがって戦争犯罪を実行した者と思われているが、A、B、Cは犯罪の分類記号に過ぎず、重大性や責任の重さを示すものではないという（『BC級裁判』日本経済新聞社　半藤一利、秦郁彦、保阪正康、井上亮）。日本ではC級は殆どおらずいずれもB級として裁かれており、BC級として一体的に呼称されることが一般化している。

戦犯指名

戦争中からA級戦犯候補を選定していたアメリカは昭和二十年九月十一日の東條英機、東郷茂徳、岸信介、島田繁太郎など十四名を皮切りに逮捕命令を出した。次いで九月二十一日に土肥原賢二、阿部信行の二名、十月二十二日に安倍源基一名の逮捕命令が出された。次いで十一月十九日に主要な大臣や軍上層部を中心に十一名が逮捕された。さらに、十二月二日に軍人の他、政財界を広く含め五十九名に逮捕状が出された。その中には児玉誉士夫、有馬頼寧、藤原銀次郎、正力松太郎などが含まれている。十二月六日には木戸幸一、近衛文麿、緒方竹虎など九名が逮捕された。その他昭和二十一年三月、四月、十一月に追加者の逮捕が五名あった。しかし、正式に極東軍事裁判に起訴されたのは、板垣征四郎、南次郎、梅津美治郎、土肥原賢二、松井石根、畑俊六、木村兵太郎、武藤章、佐藤賢了、橋本欣五郎、永野修身、嶋田繁太郎、岡敬純、広田弘毅、平沼騏一郎、東條英機、小磯国昭、賀屋興宣、木戸幸一、松岡洋右、重光葵、東郷茂徳、大島浩、白鳥敏夫、鈴木貞一、星野直樹、大川周明、荒木貞夫の二十八名である。しかし、大川周明は精神障害が認められて訴追免除となり、永野修身と松岡洋右は判決前に病死したため、判決を受けたのは二十五名であった。二十五名のうち死刑が宣告されたのは、板垣征四郎、木村兵太郎、東條英機、武藤章、松井石根、土肥原賢二、広田弘毅の七名であった。ナチスドイツの場合十二名が死刑判決を受けたが、行方不明者や、ゲーリングのように死刑執行前の自殺者がいる。

せられた。

BC級戦犯については、各国・各地の五十ヶ所以上の法廷で約六千人が裁かれ一千人以上が死刑に処

裁判参加国・法廷

・英軍軍事法廷　ボルネオ、シンガポール、ビルマ、香港など十四ヶ所　死刑　二百二十三名
・オーストラリア軍事法廷　アンボン、ウエワク、マヌスなど八ヶ所　死刑　百五十三名
・オランダ軍事法廷　アンボン、バタビア、バリックパパンなど十二ヶ所　死刑　二百三十六名
・中華民国軍事法廷　広東、上海、北京、南京など十ヶ所　死刑　百三十九名
・中華人民共和国軍事法廷　瀋陽、太原など詳細不明
・フィリッピン軍事法廷　マニラ　死刑　十七名
・フランス軍事法廷　サイゴン　死刑　六十三名
・米軍軍事法廷　グアム、上海、マニラ、横浜など六ヶ所　死刑　百六十三名

（注）年表　太平洋戦争全史　国書刊行会より抜粋、要約。

本書の特徴

本書は、すべて既存の記録や戦記、戦史等を参考に書き上げたものである。筆者が刑死者の遺族や、関係者に聞き取りなど一切行っていない。したがって、筆者が何か従来になかった新しい事実を発見し

たということもない。すべて、先人の成果を参考にさせていただいたものである。二十年近くをライフワークとして戦没将官の調査に費やしたが、学者でもなければ、本格的な研究者でもない。せいぜい戦記マニアや戦記オタクの域を出ないであろう。ここに本書の限界がある。ただ、極東軍事裁判に於いて、東京のみならず各地で開催された将官について経歴、軍歴、罪状等について総括的に調べ上げ、全員列記した類書はない。それを調べ上げた処に本書の特徴がある。そういった意味では資料的意味はあると思う。極東軍事史裁判の一面を伝える概説書として読んでほしい。

人名については、できるだけ多くの名前の読み方を紹介したいと思い、可能な限り調査したが、大将や有名軍人はともかくとして全員については把握が困難だった。特に少将について苦労した。従って、一般に読まれるであろう読み方でローマ字を振ったが、それも困難なものもあった。正しい読み方をご存じの方、ご教示いただければ幸甚である。

色々間違いや誤解があると思うが、ご指摘いただければありがたい。

大東亜戦争の呼称

本書のシリーズでは、一般に太平洋戦争と呼ばれることが多いあの戦争を一貫して大東亜戦争という語を使用している。その理由は三つある。

① あの戦争が始まった昭和十六年十二月十二日の閣議で「今次の対米英戦は、支那事変を含め大東亜戦争と称す」と決定された歴史的事実が無視されている。

②　太平洋戦争では、戦域が太平洋だけに限定され、中国や東南アジアでの戦いの実相が無視されてしまい、戦場の実態を示していない。

③　あの戦争は、アジア諸国民を欧米の桎梏から解放しようとした聖戦ではなく、欧米勢力をアジアから駆逐して日本がアジアの盟主たらんとしたことは明らかであり、あの戦争の本質が隠されてしまう。思想上の立場を問わず歴史的事実として大東亜戦争と呼ぶべきである。

参考資料

年表太平洋戦争全史　日置英剛編　国書刊行会
東京裁判論　粟屋憲太郎　大月書店
東京裁判　上下　朝日新聞東京裁判記者団編　講談社
「東京裁判」を読む　半藤一利　保阪正康　井上亮　日本経済新聞出版　日経ビジネス文庫
ＢＣ級戦犯　半藤一利　秦郁彦　保阪正康　井上亮　日本経済新聞出版本部　日経ビジネス文庫
共同研究　パル判決書　上下　東京裁判研究会　講談社学術文庫
帝国陸海軍将官同相当官名簿　古川利昭編　朝日新聞東京本社朝日出版サービス

大将

板垣征四郎（岩手）

Itagaki Seishirou

（写真　秘録　東京裁判の100人　p111）

明治十八年一月二十三日　生
昭和二十三年十二月二十三日　没（絞首）　東京　六十三歳
陸士十六期（歩）
陸大二十八期
支那駐在
功二級

主要軍歴

明治三十七年十月二十四日　陸軍士官学校卒業
大正五年十一月二十五日　陸軍大学校卒業
大正十五年八月六日　参謀本部第二部支那課兵要地誌班長
昭和二年五月二十八日　歩兵第三十三旅団参謀
昭和二年七月十二日　第十師団司令部付（支那出張）
昭和三年三月八日　大佐　歩兵第三十三連隊長
昭和四年五月十四日　関東軍高級参謀
昭和六年十月五日　関東軍第二課長
昭和七年八月八日　少将　満州国執政顧問
昭和八年二月八日　参謀本部付（欧州出張）
昭和九年八月一日　関東軍司令部付（満州国軍政部最高顧問、奉天特務機関長）
昭和九年十二月十日　関東軍参謀副長兼駐満武官
昭和十一年三月二十三日　関東軍参謀長
昭和十一年四月二十八日　中将
昭和十二年三月一日　第五師団長
昭和十三年五月二十五日　参謀本部付
昭和十三年六月三日　陸軍大臣
昭和十四年八月三十日　参謀本部付
昭和十四年九月四日　支那派遣軍総参謀長
昭和十六年七月七日　大将　朝鮮軍司令官
昭和二十年二月一日　兼第十七方面軍司令官
昭和二十年四月七日　第七方面軍司令官
昭和二十三年十二月二十三日　処刑（絞首）

プロフィール

中国通のエリート軍人

板垣は、岩手県盛岡中学二年終了後、仙台地方陸軍幼年学校に入学、さらに陸士、陸大に進んだエリート軍人である。

陸大卒業成績は中程度であるが、その軍歴は華麗で、陸軍大臣まで務めている。軍歴の中心は中国関係で、陸軍屈指の中国通の一人である。

板垣と中国との関係は古く、その始めは、板垣が陸士卒業後、歩兵第四連隊の小隊長として日露戦争に従軍したことが原点である。

日露戦争では、奉天会戦で負傷しているが、帰国後も中国（支那）勤務を希望し、明治三十九年天津歩兵連隊に配属され、四十一年まで勤務する。

大正五年十一月陸大を卒業、参謀本部附を命じられ、中国雲南省昆明に駐在、八年四月まで情報勤務に従事する。次いで、漢口の中支那派遣隊参謀として十年四月まで勤務する。この時、後に満州事変のコンビとなる石原莞爾と出会ったという。

以降中国関係では、大正十三年六月から十五年八月まで支那公使館附武官補佐官、歩兵第三十三旅団司令部付として青島戦に参加、引き続き済南に駐在した。十五年八月参謀本部第二部支那課で兵要地誌班長につく。昭和二年七月第十師団司令部付となり、中国に長期出張を命じられる。三年三月同期の第一陣で大佐に進級、直ちに歩兵第三十三連隊長に任じられる。同連隊は第十六師団所属で、当時満州のチチハルに駐屯しており、満州で勤務する。四年五月、関東軍高級参謀を命じられる。この時既に石原莞爾（当時中佐）が関東軍におり、満州事変の立役者がそろう。

さらに、六年十月関東軍第二課長（作戦）、七年八月満州国執政顧問となり、八年二月参謀本部付となって欧州に出張するが、九年八月満州国軍政部最高顧問として戻り、九年十二月関東軍参謀副長兼駐満武官となり、十一年三月には参謀長に昇進する。十二年三月第五師団長に親補され支那事変に出征、北支、南支で戦う。その後短期間の参謀本部付を挟んで、十三年六月から十四年八月まで陸軍大臣を務めるが、同年九月には新たに創設された支那派遣軍総参謀長に就任する。

これが板垣の中国関係勤務のあらましである。中国在勤は、延べ十五回、およそ十七年の長きに及んだ。当時の中国通（支那屋と呼ばれた）の中では、同期の岡村寧次大将（のち支那派遣軍総司令官）、土肥原賢二大将（のち教育総監など）と並んで三羽ガラスと呼ばれた。

陸軍の中国通の形成は、明治初期に始まる。当初は、「日中相携えて西欧列強に対抗しなければならない。そのためには中国の覚醒が必要で、その手助けをしたい」との素朴な認識から、中国革命や中国のナショナリズムに理解を示していたが、日清戦争、日露戦争の勝利以降、中国蔑視、満蒙の権利確保の傾向が強くなっていった。

板垣が長い軍歴の中で中国に対し本心どのような思いを持っていたのかは、必ずしもはっきりしない。日中和平や、日中提携を説いているが、満州事変の際、満州の領有化を主張しているように、あくまでも満蒙の日本の権益確保が目的であった。中国人にとっては受け入れがたいものであった。これは立場を逆にしてみれば容易に理解できよう。

満州事変

昭和三年六月四日、満州事変の前哨戦ともいうべき事件が発生した。すなわち、奉天（現 瀋陽）郊外に於いて、満州軍閥の巨頭張作霖（当時中国陸海軍大元帥を自称）一行が搭乗した列車が何者かに爆破され、張作霖が殺害された事件である。これは、当時我が国では「満州某重大事件」として問題になったが、関東軍高級参謀河本大作大佐を中心とするグループによって引き起こされたものであった（陸軍省や参謀本部にも同調者がいた）。

この事件は、関東軍が日本の満州の権益確保のためかねて利用してきた張作霖が、次第に自立傾向を強め、関東軍のコントロールが効かなくなってきたため邪魔となり、暗殺したものである。河本等のねらいは張殺害のみならず、殺害の混乱に乗じて関東軍を出動させ、一挙に満州の実権を握ろうというものであったが、張の息子、学良が自重して傘下の軍を動かさなかったため、日中両軍の衝突は起こらず、関東軍の一部の首謀者達の目論見ははずれた。

事件は当初から関東軍が関与したものと見られていたが、時の首相田中義一（陸軍大将）は、天皇から真相究明と責任者の処罰を厳しく求められながら、軍の意向に抗しきれず真相をぼかしたまま河本や関東軍司令官の村岡長太郎中将を行政処分による予備役編入という微温的な対応しかとらなかった。このため田中は、天皇の不興を買い辞任させられた。

河本の去った後の関東軍高級参謀に任命されたのが板垣であった。この頃石原莞爾が作戦参謀として関東軍におり、板垣はその上司となった。天才肌で人を人とも思わぬ石原と、親分肌で清濁併せ呑む板垣の組み合わせは、両者共に馬が合い、関東軍の満蒙対策はこの二人を中心に進められていく。

張作霖の爆殺以降、昭和六年に入ると兵要地誌調査のため満州奥地に潜入した中村震太郎大尉一行が中国軍に捕らえられ殺害された事件や、朝鮮人農民と中国人農民の土地や水利をめぐっての争い（万宝山事件）等で、日中の関係は一触即発の状況にあった。当時石原は関東軍による満蒙領有計画や満蒙に対する占領統治に関する研究等を策定していた。

一方、政府の満蒙対策に飽きたらぬ軍中央に於いても参謀本部を中心に満蒙問題の抜本的解決等が声高に主張されていた。

こうした中で板垣、石原のコンビは、張作霖爆殺事件の失敗に鑑み新たなる計画を企て、軍中央や朝鮮軍にも同志を募った。参謀本部の第七課長重藤千秋大佐、支那班長根本博中佐、ロシア班長橋本欣五郎中佐、陸軍省軍事課長の永田鉄山大佐、朝鮮軍の神田正種中佐等には同士としてその計画の概要を知らせ、参謀本部次長二宮治重中将や第二部長建川美次少将等は理解者として計画をそれとなく伝えていたという。関東軍司令官の菱刈隆大将や参謀長の三宅光治少将等には内密にしていたらしい。

板垣、石原等は昭和六年九月十八日、かねての計画に従い奉天近郊の柳条湖付近で満鉄線（南満州鉄道）を爆破した。関東軍はこれを中国軍の攻撃であるとして（現場に中国軍の制服を着せた死体を数体置いて偽装した）、中国軍の駐屯地北大営その他をかねて内地から密かに運び込んでいた二十四センチ榴弾砲で砲撃した。不意を食らった中国軍は反撃の暇もなく敗走した。

さらに、関東軍は騒動を拡大するため、自衛権の発動として隷下部隊に出動を命じ、併せて中央に三個師団の派兵を要求した。そのうえ、隣接軍の朝鮮軍にも救援を要請した。国境を越えての出動は、天皇の大権事項で、天皇の認可を要するが、朝鮮軍は、これを得ることなく、板垣等の同志である朝鮮軍参謀神田正種中佐（のち第十七軍司令官）の軍司令官林銑十郎中将（のち大将、総理大臣）に対する働きかけで独立混成旅団を独断越境させ、奉天に進出させた。当時関東軍の兵力は、一万四千人程度しかなく、満州全土制圧のためには兵力が不足していた。そのための朝鮮軍の救援であり、内地への派兵要請であった。

関東軍の本庄繁軍司令官（中将）は八月に着任したばかりで、事件の真相は聞かされておらず、石原等の起案した関東軍全兵力の出動を容易に承認しようとしなかったが、板垣が粘りに粘って本庄を説得し、根負けした本庄が遂に承認したという。

石原は、アイデアはあるが淡泊で粘りがなく、障害が強いとすぐに諦めがちであったが、板垣は粘り強く、石原のアイデアと板垣の粘りが満州事変を成功させたといわれている。

満州事変についても、天皇や当時の若槻内閣は、関東軍の謀略を感じ、不拡大方針であったが、陸軍の圧力に抗しきれず、まず政府が朝鮮軍の独断出動と三個師団増派予算を追認し、天皇もこれを裁可した。

天皇の軍隊が、天皇の統帥権を無視して勝手に軍事力を行使した異常な事態であった。本来陸軍刑法では、擅権の罪あるいは辱職の罪として死刑にも相当する重罪であったが、追認され、こうした越軌の行動がとがめられることはなかった。

その後三個師団の増派を得た関東軍は、中国軍を駆逐して満州全土を占領した。満州事変である。この間の日本軍の損害は、死者一千四百名、負傷者三千百名と伝えられているが、その後の討伐作戦などで、満州に治安がほぼ安定するまでの二年間では、死者二千五百三十名、負傷者九千四百二十六名と増加している。

板垣、石原等は満州の領有化を企図していたが、軍中央は対外的見地から傀儡政権の樹立を可とし、清の最後の皇帝宣統帝溥儀を担ぎ出し、昭和七年三月満州国を建国させ溥儀を執政とした。次いで九年三月には溥儀を皇帝に据え、帝政を敷き満州帝国とした。

柳条湖事件後まもなく板垣は、関東軍第二課長に昇進、作戦課長として平定作戦を主導し、建国後も、一時参謀本部附となり長期欧米出張で満州を留守にするが、帰国後満州国軍政部最高顧問、関東軍参謀副長兼駐満武官としてにらみをきかせ、十一年三月には関東軍参謀長に上り詰める。翌四月には、同期トップの岡村や土肥原等には一ヶ月遅れたが中将に進級した。

陸軍大臣

関東軍参謀長のあと、板垣は十二年三月第五師団長に親補される。この頃の師団はまだ数も少なく(十八個)、天皇に直隷する師団長の地位は、陸軍次官、参謀次長などより格上であり、板垣の師団長就任は栄転である。

第五師団は、十二年七月支那事変勃発とともに華北に動員され、チャハル作戦、太原攻略戦、徐州会戦等に参加した。第五師団はかなり苦戦し、特にチャハル作戦で指揮下の歩兵第二十一旅団が中国軍に包囲されて、兵力の四分の一を失った。また万里の長城の平型関付近で師団の輜重隊が共産党軍の八路軍に待ち伏せ攻撃を受け、自動車連隊長以下全滅した。

また、太原攻略戦は、「山西省を押さえるものは北支を押さえ、北支を押さえるものは全中国を押さえる」との中国通としての板垣の信念から、戦争拡大を恐れ戦線を北京周辺に限定したいとの参謀本部の意向を押し切って実行したものである。時の作戦部長は、満州事変の盟友石原莞爾少将で、板垣は石原に私信を送ってこの作戦の実施を訴えている。板垣の心中は、山西攻略により早期和平を目指したのであろうが、こと志に反して事変は泥沼化していく。

板垣は、徐州会戦の最中、昭和十三年五月近衛内閣の改造にあたって、杉山陸相の後任として内地に呼び戻される。

板垣は、陸軍大臣就任にあたり、かっての部下であった今村均陸軍省兵務局長（のち大将）に意見を求めている。この時今村は「真に失礼なことを申上げますが、満州時代のように、公私、清濁を併せ呑まれることがやめられそうもないなら、拝辞をおすすめします。参謀長の上には軍司令官、その上には中央三長官があって、舵を取ります。が、陸相の上には、舵取りがおりません。どんな小さな過失でも、累は君国に及びます」と直言している。さらに今村は板垣の「清濁併せ呑む具体例」を挙げて注意を喚起したという（『私記　一軍人六十年の哀歓』今村均）。直言した今村も今村だが、これを静かに聞いた板垣も大度の人というべきか。

板垣に仕えた旧部下はいずれも、板垣は部下の進言に対して「ノウ」ということは殆どなく、取り上げた意見は自分の意見として、その実現に邁進してくれる度量の広い、頼りがいのある上司であったと評価している。このことは、見方を変えれば、本人に定見がなく、単なるロボットとして操縦しやすい上司であるということにもなる。

板垣の陸軍大臣就任は、近衛首相の希望であったと伝えられる。阿南人事局長が徐州会戦の最中二度にわたって前線に赴き、大臣就任を懇請、やっと承諾を得たという。この時板垣は「自分は陸軍省にいたこともなく、事務については全く不案内なので、事務に堪能な東條（英機）を次官にしてほしいと要望し、かなえられた。しかし、これは裏目に出る。東條は大臣である板垣を無視し、専横の振る舞いが多く、参謀本部次長の多田駿中将と、支那事変処理等をめぐって事毎に対立、手を焼いた板垣は東條を辞めさせようとしたが東條は納得せず、喧嘩両成敗の形で半年ほどで次官を辞めさせた。

板垣の陸相時代の重要事項としては、張鼓峯事件、日独伊三国同盟問題、ノモンハン事件などがある。張鼓峯事件は、板垣の陸相就任間もない十三年七月、ソ満国境に於いて発生した日ソ武力衝突事件で、翌年のノモンハン事件の前哨戦ともいうべき事件であったが、天皇の強い意向で一ヶ月ほどで停戦となった。事件発生後、板垣が応急動員下令を上奏した際、天皇から「朕の命令なくして一兵だに動かしてはならぬ」と強い叱責を受けている。

ただし、これは応急動員の前提となる実力行使の認可を参謀総長が奏上したあと、陸相が動員下令を上奏すべきところを、天皇の不拡大の意向を知った参謀総長が上奏を取りやめ、それを知らずに、板垣が動員を上奏したミスによるものといわれている。

また、板垣は事件をめぐって天皇から「関係大臣との連絡はどうか」と問われ「外務大臣も海軍大臣も賛成いたしました」と答えたが、宇垣外務大臣は直前に武力行使反対を上奏しており、天皇は板垣が嘘をついていると思い厳しく叱責した。板垣は天皇の信を失ったと辞意を漏らす一幕もあった。

板垣はその後も、三国同盟問題やノモンハン事件の処理を巡って、天皇からしばしば叱責を受けている。特に天津のイギリス租界をめぐる紛争については「おまえは頭が悪いのではないか」とまで言われている。

そういえば、板垣は近衛の希望により入閣したといわれているが、近衛は入閣後の板垣の印象を「どうも凡庸な感じの男です」と天皇に語っている。なぜそんな男を希望したのか（それまで殆ど面識はなかったらしい）、無責任なことである。そんなこともあり、天皇の板垣に対する覚えはあまり目出度くはなかったようだ。

昭和十二年十一月に日独伊三国防共協定が結ばれていたが、陸軍はこれをさらに強化して、ソ連のみならず英米なども対象に軍事同盟化しようとした。これに抵抗する近衛首相は、十四年一月政権を投げ出し、平沼内閣が成立した。板垣は引き続き陸軍大臣の職にとどまり、三国同盟推進に努めた。

平沼内閣では、この同盟問題は、首相、外相、蔵相、陸相、海相の五相会議で議論されることになったが、平沼、板垣の推進論に対し有田外相と米内海相が強く反対し、蔵相の石渡も消極的で、七十数回の五相会議を開いたが合意に達しなかった。

板垣と米内光政は、盛岡中学の同窓で（板垣が五歳下）、私的な場面では「征ちゃん」「みっつぁん」と呼び合う気心の知れた仲であったが、この時は、板垣が粘りに粘り険悪な場面も多々あったと伝えられている。

時あたかもノモンハン事件の真っ最中であったが、十四年七月アメリカが、日米通商航海条約の半年後の破棄を通告してきた。これを受けて焦った板垣は、八月八日の五相会議で、これまでの議論をご破算にして「八月末までにドイツの言う通りの条件で、同盟を結ぶべきである。これは陸軍の総意である」と強硬に主張した。

ドイツのいう条件とは、ドイツの戦争に無条件で参戦するという自動参戦条項のことで、これを聞いたこれまで推進派の平沼も、中立派の蔵相も反対に回り、板垣は孤立無援になった。四人から次々と詰問され、答えに窮しても、板垣は決して諦めず、己が主張を何度でも繰り返し、その粘りはすさまじいものがあったという。

三国同盟後の対英米仏ソとの戦争を懸念した石渡蔵相が、海軍が太平洋で主役を担うとの前提でその見通しを米内に問うたところ、米内は「勝てる見込みはありません。だいたい日本海軍は、米英を向こうに回して戦争をするように建造されてはいません。独伊の海軍にいたっては問題になりません」と明快に答えた（大東亜戦争でもそう言うべきだった）。この一声によって板垣も遂に諦めた。

さらに、十四年八月突如、独ソ不可侵条約の締結が公表された。日本には一言の連絡もなく宿敵ソ連と手を結んだドイツの行為は、三国防共協定違反の背信行為であり、三国同盟問題は吹っ飛んだ。当時泥沼化していた支那事変に、ドイツは中国を支援し多数のドイツ軍事顧問を派遣、大量の武器弾薬等も提供していた。にもかかわらず、一年後に同盟問題は息を吹き返し、遂に亡国の道に突き進むことになる。これだけドイツに煮え湯を飲ませられながらもドイツにすり寄っていったのか、今日では理解しがたいところがある。

平沼内閣は独ソ不可侵条約成立を受けて「ヨーロッパの天地は、複雑怪奇なる情勢生じ」との迷文句を残し退陣する。板垣も退任し、在支の日本軍を統一指揮するため、この年九月に編成された支那派遣軍総参謀長に転じた。総軍司令官は西尾寿造大将が親補された。

板垣は、この総参謀長時代、重慶の蒋介石政府との和平交渉に注力している。これは当時「桐工作」と呼ばれ、各種和平工作の中では唯一妥結の可能性があったものといわれているが、満州国承認問題と華北の日本軍駐兵問題で合意を見ず、実らなかった。

満州国承認問題については、中国側が既成事実として黙認するとの態度であったが、かって満州事変の立役者として満州国を建国させた板垣は、最後まで正式の承認を要求して和平の芽を摘んだ。

死の状況

戦犯

板垣は、支那派遣軍総参謀長を二年近く務めたあと、十六年七月朝鮮軍司令官に転じ、大東亜戦争期の殆どを朝鮮で過ごした。朝鮮軍司令官時代強行されていた創氏改名には反対であったらしい。また大東亜戦争にも反対で、三国同盟推進についても反省の色しきりであった。夫人が、次のような歌を詠んでいる。

改姓の　愚をいう夫は　箝口令　強いられおれば　きくはわれのみ
あと五年　育つ満州を　見る日まで　いくさはならぬ　と夫は涙す
耐え難き　怒りこもれる　一言は　独伊と結ぶ　大きな錯誤を
（『秘録　板垣征四郎』）

終戦間近い二十年四月、板垣はシンガポールに司令部を置く第七方面軍司令官に転補された。南方軍総司令官寺内寿一大将の発病後、寺内の後任に内定されたが、終戦で発令されず、戦後は司令官代理として終戦処理にあたった。

しかし、二十一年五月板垣は、A級戦犯容疑で内地に召還された。容疑は、連合国軍総司令官マッカーサー元帥によって制定された「極東国際軍事裁判所条令」の、①侵略戦争を計画し、遂行した平和に対する罪、②捕虜殺害、虐待等戦争法規または慣例に違反した罪、③一般市民に対する殺害虐待等人道に対する罪、に対するものであった。

板垣はこれら三点について十項目の具体的訴因で起訴された。判決は、八項目について有罪とされ、二十三年十一月十二日絞首刑の判決を受けた。

板垣は、終戦時より戦犯訴追を覚悟していたが、自決の意志はなかったと伝えられている。これは満州国建国についての真相を知っているものは自分を置いてなく、天皇その他に累を及ばさないため、あえて生き恥をさらしたといわれている。

公判に於いては、日頃訥弁の板垣が顔を紅潮させながら検事と激しい論争を繰り広げ、所信を堂々と主張する姿は、別人の観があったという。

板垣の主張は、「満州事変は謀略ではなく、自衛権の発動であって、侵略戦争ではない。満州国も傀儡政権ではない。日本は独立国として支援し、発展に協力してきたものである」というものであったが、はたして、客観的事実に照らして当たっているであろうか。

板垣は、二十三年十二月二十三日、巣鴨刑務所に於いて東條英機等とともに処刑された。その戒名は自ら「大陸院修業日征居士」とつけたという。また辞世は、

なつかしき　唐国人よ　いまもなほ　東亜のほかに　東亜あるべき

と詠んでいる。いかにも支那屋として一生を終わった彼らしい戒名であり、辞世である。

おそらく彼としては、謀略で満州国を生み出し、傀儡国家を建設し、侵略戦争を行ったとの認識は毫もなかったに違いない。日中和平、日中提携も彼なりに本気で目指したものであろう。しかし、彼にはおそらく中国民衆のナショナリズムについての理解は全く及ばなかったではなかろうか。日中立場を変えてみれば板垣の主張は受け入れ難い、手前勝手な論理であることが理解できよう。

板垣の同期の三羽ガラスであった板垣、岡村寧次、土肥原賢二はいずれも支那屋で、大将に上り詰めたが、板垣、土肥原は戦犯として処刑されたのに対し、岡村は戦犯を免れた。
戦犯といえば、板垣とコンビで満州事件を演出した石原莞爾も訴追されなかった。歴史の謎である。

参考文献

秘録　板垣征四郎　板垣征四郎刊行会編　芙蓉書房
秘録　石原莞爾　横山臣平　芙蓉書房
陸軍省人事局長の回想　額田坦　芙蓉書房
昭和の謀略　今井武夫　朝日ソノラマ
昭和の歴史４　十五年戦争の開幕　江口圭一　小学館
昭和の歴史３　天皇の軍隊　大江志乃夫　小学館
ドキュメント太平洋戦争への道　半藤一利　ＰＨＰ文庫
戦史叢書　大本営陸軍部１　防衛庁防衛研修所戦史室編　朝雲新聞社
私記　一軍人六十年の哀歓　今村均　芙蓉書房
昭和天皇発言記録集成　防衛庁防衛研究所戦史部編　芙蓉書房出版
東京裁判　上下　朝日新聞社東京裁判記者団編　講談社

大将

木村　兵太郎（東京）

Kimura Heitarou

（写真　秘録　東京裁判の100人　p110）

明治二十一年九月二十八日　生
昭和二十三年十二月二十三日　没（絞首）　東京　六十歳
陸士二十期（砲）
陸大二十八期
ドイツ駐在
功三級

主要軍歴

明治四十一年五月二十七日　陸軍士官学校卒業
大正五年十一月二十五日　陸軍大学校卒業
昭和六年八月一日　大佐　野戦砲兵第二十二連隊長
昭和七年八月八日　技術本部兼野戦砲兵学校研究部主事
昭和九年八月一日　野戦砲兵学校教官
昭和十年三月十五日　陸軍省整備局統制課長
昭和十一年八月一日　少将　陸軍省兵器局長

昭和十二年十一月二十日　兼大本営野戦兵器長官
昭和十四年三月九日　中将　第三十二師団長
昭和十五年十月二十二日　関東軍参謀長
昭和十六年四月十日　陸軍次官
昭和十八年三月十一日　軍事参議官兼兵器行政本部長
昭和十九年八月三十日　ビルマ方面軍司令官
昭和二十年五月七日　大将
昭和二十三年十二月二十三日　処刑（絞首）

プロフィール

最後の陸軍大将

木村は、広島第一中学二年から広島陸軍幼年学校に進み、陸士、陸大を出、ドイツに駐在したエリート軍人である。

木村の陸士二十期は昭和二十年五月七日、下村定（北支那方面軍司令官）、吉本貞一（第十一方面軍司令官）及び木村（ビルマ方面軍司令官）の三人がそろって大将になった。これ以降日本陸軍の大将は生まれなかったからこの三人が最後の陸軍大将である。

木村の大将進級は、ビルマ方面軍司令官としてビルマ防衛の任に当りながら、二十年四月下旬、首都ラングーンに英印軍が迫るや、指揮下の各軍やビルマ政府、在留邦人等を置き去りにして突如脱出、「軍司令官逃亡」と怨嗟の的になっている最中のことであった。

インパール作戦で大敗した前任の河辺正三の大将進級（二十年三月）と共に、負けても大将かと、この人事は当時でも激しい批判を浴びた。

木村は、陸大卒業後参謀本部や第三師団参謀等を経て、大正十一年五月から十四年五月までドイツに駐在している。帰国後は陸大教官、野戦砲兵第二十四連隊大隊長、砲兵監部員、野戦砲兵学校教官等を務めたが、昭和四年十一月、ロンドン軍縮会議随員を命じられ渡英する。六年八月帰国し、大佐に進級すると共に野砲兵第二十二連隊長に補職された。大佐進級は下村、吉本等と共に同期の第一陣であった。

野砲兵第二十二連隊は、明治三十八年京都で編成された連隊で、第十六師団所属である。木村の連隊長時代、連隊は京都に衛戍していた。この連隊（師団）は、後に比島に派遣されレイテで玉砕する。

木村は連隊長を一年務め、七年八月技術本部員兼野砲兵学校研究部主事に替わる。技術本部は、航空関係を除く陸軍兵器、その材料、自動車燃料等の研究、開発、調達、支給を主たる任務とする機関で、陸軍大臣に隷属していた。兼務で二年過ごしたあとの九年八月野砲兵学校教官に専任となるが、十年三月陸軍省整備局統制課長に抜擢される。整備局には動員課と統制課がおかれ、統制課は、軍需品の整備及び戦時補給の統制に関する事項、戦時軍事交通の統制に関する事項、製造、補給、貯蔵の設備の基本に関する事項等を所管した。経理局と並ぶ軍の経済官僚である。

木村は十一年八月、同期の第一陣で少将に進級し、兵器局長に昇進する。兵器局には銃砲課と器材課が置かれ、文字通り兵器器材の制式、支給、交換、検査等を所管した。軍務局に比べ地味な業務であるが、整備課長や兵器局長の経験を買われて後に新設の兵器行政本部長に就任することになる。

木村は陸軍省に四年在籍し（統制課長、兵器局長）、十四年三月同期の第一陣で中将に進級、直ちに第三十二師団長に親補された。

第三十二師団は、支那事変における日本軍占領地の警備、治安維持用部隊として十四年二月に編成された師団である。このため、師団の戦力はこれまでの常設師団に比べて低かった。三十二師団は、編制後直ちに華北に動員され、北支那方面軍隷下の第十二軍の下で山西省の治安維持に当たった。第十二軍管内は共産軍（八路軍）の勢力が極めて強く、これの討伐に手を焼いていた。部隊は各地に小部隊で分散配置され、昼は日本軍が支配し、夜は共産軍の支配下にある地域も多かった。

格別の大作戦はなかったが、木村は師団長時代に功三級金鵄勲章を授与されている。

陸軍次官

木村は師団長を一年七ヶ月務め、十五年十月関東軍参謀長に転ずる。しかし、半年後の十六年四月陸軍次官に転任する。東條陸軍大臣の指名という。木村は東條閥とみなされているが、これまで両者の接点は殆どない。東條は木村の三代前の関東軍参謀長であり、関東軍参謀長から陸軍次官に転じた木村と同様の経歴を持っている。

木村の次官在任は十六年四月から十八年三月までの二年であった。昭和に入ってからの次官としては長い方に属する。内閣は近衛内閣、東條内閣の二代であったが、仕えた陸軍大臣は終始東條英機であった。

この頃東條系グループとしては、陸軍省に木村のほか、人事局長を経て後に木村の後任となった富永恭次、軍務局長の武藤章、その後任の佐藤賢了、軍務課長赤松貞雄、軍事課長岩畔豪雄、真田穣一郎、西浦進等がおり、参謀本部には作戦部長の田中新一、作戦課長の服部卓四郎等がいた。これらの中で当時木村は最高位にいたが、グループ内でリーダーシップを発揮したり、取りまとめ役を果たすことはなかった。温厚で地味な性格であったという。

木村の次官時代の重要事項は、大東亜戦争開戦とガダルカナル島攻防戦をめぐる参謀本部との船舶徴用問題であった。

日米開戦については、東條グループも分裂し、主戦派には参謀本部の田中、服部、陸軍省の富永、佐藤等が属し、慎重派は陸軍省の武藤、岩畔等であった。もちろん東條は主戦派であったが、十六年十月十八日、首相となってからは、天皇の意向を受けそれなりに非戦の努力をしている。

こうした中で木村がどのような主張をしたのか、どのような役割を果たしたのか史料は殆ど語っていない。次官は軍務局長や参謀次長と違って、御前会議や大本営・政府連絡会議にも出席せず、発言の機会も限られていた。おそらくその性格からして大臣（東條）の意向に忠実に従っていただけではなかろうか。

十七年秋、ガダルカナル島攻防戦をめぐる船舶増徴問題で、作戦に必要な船舶の増徴を求める参謀本部と、国力の維持のため増徴は認められないとする陸軍省の対立は、田中作戦部長が佐藤軍務局長を殴ったり、東條陸軍大臣（首相）を馬鹿者呼ばわりして解任される一幕もあった。この時の次官としての木村のリーダーシップなども殆ど伝えられていない。関係の会議の出席者には名を連ねているが、発言らしい発言はしていない。田中の大臣に対する暴言を、木村が詰問したところ田中が「ナニッ！」とさらに激昂したと伝えられている（『戦史叢書』）程度である。田中は東條に会う前、木村に増徴を訴えているが「のれんに腕押し」であったと書き残している（『田中作戦部長の証言』）。

十八年三月木村は、軍事参議官兼兵器行政本部長に転じる。兵器行政本部は、従来の技術本部を十七年十月に発展、改称させたものである。初代本部長は技術系の小須田勝造中将であった。本部は陸軍省兵器局、兵器本部、造兵廠、兵器補給廠等を吸収し、陸軍兵器の行政、製造、補給などを一元的に管理した。なお、同本部は陸軍省の外局とされた。兵器本部長時代の木村の事績については、語るべき史料がない。木村の軍歴を通観して、あまり野戦指揮官や帷幄の参謀といったイメージはわかないが、兵器局長の経験もあり、ある程度技術も分かる事務官僚、能吏として兵器本部長職は適職だったのではあるまいか。

ビルマ方面軍司令官

十九年八月木村は、ビルマ方面軍司令官に転補された。インパール作戦の失敗により更迭された河辺正三中将の後任としてであった。実戦から離れて長い木村に白羽の矢が当ったのは、一ヶ月前のマリアナ（サイパン等）失陥により東條内閣が崩壊し、東條系人脈の追放が始まったためである。木村の後任次官となっていた富永恭次は比島の第四航空軍司令官に追われ、軍務局長の佐藤賢了は支那派遣軍参謀副長に転出させられた。

富永も、木村も実戦型の将軍ではなく、平時の事務官僚、能吏として出世してきたものであり、戦局厳しいビルマや比島の指揮官としては全く不適な人材であった。富永は航空の経験は全くなかったが、第四航空軍司令官として数多くの特攻隊を送り出し、「諸官だけを行かせはしない。最後の一機になったら富永も後に続く」と言いながら、多数の部下を置き去りにして台湾に逃亡した。木村もラングーンに英軍が迫るや突如逃亡（と言われた）した。富永と好一対を成した。

東條閥を一掃するのであれば、退役させれば良いのであって、栄転の形をとりながら懲罰的に軍司令官に任命するなど第一線将兵に対する冒涜である。こうした司令官を送り込まれた第一線こそいい迷惑どころではない。災難であった。

方面軍司令官としての木村は、作戦は参謀長田中新一中将の指導に任せて、影が薄かったという。ラングーンからも動かず軍司令官としての指導性を十分に発揮したとは言い難かったと旧部下の参謀は書き残している。指導性を発揮したのは、田中が不在（出張）中にラングーン脱出を命じたことくらいであろう。

メークテーラを陥れた英印軍は、四月中旬にはラングーン北方約二百キロのトングーを通過し、ラングーン街道を一挙に南下してラングーンを目指した。この情勢に方面軍司令部はにわかに浮き足立ち、田中の反対を押し切り、木村軍司令官以下司令部幕僚は蒼惶としてなけなしの飛行機でラングーンを脱出、タイ国境に近いモールメンに飛び立った。この報は瞬く間に在ビルマの全将兵に、軍司令部逃亡せりと伝わったという。

木村のラングーン脱出の状況は、各種戦史に記録されているが、脱出どころか夜逃げ同然の逃亡と伝えられており、当時の部下からも厳しく批判されている。

当時ラングーン防衛司令官の松井秀治少将は「私は方面軍司令官が、飛行機で脱出したことは後で知り、すぐに警備兵を司令部に派遣したが、司令部の跡は乱雑をきわめており、功績名簿の類もそのまま残されていた。恩賜の煙草も、住民が入り込んで勝手に吸っていた。ラングーン防衛司令官たる私に何もいわずに飛び出して行ったことを、私は心から憤慨した」と回顧している。名将だ、聖将だ、猛将だと仲間内の褒め合いに終始した軍内にあってここまで言われるとは珍しい。

また、当時ビルマ大使館員であった田村正太郎は、その著『ビルマ脱出記』で、脱出の直前、木村に会った総領事から「軍司令官はぶるぶる震えてろくに声も出ないありさまであった」と聞いたと書き残している。

木村は四月二十三日、多くの部隊や居留民（含む婦女子）、商社員等を残して、真っ先に偵察機に飛び乗って脱出したが、木村の脱出を皮切りに、方面軍の各参謀も相次いで脱出し、司令部は足の踏み場もない惨状であったと記録されている。自由インド仮政府主席で国民軍総司令官のチャンドラボースが部下の婦人部隊の撤退を見届けるまでラングーンに踏みとどまった態度と比較して、あまりに違いの目立った行動であった。

こうしてもぬけの殻となったラングーンに英印軍の先遣隊が入ってきたのは五月三日であった。その直後の五月七日、木村は大将に進級した。

木村は、軍人としての最終局面に於いて大きな汚点を残したが、以下のような話も残されている。

ある時参謀を連れてシュエダゴンパゴダを参拝した際、参謀が靴を履いたまま中に入ろうとすると、木村は「靴を脱げ」と注意したという。

また、開戦初期のラングーン占領時に、イングランド銀行から押収していた貴金属、宝石類が二十箱分あったが、終戦後これを密かに日本軍のために使いたいとの参謀の意見具申に対し、木村は言下に却下し、英軍への返還を命じたという。これらはいずれも当事者の参謀の言であるが、こうした逸話を見ると、木村の文化的で良識的な人間像が浮かび上がる。ビルマにさえ追いやられていなければ、武人としての最後を汚すこともなかったであろう。

死の状況

戦犯

敗戦後、ラングーン近郊のインセンキャンプに収容されていた木村は、二十年十二月初旬、A級戦犯容疑で東京へ送還された。容疑は①侵略戦争を計画し遂行した平和に対する罪及びそれに付随した軍人、非戦闘員の殺害、②捕虜殺害、虐待等戦争の法規または慣例に違反した罪、であった。

①については近衛内閣、東條内閣に於ける陸軍次官として侵略戦争の共同謀議に参画したというものであり、②については、陸軍次官として捕虜の管理責任、及びビルマ方面軍司令官時代の捕虜、住民の殺害について、指揮、監督責任を問われたものである。

弁護側は、陸軍次官の職責が、大臣の補佐役に過ぎず、何らの命令権も持っていないこと、開戦については、木村は御前会議、大本営・政府連絡会議に一切参画していないこと、全軍的な捕虜の取り扱いについては、陸軍省の外局である俘虜情報局の所管であり、情報局は陸軍大臣の直轄機関であったこと、ビルマでの捕虜等殺害について、木村は全く関知していなかったこと等を主張したが、認められず訴因三十九項目のうち七項目について有罪と認定された。判決は絞首刑で、二十三年十二月二十三日、巣鴨プリズンに於いて執行された。

死刑執行の直前、木村に面談した教誨師の花山信勝に木村は遺書を託し「最後まで身体は非常に元気で、気分も晴朗で、非常に愉快であった、と。また今まで武藤とトランプをして遊んでおった。従容として大往生していったと、是非伝えてもらいたい」と頼んでいる。辞世は、

うつし世は　あとひとときの　われながら　生死を超えし　法のみ光

であった。

木村のA級戦犯としての認定は、大東亜戦争開戦の共同謀議者として、東條陸相（総理）、武藤軍務局長と陸軍省の三役としてセットで行われたものであるが、東條はともかくとして、開戦に慎重な武藤と共にその果たした役割は小さく、死刑判決は少なくともその役割の過大評価であり、公平を欠くものと思われる。主戦派の田中作戦部長や服部作戦課長の果たした役割のほうが、遙かに大きいにも拘わらず、彼等は何の責任も問われていない。政治が軍を主導する文民統治が徹底していた連合国から見れば、統帥権の独立の下、統帥側が政治をリードするなど理解の外であったのかもしれない。

陸士同期の三大将（この他皇族の朝香宮鳩彦と東久邇宮稔彦がいた）のうち、吉本貞一第十一方面軍司令官は終戦後自決し、木村は刑死した。無事に戦後を迎えたのは最後の陸軍大臣として陸軍の解体を看取った下村定と皇族の両大将であった。

参考文献

戦史叢書　大本営陸軍部5　防衛庁防衛研修所戦史室編　朝雲新聞社
戦史叢書　シッタン・明号作戦　防衛庁防衛研修所戦史室編　朝雲新聞社
田中作戦部長の証言　田中新一　芙蓉書房
陸軍省人事局長の回想　額田坦　芙蓉書房
丸別冊　戦争と人物20　軍司令官と師団長「ビルマ戦の将軍達」　野口省巳　潮書房
丸別冊　悲劇の戦場　ビルマ戦記「回想ビルマ戦線の将軍達」　後　勝　潮書房
東京裁判　上下　朝日新聞社東京裁判記者団編　講談社
平和の発見　花山信勝　朝日新聞社

大将

土肥原 賢二（岡山）

Doihara Kenji

（写真 秘録 東京裁判の100人 p111）

明治十六年八月八日 生
昭和二十三年十二月二十三日 没（絞首） 東京 六十五歳
陸士十六期（歩）
陸大二十四期
支那駐在
功二級

主要軍歴

明治三十七年十月二十四日　陸軍士官学校卒業
大正元年十一月二十五日　陸軍大学校卒業
昭和二年七月二十六日　大佐　第一師団司令部付
昭和三年三月二十日　奉天督軍顧問
昭和四年三月十六日　歩兵第三十連隊長
昭和五年十二月二十二日　参謀本部付（支那出張）
昭和六年八月一日　奉天特務機関長
昭和七年一月二十六日　ハルビン特務機関長
昭和七年四月十一日　少将　歩兵第九旅団長
昭和八年十月十六日　奉天特務機関長
昭和十一年三月七日　中将
昭和十一年三月二十三日　留守第一師団長
昭和十二年三月一日　第十四師団長
昭和十三年六月十八日　参謀本部付（上海駐在）
昭和十四年五月十九日　第五軍司令官
昭和十五年九月二十八日　軍事参議官
昭和十五年十月二十八日　兼陸士校長
昭和十六年四月二十八日　大将
昭和十六年六月九日　航空総監兼航空本部長
昭和十八年五月一日　東部軍司令官
昭和十九年三月二十二日　第七方面軍司令官
昭和二十年四月七日　教育総監
昭和二十年八月二十五日　第十二方面軍司令官
昭和二十年九月二十四日　兼第一総軍司令官
昭和二十年十月一日　軍事参議官
昭和二十年十一月三十日　予備役編入
昭和二十三年十二月二十三日　処刑（絞首）

プロフィール

代表的な中国通エリート軍人

土肥原は、仙台地方幼年学校から、陸士に進み、陸大を出たエリート軍人である。その生涯は、大将になるまでは、一貫して中国畑を歩み、軍政、軍令に関して省部での要職経験は全くなく大将まで上りつめた。珍しい例である。

土肥原の陸士同期の第十六期は、岡村寧次、板垣征四郎、安藤利吉及び土肥原の四人の大将を輩出したが、岡村、板垣、土肥原は、いわゆる支那屋（中国通）で、支那屋の三羽ガラスと呼ばれた。この期は海外駐在経験者十七名のうち五名が中国駐在を選んでおり、内三名が大将に進級している。前後の十五期、十七期の中国駐在は各二名である。ちなみに、同じく大将になった安藤は英駐在である。

土肥原と中国との関係は、明治四十年中尉時代に北支の張家口で諜報勤務に就いたことに始まるという。大正元年に陸大を卒業し、参謀本部員となったが、中国への長期出張（駐在）、支那政府から招かれての駐在等大正八年まで七年間中国で勤務した。大正九年四月、歩兵第二十五連隊大隊長となるも、中国砲艦が黒竜江上から尼港（沿海州のニコライエフスク）の日本領事館等を砲撃したりパルチザンによる邦人虐殺事件（尼港事件）が発生したためその調査に急遽シベリアや中国に出張を命じられて大隊長には結局赴任しないままであった。この頃から土肥原の中国語や中国についての知識は軍部内で知られるようになっていた。

土肥原の中国勤務は、参謀本部付や師団司令部付、連隊付として籍は参謀本部や師団等に置きながら、本人は中国への長期出張や派遣等を繰り返したが、中国では、陸軍の中国情報機関の元締めとして著名な坂西利八郎中将（長く袁世凱の顧問を務めた）の事務所（坂西公館と呼ばれた）を拠点として活動していた。

土肥原が、ラインの長につくのは、昭和四年三月の歩兵第三十連隊長が初めてである（既述のようにかって大隊長に発令されたが、赴任しなかった)。第三十連隊は明治三十一年高田で編成された連隊で、当時は仙台の第二師団に所属して、衛戍地で訓練に明け暮れていた。土肥原は連隊長を一年八ヶ月務めたが、久しぶりの内地勤務であった。

昭和五年十二月、参謀本部附となってまた中国に派遣される。六年八月奉天特務機関長を命じられるが、翌七年一月にはハルピン特務機関長に転じる。同年四月少将に進級し、歩兵第九旅団長に任じられる。少将進級は同期の第一陣で板垣征四郎や安藤利吉より早かった。

第九旅団は広島の第五師団所属の旅団であり、当時は広島に在営していた。連隊長時代と旅団長時代が内地での平穏な時代であった。旅団長勤務は比較的長く一年半務めたが八年十月、再び奉天特務機関長に転じる。

特務機関は、本来は元帥府、侍従武官府や皇族付武官等を指すが、一般に知られたいわゆる特務機関は、大正七〜十一年のシベリア出兵の際、現地の諜報や謀略活動(反革命派の支援・育成等)のためシベリア各地に設けられたものが嚆矢とされる。シベリア撤兵後は満州各地に対ソ情報収集のため設置された。土肥原が最初に奉天特務機関長を命じられた時代の最大の事件は満州事変であり、清朝最後の皇帝宣統帝溥儀の連れ出しである。

満州事変

満州事変は、関東軍の謀略で発生したが、その中心人物は板垣征四郎大佐と石原莞爾中佐であった。土肥原は直接的には関与していなかったらしい。柳条湖事件勃発の際、土肥原は参謀本部附から奉天特務機関長に赴任してきたばかりであったし、事件当日は、一ヶ月前に発生した中村震太郎大尉殺害事件の報告のため上京し、その帰途京城に立ち寄って宇都宮朝鮮総督と会ったりしている。事件に直接関与していれば、この日に奉天を留守にするはずはない。奉天特務機関員で土肥原の部下であった花谷正少佐（のち中将）は、謀略の一味であったが、首謀者の石原莞爾は、土肥原に知らせると「支那人」に漏れると警戒していたという。

しかし、土肥原は事件勃発を知ると直ちに奉天に戻り、翌日には臨時奉天市長となっている。しかし、市長の席は、一ヶ月足らずで日本に留学経験のある趙欣伯に譲り、今度は溥儀連れ出しのため天津に赴く。

当時、溥儀は皇帝の称号も剥奪され、天津で軟禁状態にあったが、満州へ脱出して新政権を樹立したいとの希望を持っていたという。板垣、石原は満州を植民地として日本が直接領有すべきとの主張であったが、土肥原は五族（日、満、漢、蒙、朝）による共和制国家の建設を主張していた。中央は対外的配慮から傀儡国家建設を決定し、その名目的頭首に溥儀を充てることにした。

土肥原は、溥儀に面会し満州への連れ出しに成功するが、溥儀の戦後の自叙伝『私の前半生』には、溥儀が「満州国は帝政かどうか、自分が皇帝になれるのか（復辟）共和制であれば行かない」と問い質したのに対し、土肥原は、共和制国家建設を主張していながら、溥儀には帝政と溥儀の復辟を約束したと書いている。土肥原は天津に暴動を起こさせ、その混乱の中で溥儀を脱出させようとしたが資金不足と手違いで、暴動は起こらなかった。しかし、溥儀は六年十一月十一日土肥原の手引きで天津を脱出、海路満州（営口）に上陸した。満州国は当初共和制で発足し（七年三月）、溥儀は執政となったが、九年三月満州国は帝政を敷き、溥儀が皇帝となった。この時土肥原は二度目の奉天特務機関長を務めていた。

師団長

十一年三月、土肥原は中将に進級し、東京の留守第一師団長に親補される。第一師団は革新的な青年将校が多く、危険を感じた軍中央は、これら青年将校を外地に移すべく師団毎満州移駐が決定されたが、その矢先青年将校が決起し二・二六事件が発生した。事件後師団は満州に移駐。東京には留守師団が置かれた。留守師団は、外地に出征した師団の兵員の補充や訓練を担当する部隊である。留守師団長も親補職であるが、本師団長に比べれば格下で、閑職とも言える。土肥原の中将進級は岡村寧次とともにトップ進級であり（岡村はこの時第二師団長となった）、本来留守師団長要員ではないが、二・二六事件の直後であり、軍紀粛正の意味で大物を持ってきたのであろう。

翌十二年三月には、水戸の第十四師団長に親補される。当時師団は水戸にあったが、七月に支那事変が勃発するとともに動員され、華北に出征する。師団は北支那方面軍（軍司令官寺内寿一大将）隷下で保定会戦、山西作戦、徐州会戦等に参加した。

作戦中、中国軍は土肥原の捕獲や殺害に執念を燃やしている。捕獲した中国軍の作戦図に師団司令部の位置に丸印が付けられており、危険を察知した参謀の意見により司令部の位置を変更した直後に敵の砲撃があり、副官が戦死、土肥原は間一髪危機を逃れたこともある。また、黄河を渡って京漢線の要衝鄭州に向かって進撃中、中国軍から黄河の堤防を破壊され、そのため発生した大洪水によって土肥原師団は水中に孤立し、進退窮まったこともある。このため方面軍は、鉄舟を持った工兵部隊を総動員して救出に当たったという。

師団長としての土肥原は、支那事変を無名の師といい、部下には常に、「誠心を以て中国民衆に臨め、中国民衆から徴発するな、部落を焼くな、女を犯すな」と指示し、十四師団の軍紀は他部隊に比べ厳正であったという。

十三年六月、土肥原はまたもや参謀本部附となるが、東京に戻ることなく上海駐在を命じられる。この参謀本部附は左遷ではなく、陸、海、外務の三省協同で対支特別委員会を設置し、土肥原を長に（土肥原機関と呼ばれた）、日本占領下の中国に呉佩孚を中心とする親日中央政権を樹立させようというものであった。こういう謀略工作には土肥原は不可欠の存在であった。

東洋のローレンスと土匪元

土肥原は、中国語も堪能で、多くの中国人を駆使して諜報活動に従事し、各種謀略を行ってきたことから、アラビアのローレンスになぞらえて東洋のローレンス、満蒙のローレンスと呼ばれた。こうした呼び方は、日本人ばかりではなく中国人や西洋メディアでも使われていた。

もっとも、中国人は裏では、土肥原をもじって土匪元あるいは土匪源と呼んでいた。土肥原、土匪元（源）の中国語読みの発音がともに「トー・フェイ・ユアン」であるからである。中国人から見れば、土肥原は土匪の頭目、土匪の源の意である。

昭和七年四月、満州建国直後、満州事変の真相究明と満州国の実態調査のため来満したリットン調査団の団長リットン卿が当時ハルビン特務機関長（少将）であった土肥原に面会している。その時リットンは土肥原に「閣下は北京あたりでは、今様倭寇の頭目といっているから、よほど魁偉な面構えと思ったが、親しみやすい顔で安心した」と言ったと伝えられている。土肥原が土匪元などと呼ばれていることを承知の上での皮肉であろう。

噂とは異なり、土肥原の態度、物腰は武張ったところや豪傑風の所は少しもなく、大変温厚で柔和な人物であったらしい。溥儀も土肥原は「顔に終始温厚で、へりくだった笑みをたたえていた。その笑顔は、いかにも自分の言うことは全て信用出来るのだということを人に感じさせるものであった」と書き残している（『私の前半生』）。

土肥原は、非常に物事に無頓着で身辺を飾らず、軍刀を吊らずに出勤したり（当時の軍人にはありうべからざること）、出勤の途中、人が振り返って笑うので、どうしてだろうと思っていたら、軍帽のかわりに鳥打帽子を被っていたとか、袴をはいて足が窮屈だというのでみたら、袴の片方に両足をいれて歩いていたとかいう逸話が残されている。土肥原にはあまり切れ者という印象は湧かないが、土肥原の同期で軍務局長時代に斬殺された永田鉄山少将は、かって、「土肥原の才知の鋭さは同僚比肩するものなし」と語っていたという（『陸海軍人国記』）。

軍司令官

先に述べた対支特別委員会での親日中央政権樹立工作は、軍内部の不統一や呉佩孚側の都合により失敗し土肥原は帰京。翌十四年五月、関東軍隷下の第五軍司令官に昇進する。土肥原の軍歴は二十年以上に及ぶ中国勤務に彩られているが、その合間には、連隊長、旅団長、師団長等の野戦指揮官のポストも順当にこなしている。第五軍司令官に赴任直後、ノモンハン事件が発生するが、第五軍は出動することなく、東満国境の警備に当たっていた。これ以降、土肥原と中国との縁は切れ、十五年九月軍事参議官、同年十月兼陸士校長、十六年六月航空総監兼航空本部長、十八年五月東部軍司令官、十九年三月第七方面軍司令官を務め、二十年四月には陸軍三長官の一つ教育総監に上りつめる。その間、十六年四月には、同期の支那屋岡村寧次とともに大将に進級している。

第七方面軍時代、土肥原がスマトラのコタラジャからアンダマン、ニコバル諸島巡視のため飛行機に搭乗しようとするところを敵機の襲撃を受け、飛行機は炎上、操縦士は戦死したが土肥原は難を免れた。また、教育総監時代もスマトラを視察した際、乗機が襲われ、胴体着陸で九死に一生を得たことがある。なかなか悪（武）運の強い将軍である。

死の状況

終戦後土肥原は、田中静壱第十二方面軍司令官（大将）が自決（八月二十四日）するとその後任となり、さらに杉山元第一総軍司令官（元帥）が自決（九月十二日）すると第一総軍司令官も兼ね、第一総軍司令官兼第十二方面軍司令官として終戦処理に当った。

八月十五日の阿南陸軍大臣の自決後の後任陸相に陸軍は土肥原を押したが、首相となった東久邇宮（大将）は同期（二十期）の下村定を希望したため実現しなかったという。

戦犯指名

昭和二十年九月十一日、東條英機等三十九名の第一次戦犯リストが発表され、次々と逮捕された。土肥原の名はこの中になかったが、別途単独に逮捕された。一次指名リストに土肥原の名が漏れているのに気づいた中国が、アメリカに土肥原の逮捕を強硬に求めたという。蔣介石自身がリストアップした戦犯指名者は、土肥原が一位であり、板垣征四郎が二位となっていた。土肥原の戦犯容疑は、侵略戦争の共同謀議とその遂行を主とするものであったが、具体的には平和に対する罪として、昭和三年から昭和二十年までの東亜、太平洋、インド洋地域の支配を確保しようとした共同謀議、満州事変の遂行、太平洋戦争の遂行等十項目の訴因を以て起訴され、そのうち八項目について有罪とされた。判決は絞首刑であった。

しかしながら、土肥原の経歴で見てきたように、満州事変についての謀議には参加しておらず、支那事変や大東亜戦争についても土肥原はこれらを推進する立場にはなかった。とはいえ、土肥原が中国で果たしてきた各種謀略工作の数々は、本人にとっては、明治以来の我が国の国策に沿ったものであり、且つ、そのことが中国にとっても良かれと信じて行動してきたものと思われるが、中国にとっては耐え難いものであったに違いない。土匪元の名がそれを示している。多くの支那屋に共通する欠点は、中国民衆のナショナリズムに対する理解の不足である。

中国の立場に立ってみれば、土肥原が中国ではたしてきた各種謀略工作は、中国侵略の共同謀議、及び遂行の主犯として許し難きものであったことも理解出来る。

とはいえ、土肥原にしてみれば言いたいことはいくらもあったはずであるが、東京裁判に於いては、土肥原は、板垣や東條等と違って、自己については一切弁明せず、口述書も提出していない。担当弁護士は出すと不利になるから出さないと言ったと伝えられているが不可解である。不利であろうとなかろうと堂々と所信を述べて欲しかった。

土肥原は、昭和二十三年十二月二十三日、零時過ぎ、東條始め他のA級戦犯六名とともに絞首刑に処せられた。処刑寸前に面会した花山信勝教誨師に「よく寝ました。その熟睡の中をおこされて困った」と言いつつ辞世として次の歌を伝えている。

踏み出せば　狭きも広く　変るなり　二河白道も　かくやあらなん（『秘録　土肥原賢二』）

これは真面目な歌であるが、「わが事も　すべて了りぬ　いざさらば　さらばここらで　はい左様なら」といった飄逸な歌も残している。

なお、処刑一ヶ月前の十一月二十二日に面会した花山教誨師に土肥原は、家族に宛てた手紙を読んで聞かせているが、その中に「幼年学校時代から中国に関心をを持ち、中尉の時中国を担当してから研究を続けてきた自分として、今日の事態に至ったことは真に遺憾であるが、しかし、自分が処刑されることによって中国の国民が納得してくれるならば満足である。また、このたびの裁判は、全世界の永久平和と親善のため行われたということであるが、それならばまことに喜ばしい限りである。故に私の処刑については悲しむな」と書いてあったという。

土肥原の同期の大将のうち、板垣征四郎もA級戦犯として処刑され、安藤利吉も戦犯容疑で収容中上海で自決した。中国で最も長く戦った岡村寧次のみが無事であった。どこに差があったのであろうか。

参考文献

秘録　土肥原賢二　土肥原賢二刊行会　芙蓉書房
陸軍省人事局長の回想　額田坦　芙蓉書房
陸海軍人国記　伊藤金次郎　芙蓉書房
日本軍閥の興亡　松下芳男　芙蓉書房
日本陸軍と中国　戸部良一　講談社選書メチエ
昭和の謀略　今井武夫　朝日ソノラマ
満州帝国1、2　児島襄　文藝春秋
戦史叢書　支那事変陸軍作戦1、2　防衛庁防衛研修所戦史室編　朝雲新聞社
東京裁判　上下　朝日新聞社東京裁判記者団編　講談社
平和の発見　花山信勝　朝日新聞社
我が半生　上　愛親覚羅 溥儀　新島淳良・丸山昇訳　大安

大将

東條 英機（岩手）

Toujyo Hideki

（写真　秘録　東京裁判の100人　p112）

明治十七年十二月三十日　生

昭和二十三年十二月二十三日　没（絞首）　東京　六十三歳

陸士十七期（歩）

陸大二十七期

独駐在

功二級

主要軍歴

明治三十八年三月三十日　陸軍士官学校卒業
大正四年十二月十一日　陸軍大学校卒業
大正十一年十一月二十八日　陸軍大学校兵学教官
大正十五年三月二十三日　陸軍省軍務局軍事課高級課員
　兼陸軍大学校兵学教官
昭和三年三月八日　陸軍省整備局動員課長
昭和三年八月十日　大佐
昭和四年八月一日　歩兵第一連隊長
昭和六年八月一日　参謀本部総務部編成動員課長
昭和八年三月十八日　少将　参謀本部付
昭和八年八月一日　陸軍省軍事調査委員長
昭和八年十一月二十二日　陸軍省軍事調査部長
昭和九年三月五日　陸軍士官学校幹事
昭和九年八月一日　歩兵第二十四旅団長
昭和十年八月一日　第十二師団司令部付
昭和十年九月二十一日　関東憲兵隊司令官兼関東局警務
　部長
昭和十一年十二月一日　中将
昭和十二年三月一日　関東軍参謀長
昭和十三年五月三十日　陸軍次官
昭和十三年六月十八日　兼航空本部長
昭和十三年十二月十日　陸軍航空総監兼航空本部長
昭和十五年七月二十二日　陸軍大臣
昭和十六年十月十八日　内閣総理大臣兼陸軍大臣兼内務
　大臣　大将
昭和十七年二月十七日　免内務大臣
昭和十八年十月八日　兼商工大臣（十一月一日　軍需大
　臣—商工省廃止）
昭和十九年二月二十一日　兼参謀総長
昭和十九年七月十八日　免参謀総長
昭和十九年七月二十二日　辞内閣総理大臣　陸軍大臣
　軍需大臣　予備役編入
昭和二十三年十二月二十三日　処刑（絞首）

プロフィール

著名軍人

戦後生まれであっても、ある程度の年代以上の人間で、東條英機の名を知らぬ者はあるまい。日本の軍人の中では、最も著名な軍人の一人であろう。

東條は東京の城北中学二年から東京地方幼年学校に入学、その後陸士、陸大、ドイツ駐在とエリート軍人の道を進み陸軍大臣、陸軍大将、内閣総理大臣と栄進する。父英教は陸軍中将で陸軍大学校の一期生である。

東條の陸士、陸大時代の成績は必ずしも悪くはない。しかし、本人は幼年学校時代はビリから三番と言っており、後年首相として東京帝国大学の卒業式で祝辞を述べた際「人は卒業の席次によってその将来を決するのではない。要は長じて社会に出てからの人格の陶冶である。卒業に際して凡庸の評があっても、後に大成した人は少なくないが、いずれも後年、修養に努めた結果である。その好例がかく言う東條である。余は幼にして凡中の凡であったが今日――」と述べている。確かにその通りであろうが、この挨拶は学生や父兄の失笑を呼び、当時も話題となった。この話は終戦時の侍従長であった藤田尚徳（海軍大将）の『侍従長の回想』（講談社）に書かれている。藤田はその子息が卒業の際、父兄として参列した折の見聞として紹介している。

東條の台頭

東條は進級も終始同期の一選抜で、本人が吹聴するように凡中の凡であったわけではないが、その名が世に知られるようになったのはかなり遅い。

陸大卒業後、陸軍省副官を経て、大正八年八月スイスに駐在、次いで十年七月からドイツに駐在、十一年十一月帰国して陸大教官を命じられ、四年四ヶ月在籍する。次いで十五年三月、陸軍省軍務局軍事課高級課員に栄転する。軍事課は、①陸軍の建制、編制及び団体配置に関する事項、②戒厳、演習及び検閲に関する事項、③儀式、礼式及び徽章に関する事項、④国際的規約に関する事項等を所管し、軍政や予算を通じて陸軍と政治の接点となる軍務局の筆頭課であった。高級課員は課の次席で、省内外との折衝を担当した。

昭和三年三月東條は、整備局動員課長に栄転する。整備局は大正十五年設置の比較的新しい局で、動員課と統制課があり、動員課が主として人的動員並びに軍需工業の指導育成、統制課が軍需品の動員や戦時交通の統制を所管した。動員課長就任間なしの八月大佐に進級する。同期の一陣である。

四年八月東條は、歩兵第一連隊長に転補される。陸大卒の天保銭組にとっては、連隊長職も一つの通過点に過ぎないが、東條は中隊長、大隊長の経験もなく、将官になるためには必須の通過点であった。第一連隊は東京編成で、第一師団所属である。東條の連隊長としての統率ぶりは峻厳で、師団長の真崎甚三郎は、東條の連隊を火の玉部隊と呼んで賞賛していたという（『東條英機　上』亀井宏）。

六年八月連隊長を二年勤めた東條は、参謀本部総務部編成動員課長に転ずる。正式名称は第一課である。陸軍省にも動員課があり、東條はその課長も務めたが、参謀本部の動員課は作戦に直結した動員を所管する。

課長就任直後の九月、関東軍の板垣征四郎、石原莞爾参謀等の謀略により満州事変が勃発したが、政府は一旦は不拡大方針を決定したものの、軍の圧力により朝鮮軍の独断越境を追認した。この独断越境の追認に奔走したのが、参謀本部作戦課長の今村均大佐と動員課長の東條であったと伝えられている（『昭和の歴史　十五年戦争の開幕』　江口圭一）。

八年三月東條は、同期の第一陣で少将に進級し、軍事調査部長となる。

軍事調査部は、大正四年に第一次世界大戦の調査を主たる目的として設立された臨時軍事調査部（長は委員長と称した）を嚆矢とする。大正十一年に一旦廃止されたが、大正十五年に復活し、昭和八年十一月に常設の軍事調査部となった。東條はその初代部長である。新聞班と調査班があったが、軍縮問題やその他特命調査も担当した。

九年三月、順調に軍歴を重ねてきた東條は、突如士官学校幹事（副校長）に移され、八月には久留米の歩兵第二十四旅団長に転出し、翌十年八月第十二師団司令部付に転任となった。まもなく待命、予備役編入と見られた。これは皇道派の真崎甚三郎教育総監の策謀によるものと言われているが、同期の後宮淳人事局長の配慮により、師団司令部附一ヶ月余りで十年九月関東憲兵隊司令官に転じた。

憲兵隊司令官時代二・二六事件が勃発するが、満州に於ける東條の皇道派狩りは徹底しており、この時の憲兵利用がのちの東條の憲兵政治と評される端緒となる。

関東軍参謀長　陸軍次官

十一年十二月東條は中将に進級し、翌十二年三月関東軍参謀長に抜擢された。

東條の名が世の中に伝わり始めるのはこれ以降の事である。この時話題となったのが、参謀長が自ら軍を指揮して戦闘したことであった。本来参謀長は指揮権を持たず、異例の戦闘指揮であったが、これは関東軍司令官植田謙吉大将の委任を受けて司令官代理として指揮したものであった。

作戦は、十二年八月九日に発動されチャハル作戦と呼ばれたが、満州国に隣接するチャハル省内に増強されつつあった中国軍を、支那駐屯軍と協力して駆逐しようとしたものであった。東條は混成第二旅団や第二飛行集団等約二万人を指揮して一ヶ月余りで作戦目的を達した。この部隊は東條兵団と呼ばれ、その活躍振りは内地でも大きく報道されて、陸軍に東條ありと知られるようになった。

東條の軍歴中、実戦で部隊を指揮したのはこれが最初で最後である。東條にとってこの時の経験が大きな自信となったという。

東條は関東軍参謀長の後、十三年五月陸軍次官に抜擢される。翌六月航空本部長を兼務する。これは当時陸軍大臣の板垣が、近衛総理の意のままに操縦されかねないのを恐れた前陸相の杉山が、やかまし屋の東條を目付役として送り込んだといわれている。その後東條はカミソリ次官として、目付役どころか大臣をさておく存在となるが、十三年十二月次官半年あまりで航空総監に転じさせられる。転任の理由は参謀次長の多田駿（十五期）との確執で、両者はことごとくに対立して収拾がつかず、さすがの板垣も東條を持て余し、更迭しようとしたが聞かないので、東條、多田と喧嘩両成敗の形で両者とも省部を去った。多田は終始支那事変の拡大に反対で、かつ石原莞爾の理解者であったことが東條との確執の背景にあった。

航空総監部は、十二年十二月陸軍航空に関する教育監督機関として新設された。航空士官学校、各地の飛行学校等を管轄した。航空士官学校の設置もこの時である。

東條の航空総監（兼航空本部長）時代にはノモンハン事件（十四年五月〜九月）、独ソ不可侵条約の締結（十四年八月）、ドイツのポーランド侵攻（十四年九月）による第二次世界大戦の勃発等があったが東條の格別の逸話は残されていない。

昭和十五年七月二十二日、海軍の米内内閣が倒れ第二次近衛内閣が発足した。東條は陸軍大臣として入閣した。米内内閣の崩壊は、米内大将の三国同盟に消極的で親英米的な色彩を嫌った陸軍の策謀によるもので、畑陸軍大臣を辞任させ、後任を推薦しないで内閣を成立させないという軍部大臣現役武官制を悪用したものであった。

東條の登用は、近衛の陸軍内で統制力のある人物をとの希望によるものといわれている。

近衛内閣は、十五年七月二十六日新政策として「基本国策要綱」を決定した。この基本国策要綱の「一、根本方針」で今後の我が国の国家目標が次のように定められた。

「皇国ノ国是ハ八紘ヲ一宇トスル肇国ノ大精神ニ基ヅキ、世界平和ノ確立ヲ招来スルコトヲ根本トシ、先ズ皇国ヲ核心トシ日満支ノ強固ナル結合ヲ根幹トスル大東亜ノ新秩序ヲ建設スルニ在リ。（以下略）」

この要綱で始めて「大東亜新秩序」というスローガンが公式に使用され、併せて発表された外務大臣談話で松岡外相は「日満支を一環とする大東亜共栄圏の確立を図らねばならない」と述べた。これによって、「大東亜共栄圏」のスローガンも世に出ることになった。

さらに、基本国策要綱の閣議決定の翌日、大本営・政府連絡会議が開催され、統帥部提案の「世界情勢ノ推移ニ伴ウ時局処理要綱」が承認された。

この時局処理要綱で、その後の日本の進路を決定した。

①重慶政権（蒋介石）の屈服、②北部仏印進駐による援蒋ルートの遮断、③南方問題解決のための武力行使、④対米開戦に備えての準備等が盛り込まれていた。

東條の陸相時代の重要問題として、①北部仏印進駐（十五年九月）、②日独伊三国同盟締結（九月）、③汪兆銘の南京政府擁立（十一月）、④日ソ中立条約締結（十六年四月）、⑤南部仏印進駐（七月）、⑥関特演（七月）、等があり、昭和十六年を通じての最重要課題として日米交渉問題があった。

日米交渉問題については、後に触れることになるが、北部仏印進駐や三国同盟問題については、東條ももちろん賛成であったが、まだ東條のイニシアチブは発揮されていない。ただし、北部仏印進駐に関して、当初政府も大本営も平和進駐を企図し、西原一策陸軍少将を長とする派遣団の努力により平和進駐の交渉が成立したにもかかわらず、現地軍（南支那方面軍）の佐藤賢了参謀副長や大本営派遣参謀の富永恭次少将（参謀本部作戦部長）の策謀で独断越境、武力進駐したことに対しては、軍規を紊すものとして当時の軍には珍しく、関係者に対して極めて厳しく果断な処分を行った。このことは後に、東條ならば陸軍を押さえることが出来るのではないかとの幻想を生み、東條内閣誕生の遠因となる。

日米交渉（1）

このころ日米関係は、日本の北部仏印進駐、三国同盟締結、汪兆銘政権の擁立等により悪化の一途を辿っていたが、政府は局面打開のため昭和十五年十一月、新駐米大使に阿部信行内閣の外務大臣であった予備役海軍大将野村吉三郎を発令した。野村は第一次大戦中ワシントンで駐在武官を勤めており、この時海軍次官であったフランクリン・ルーズベルトと付き合いがあり、この関係に期待した松岡外相が担ぎ出したという。

野村は赴任に先立ち、陸軍との関係調整のため補佐官の派遣を望み、東條は陸軍省軍事課長の岩畔豪雄大佐を指名した。

野村大使を中心とする日米交渉は、中途からアメリカの司教ジェームス・ウォルシュと神父ジェームス・ドラウトの二人と、これを近衛に紹介した産業組合中央金庫（現農林中央金庫）理事井川忠雄（大蔵省出身）の民間人グループによる流れと合流し、これに岩畔大佐も同調して、野村、岩畔、井川、ウォルシュ、ドラウトの手による「日米諒解案」なるものが作成され、十六年四月十八日野村から外務省に報告された。

「日米諒解案」には、満州国の承認、蒋介石政府と汪兆銘政府の合流、新中国政府との協定に基づく撤兵、ホノルルでの日米首脳会談等が盛込まれていた。

政府は、直ちに大本営・政府連絡懇談会を開催してこの取扱いを協議したが、政府はもとより軍部も挙げて賛成した。東條も喜色満面で大変な喜び様であったと伝えられている。

しかし、ここに大きな誤解と障害が横たわっていた。誤解とは、日本側がこの日米諒解案をアメリカの正式提案と受け取ったことであった。ウォルシュ、ドラウトの両神父は、この内容を国務長官ハルやルーズベルト大統領に逐次報告し了解を得ていたというが、アメリカ側は、この案はあくまでも民間人が作成した今後の協議のための試案であり、政府として全てに同意したものではなかった。

障害とは、この諒解案の作成の過程で当時ドイツ、ソ連へ出張中の松岡外相が一切関与していないことであった。当初、近衛首相は外相不在のまま、諒解案受け入れを回答しようとしたが、外務省の反対により、松岡の帰国を待って諒解を得る事とした。

四月二十二日帰国し、報告を受けた松岡は激怒し、当日夜九時過ぎから開かれた大本営・政府連絡会議に出席したものの、この提案は一～二ヶ月位は慎重に検討を要すると述べ、疲労を理由に途中退席してしまった。さらにその翌日近衛と会ったが、シンガポール攻撃を主張するなど過激な弁を述べ、以後病気と称して約一ヶ月も自邸に引きこもってしまった。

対英米戦争決意

日米諒解案について政府の回答が遅れている間にも現地での交渉は続けられていたが、六月二十一日、アメリカは初めて公式に口上書（オーラルステートメント）と協定案を野村大使に伝えてきた。公式案は先の日米諒解案よりも日本側にとって厳しいものであったが、後のハルノートに比べればはるかにマイルドなものであった。

しかしながら、口上書の中に暗にドイツ派の松岡外相を忌避する文言があったことから、松岡は一層反発を強めた。

さらに、翌二十二日、独ソ開戦の報が突如舞い込んだ。このため政府、軍部とも日米交渉どころではなくなり、日米交渉は、実質的に一時棚上げとなった。

一方、日本軍は七月二十八日、南部仏印に進駐を開始した。これに反発したアメリカは八月一日、石油の対日輸出を禁止。日米関係は極めて悪化した。

ドイツのソ連侵攻は独ソ不可侵条約違反であることはもちろんであるが、日独伊三国同盟にも違反した背信行為であった。そのうえドイツは、ソ連侵攻を我国には通告しなかった。この時がドイツとの関係を見なおす最後の機会であったが（そう主張した者もいた）、ドイツ軍の目覚しい進撃に幻惑され、ドイツと運命を共にする道をひた走る。

松岡は、前には「シンガポールを攻撃せよ」と言った舌の根も乾かぬうちに、今度は「ドイツと協力してソ連を打つべし」と主張して、さすがの軍部をも驚かせ、大本営陸軍部戦争指導班の機密戦争日誌には「節操ナキ発言言語同断ナリ」と書かれている。

近衛も遂に松岡を見限り、松岡解任のため七月十六日一旦総辞職し、十八日に第三次近衛内閣を発足させる。外相には第一次近衛内閣の商工大臣であった豊田貞次郎予備役海軍大将を充てた。東條は引き続き陸相の地位にとどまった。

松岡の三国同盟推進、対米強硬外交も本心は、対米戦争を回避したいがための手段であったといわれているが、アメリカとの間でいわばチキンレースを展開し、降り場を間違って戦争に突入してしまった。大東亜戦争開戦の報を聞いて松岡は「三国同盟は僕一生の不覚であった」と言って泣いたと伝えられている（『松岡洋右』 中公新書）。

こうした中、日米交渉は殆ど休止状況となり、これを打開すべく、近衛は日米首脳会談を提唱したが、これもアメリカの受け入れるところとはならなかった。

このため、十六年九月六日、御前会議に於いて、今後のとるべき国策として以下の「帝国国策遂行要領」が決定された。

「①帝国は自存自衛を全うする為対米（英蘭）戦争を辞せざる決意の下に、概ね十月下旬を目途として戦争準備を完整す。

②帝国は右に併行して米、英に対し外交手段を尽くして帝国の要求貫徹に努む。対米（英）交渉に於いて帝国の達成すべき最小限度の要求事項並びに之に関連し帝国の約諾し得る限度は別紙の如し。

③前号外交交渉に依り十月上旬頃に至るも尚我要求を貫徹し得ざる場合に於いては、直ちに対米（英蘭）開戦を決意す。」

九月五日、近衛がこの国策要領を天皇に内奏した際、天皇は戦争準備が先で、外交が後になっている。戦争が主で外交が従になっているように見えると注意し、近衛が外交が主であると答えると、参謀総長、軍令部総長を呼び、近衛を同席させて確認している。

また、御前会議の終了間近、明治天皇の御製「四方の海　皆同胞(はらから)と　思う世に　など波風の　たちさわぐらむ」を読み上げ、平和解決への希求を示した。こうして天皇の意向が平和解決であることを知った近衛は、さらに日米交渉を促進しようとするが、このころから東條の姿勢は強硬になり、軍部中堅層の主戦論を強く代弁するようになっていく。

近衛は局面打開のため、十月十二日荻窪の私宅に、外務、陸、海軍大臣及び企画院総裁を呼び五相会議を開催し、和戦の対応を協議したが、豊田外務大臣が中国からの撤兵も含めて譲歩すべきことを主張したのに対して、東條はこれに徹底的に反対した。一方海軍大臣の及川は和戦の決定は首相に一任すると述べた。また豊田は「九月六日の決定は軽率だった」とも述べたが、東條はこれに反駁し、御前会議通り戦争に訴える以外道はないと強硬に主張している。

このころ武藤軍務局長は富田書記官長に海軍が戦争は出来ないといえば陸軍を押さえるので、出来ないなら出来ないと言うよう海軍に伝えてほしいと言い、富田はこれを及川に伝えている。また、畑支那派遣軍総司令官や梅津関東軍総司令官も対米戦争反対を参謀総長、陸軍大臣に意見具申している。軍の中にも対米英避戦派は少なからず存在した。

こうした中で和平を首相に一任した海軍の無責任な対応も罪が深い。後に井上成美大将が終戦直後のことであるが、海軍首脳部を集めた特別座談会で「あの時男らしく、戦争は出来ない。やれば負けるというべきであった」と及川大将を追及したように、非戦のチャンスはあった。

こうして、五相会談も意見の一致を見ることなく終わったが、その直後の十月十四日の閣議で、東條は突如メモを片手に大演説を始め、とうとうと主戦論を展開した。

「撤兵問題は心臓だ。アメリカの要求に服したら支那事変の成果を壊滅する。満州国も危うくなる。朝鮮統治も危うくなる。支那事変の数十万の戦死者、その家族、数十万の負傷者に申し訳なし。撤兵すれば満州事変以来の小日本に戻る。撤兵は軍の志気を失う。防共駐兵は絶対に譲れない」と。

これに対して、他の閣僚は陸相の発言はあまりに唐突で、あっけにとられ、発言するものはなかった。閣議は他の議題を決定した後、この問題に触れず散会したという（『戦史叢書』大東亜戦争開戦経緯5）。

近衛もそれなりに非戦の努力をしたことは認められるが、あまりに優柔不断であった。五摂家筆頭として、二千六百年の国体に責任を有するものとして無責任であった。

こうして近衛と東條の溝は広がり、東條は内閣総辞職を求め、やる気をなくした近衛もこれを受け入れ十月十六日、第三次近衛内閣は総辞職する。

東條内閣誕生

次の内閣組閣にあたって東條に不可解な行動がある。それは後継首班に避戦派の東久邇宮陸軍大将を推したことである。東久邇宮は、九月七日、近衛の求めにより東條に会って避戦を勧め、それが出来ないなら陸相を辞任すべきだと説得している。東條は、その東久邇宮を次の首相に推薦している。近衛も天皇に東久邇宮を推薦した。

しかしこれに強く反対したのが、内大臣の木戸幸一で、万一皇族内閣で日米戦に突入するようなことがあっては、皇室が国民怨嗟の的になるという虞れであった。

もしこの時東久邇宮内閣が成立し、大元帥としての天皇の意向がもう少し直截に（特に統帥部に対して）示されていたら戦争は回避されていた可能性は小さくない。しかし、東久邇宮内閣が誕生したのは敗戦後の八月十七日のことであった。

こうして近衛内閣は退場し、東久邇内閣案も潰え、登場したのが東條内閣であった。これは木戸内大臣の強い推挽によるものであった。木戸は戦争の不可避を覚悟しつつ、東條の天皇への厚い忠誠心と厳しい部内統制力に期待して万が一の避戦に望みを託したのだという。天皇も東條の名を聞き「虎穴にいらずんば虎子を得ず、ということだね」と言って了承した（『昭和天皇発言記録集成』）。

一方、東條は自己の首班指名を全く予想しておらず、天皇のお召しも近衛内閣退陣についての叱責と覚悟して参内したが、思わぬ大命に茫然自失の態で、陸軍省に帰ってきたと伝えられている（『東條英機』芙蓉書房）。

東條に対して大命が降下した際、木戸は今後の「国策の検討については、九月六日の決定に促られることなく、内外の情勢をさらに深く検討して慎重なる考究を要す」というのが天皇の思し召しである、と伝えた。

これは後に「白紙還元の御諚」と呼ばれたが、東條はこれを実直に守ろうとしたことは間違いない。これも天皇が間接的ではなく直接東條に伝えていたら効果はさらに大きかったであろうし、同様のことを大元帥として参謀総長や軍令部総長に指示する必要があった。

当時陸軍省や参謀本部では、天皇から直接戦争回避の指示（優諚）が降りることを恐れており、その時の対応を聞かれた東條は「天子様に理屈はいえない、天子様がこうだといったらそれまでだ」と答えている（『戦史叢書』大本営陸軍部大東亜戦争開戦経緯5）。このため主戦派の中堅幕僚から東條の変質をなじる声があがったという。

東條内閣は、十六年十月十八日成立した。東條は現役のまま陸軍大臣を兼務し、また内務大臣をも兼務した。かつ当日特旨（まだ大将進級基準に一年足りなかった）をもって大将に進級した。大将に進級したのは海軍大臣の島田大将とのバランスであり、現役に留まったのは陸軍大臣として軍に対する発言力を確保しようとしたためで、内務大臣を兼務したのは、和平の場合の国内治安対策のためといわれている。

外務大臣には、元ソ連大使の東郷茂徳が、大蔵大臣には賀屋興宣が親任された。戦争に最後まで慎重であったのはこの二人であった。

日米交渉（2）

このころ、日米交渉は殆ど中断状況であったが、東條内閣は、天皇の避戦の意向を受けて十月二十三日以降十一月二日に至るまで、殆ど連日、大本営・政府連絡会議を開催し、対応を協議した。当時検討された事項は次のようなものであった（『戦史叢書』大本営陸軍部　大東亜戦争開戦経緯5）。

① 欧州戦局の見通し
② 開戦初期及びその後数年の作戦見通し
③ 南方進攻の場合の北方への影響
④ 開戦後三年間の船舶徴用量と損耗見通し
⑤ 国内民需用船舶輸送力、主用物資の需給見込み
⑥ 戦争における予算規模、金融的持久力
⑦ 独伊に対する協力度合い
⑧ 戦争相手を蘭、あるいは英蘭に限定出来るか
⑨ 開戦を十七年三月頃にした場合の利害外交上、主用物資の需給上、作戦上戦争企図を放棄して人造石油の増産などにより現状を維持した場合の能否・利害
⑩ 対米交渉の見通し、我が国としてどこまで妥協出来るか
⑪ 米の要求を全面的に受け入れた場合（中国、仏印からの撤兵、三国同盟の実質破棄等）の我が国

の国際的地位、特に支那における地位の変化
⑫ 開戦した場合の重慶政府（蒋介石）への影響

一読して分かることであるが、①から⑧及び⑫は開戦したらどうなるかという検討であって、是が非でも戦争を避けるためにはどうすればよいかという検討ではない。⑪で初めて米の要求を全面的に受け入れたらどうなるかの検討が出てくる。注目すべきは⑨で、開戦時期を遅らせた場合と後段で木に竹を継いだように開戦しなかった場合の利害得失を検討しようとしている。これを書いた軍務課の石井秋穂大佐は、戦争しなかった場合の想定を一項目独立してあげると主戦派の強い反発をまねくのでさりげなくおり込んだと言っている。当時の雰囲気がよくわかる。

天皇の意思を忠実に守ろうとすれば、どうすれば戦争を回避出来るのか、まずこれをギリギリ追求すべきであった。このためには東條は、軍人の人事権者である陸軍大臣として主戦派の杉山参謀総長、塚田参謀次長、田中作戦部長等を更迭すべきであった。

その後、連日に及ぶ大本営・政府連絡会議で各項目ごとに検討が行われたが、欧州戦争についてはドイツが勝つとの先入観が抜けず、日本がアメリカの要求をのんだ場合、日本の地位は三等国に転落し（東郷外相はこの見方に反対した）明治以来の権益をすべて失うことになる。戦争になっても、長期不敗の態勢を築くことが出来る。そのためには開戦は一刻も早いほうがよいとの意見が大勢を占めた。また、今後対米交渉を続けてもこれまでの我が国の要求を貫徹出来る見込みはないと判定されたし、要求限度の引き下げ、条件緩和については、支那からの撤兵に二十五年の期限（東郷外相は五年を主張）をつけること、支那との通商無差別待遇について将来無差別原則が世界的に適用されるようになれば、我が国

の特殊権益を放棄すること、であった。

こうした検討の後、十一月一日対米交渉案最終決定のための連絡会議が開かれた。

東條は、議題として以下の三案の検討を提案した。

一案　戦争スルコトナク臥薪嘗胆スル

二案　直チニ開戦ヲ決意シ戦争ニヨリ解決スル

三案　戦争決意ノ下ニ作戦準備ト外交ヲ併行セシム

連絡会議は午前九時から開催され、翌日二日午前一時過ぎまで続いた。統帥部は――特に陸軍は第二案を主張し、その他は第三案を主張し、第三案が会議の結論となった。

交渉の譲歩限度として甲案、乙案の二案が作成され、最初甲案で交渉するも最終的には乙案まで妥協することとした。

甲案は以下の通りであった。（※筆者要約）

一　支那における駐兵及び撤兵問題

北支、蒙彊の一部及び海南島については、日支平和成立後所要期間（聞かれれば二十五年を目途と答える）その他の地域は二年以内に撤兵する。

二　仏印における駐兵及び撤兵

支那事変解決後または極東平和の確立後直ちに撤兵する。

三　支那における通商無差別問題

無差別通商原則が全世界に適用されるようになれば適用する。

四　三国条約の解釈及び履行問題
従来通り我が国が自主的に決定することを主張する。
五　アメリカの四原則を正式妥結事項とすることは避ける。
この甲案で最大の議論となったのは、中国からの撤兵に期限をつけることであった。無期限駐兵を主張する東條、島田や統帥部に対して東郷が孤立無援で頑張り、期限をつけた。軍部は東郷の辞任による内閣崩壊をおそれ妥協したという。

一方、「乙案は次のようなものであった。(※筆者要約)
一　日米両国は仏印以外の南東アジア及び南太平洋地域で武力的進出を行わない。
二　日米両国は蘭領印度に於いて必要とする物資の獲得を相互に保証するよう協力する。
三　日米両政府は通報関係を資金凍結前に戻す。
米国は日本に石油を供給する。
四　米国は日支両国の和平努力に支障を与えるような行動をしない。

備考

一　必要に応じこの取り決めが成立すれば、日本軍は南部仏印から北部仏印に移駐する。並びに支那事変が解決するか、太平洋地域で平和が確立すれば仏印より撤退することを約しても可。
二　必要に応じ甲案の通商無差別問題、三国条約の解釈履行問題を追加しても可。
こうして十月二十三日から十一月一日に及んだ大本営・政府連絡会議は終了し、これを「帝国国策遂行要領」としてまとめ、十一月五日の午前会議で最終決定した。

しかし、この国策要領には「現下の危局を打開して自存自衛を完うし、大東亜の新秩序を建設するため、この際対米英蘭戦争を決意して交渉にあたる。対米交渉が十二月一日午前零時までに成功すれば武力発動は中止する。武力発動の時機は十二月上旬とする事」も併せて決定されていた。

この決定に基づき作戦準備が着々と進む中、最後の対米交渉を推進するため東郷外相は、前駐独大使の来栖三郎を野村大使の補佐として任命した。これは野村大使がかねて辞意を漏らしていたことや、プロのベテラン外交官を補佐につけ東京―ワシントン間の意志疎通の改善を図ろうとしたものであったが、不幸にしてアメリカは栗栖が前駐独大使として三国同盟を締結したこともあって、親独派と見て不信感を持って迎えた。

ハルノート

こうした甲案、乙案、二十五日までといった日本側の訓電はすべてアメリカ側に解読されていた。したがって甲案による交渉はまもなく行き詰まり、十一月二十日から乙案の交渉に移行するが、アメリカがかねて主張してきた四原則、①領土保全・主権尊重、②内政不干渉、③無差別通商、武力的現状打破不承認との乖離は大きく、遂にアメリカは十一月二十六日、乙案に対する回答として、いわゆるハルノートを反対提案した。ただし、アメリカも日本側提案を一方的に拒否したわけではなく、多少は関係改善の意欲もあり（時間稼ぎと見る向きもある）、ハルノートの直前に基礎協定案、暫定協定案と呼ばれるものが作成されている。

基礎協定案は日本側の甲案に対応するもので、暫定協定案は乙案に対応するものであった。

暫定協定案は、当面三ヶ月間有効という文字通りの暫定案であったが、その内容は、①平和的政策を日米両国がお互いに宣言する。②武力もしくは武力の威嚇によって、日米両国はさらに太平洋地域に進出しない。③日本軍を南部仏印より撤退させる。北部仏印の兵力を二万五千人に削減する。④日米通商を再開する。石油は民需用に月割り制により供給する。⑤日本が平和、法、秩序、及び正義の四原則により蒋介石と交渉する事を望む、等であった。

しかし、この暫定協定案は、結局提案されなかった。その理由は米国が中国、イギリスに事前に相談にしたところ、強い反対を受けたことが主因といわれている。

戦後、東京裁判でこの暫定協定案を知った東條はこれが来ていれば事態は変わっていたと言ったという（『東條英機』芙蓉書房）。

さて、十六年十一月二十六日アメリカ国務長官ハルは、野村、栗栖両大使を呼び、いわゆるハルノートを伝達した。このハルノートは正式には「合衆国及び日本国間協定の基礎概略」と名づけられていた。冒頭に「試案であって拘束力なし」と書かれており、今後の交渉のベースであるとされていた。最後通牒、あるいは最終提案の文字はない。

このハルノートは、第一項政策に関する相互宣言集、及び第二項合衆国及び日本国政府は左の如き措置をとることを提案す、の二項で構成され、さらにこれまでの交渉経緯や日本案に対する考え方がオーラルステートメント（口上書）として付属していた。

第二項の米日両国政府のとるべき措置として以下の十項目が掲げられている。

①米日両国は米・日・英・支・ソ・蘭・泰間の多辺的不可侵条約の締結に努めること
②米・英・支・日・蘭・泰国は、仏領印度支那の主権を尊重し、かつ領土保全に脅威発生の場合は、協議に応ずるとの協定取り決めに努めること。また仏領印度支那における貿易及び通商の平等待遇の確保に尽力すること
③日本は支那及び印度支那より一切の陸、海空軍兵力及び警察力を撤収すること
④米日両国は重慶に臨時首都を置く中華民国政府（蒋介石政府　※筆者注）以外の政権を支持しないこと
⑤米日両国は支那の一切の租界・治外法権を放棄すること。このことについて英国その他の政府の同意を取り付けるよう努力すること
⑥米日両国は互恵的最恵国待遇を基礎とする通商条約締結のため協議を開始すること
⑦米日両国は相互に資金凍結措置を撤廃すること
⑧米日両国は、円ドル為替の安定のため協定し、必要な資金を折半出資すること
⑨両国政府が第三国との間に締結した、いかなる協定も本協定及び太平洋地域の平和確立と保持に矛盾するような解釈を行わないこと
⑩両国政府は他国政府に本協定に規定した基本的な政治的経済的原則を遵守し実際に運用するよう努力すること

この内容は、今日的に見れば格別厳しいものでも最後通牒的なものとも思われないが、当時の日本としては、支那及び仏印からの全面的撤兵、支那における治外法権、租界など諸権利の放棄、国民政府（南

京政府）以外の政府の否認、三国同盟の空文化等を求めるもので、アメリカの最後通牒であると受け止められた。東郷外相や賀屋蔵相等の避戦派も、もはやこれまでと覚悟を決めた。一方主戦派もこれによっていよいよ開戦出来る。ハルノートは天佑であると歓迎した（『機密戦争日誌』錦正社）。交渉が妥結するためには双方の案が次第に歩み寄ってこなければならないが、アメリカ側は、政権内部の検討では時として柔軟な案も検討しているが、最終的に提案されたものは原則論をふりかざし次第に厳しくなっており（その原因は南部仏印進駐等日本にもある）、日本の当事者が、アメリカ側に対日関係改善の気持ちはないと考えたこともある程度理解出来る。

最大の障害となった中国からの全面撤兵にしても即時、無条件を迫られたものではなく、また中国に満州が当然含まれていたというわけではない。

外交官の佐藤尚武、重光葵や吉田茂等はさらなる交渉を求め、それが出来なければ辞職すべきであると東郷に勧めたという。しかし、東郷は再交渉も辞職もしなかった。のちに大東亜省設立問題で東條と対立し辞職したが、辞める時期を間違えた。

こうして遂に日本は、十二月一日御前会議を開催して対英米蘭開戦を決定した。東條が首相に就任して四十四日しか経っていなかった。

十二月八日、日本海軍は真珠湾を奇襲、陸軍はマレー半島に上陸した。ところが奇しくもこの日ドイツ軍は、モスクワ戦線から一斉に退却を始めた。ドイツ勝利を前提に始めた戦争が、開戦初日に瓦解した。もう少し開戦が遅れていたら、日本は開戦に踏み切れなかったであろう。

戦時宰相

緒戦は比島作戦に於いて、バターン半島に立て籠もった米比軍の攻略に手間取った他は、大本営の計画通りに進展し、十七年一月二日マニラ、十一日クアラルンプール、二十三日ラバウル、二月十五日シンガポール、三月五日バタビア（ジャカルタ）、八日ラングーンと南方要域を占領した。

海軍作戦に於いても真珠湾攻撃の成功に続き、マレー沖海戦で英戦艦プリンス・オブ・ウエールズ、レパルスを撃沈し、航空機で航行中の戦艦を撃沈出来ることを世界で初めて実証した。またインド洋作戦では英空母ハーミス、重巡ドーセットシャー、コーンウォールなどを撃沈し英東洋艦隊をインド洋から駆逐した。

国内では二月十八日、大東亜戦争戦捷第一次祝賀国民大会、三月十二日第二次祝賀大会が開かれた。開戦宰相として東條の最も得意な時期であったろう。

しかし、昭和十八年半ば以降と見込んだ米軍の反攻が、ひたひたと足元まで忍び寄っていた。十七年四月十八日、米空母ホーネットを飛び立ったドーリットル中佐指揮するB25双発爆撃機十六機が、東京、川崎、横須賀、名古屋、四日市、神戸を重爆撃して、死傷者三百六十三人、被害家屋三百五十戸を出した。この時東條は水戸、宇都宮に出張中で、帰京の際乗機が米軍機と行き違ったという。ちょうどこのころ、山本五十六連合艦隊司令長官のミッドウェー攻略作戦に反対していた軍令部も帝都空襲に衝撃を受け、ミッドウェー作戦を認可する。

ミッドウェー作戦は、昭和十七年六月五〜六日の海戦に於いて、主力空母赤城、蒼龍、加賀、飛龍を一挙に失うという大損害を受けた。

さらに、米軍は十七年八月七日、海軍が飛行場を設営していたガダルカナル島に突如上陸してきた。急遽陸軍もこの奪回に協力することとなり、これ以降半年に及ぶ陸海空のガ島攻防戦が戦われる。

ガ島攻防戦は、アメリカの反攻意図や上陸兵力を下算したことから、一木支隊（約一千人）、川口支隊（約五千人）、第二師団（約一万二千人）と兵力を逐次投入し、各個に撃破され、制空、制海権も失い、補給も途絶してガ島は文字通り餓島と化した。

この時、東條は国政の責任者として、ガ島奪回のため船舶の増徴を主張する統帥部と激しく対立する。これ以上の軍用の船舶増徴は、南方資源の国内還送等国力維持が不可能になると主張し、統帥部の要求を陸軍大臣として拒絶した。

昭和十八年二月、日本軍はガダルカナル島から撤退し、半年にわたるガ島攻防戦は幕を閉じたが、この間に生じた兵員、航空機、艦船の喪失は、我が国の国力を大きく尽瘁させ、以降日本軍は戦場で主導権を失った。その後まもなく山本五十六連合艦隊司令長官が戦死（四月十八日）し、アッツ島守備隊が玉砕する（五月二十九日）。

東條は、この年精力的に外地を視察した。四月の満州国を皮切りに、五月フィリピン、七月タイ、シンガポール、ジャワ、ボルネオと回り、タイのピブン首相や、自由印度臨時政府首席のチャンドラ・ボース等の要人と会見し、十一月には大東亜共栄圏の首脳を集め大東亜会議を開催した。大東亜会議開催にあたっては要人の宿舎やみやげ物のチェック等に自ら当たり、東條らしくいささかの細部もゆるがせにしなかったという。

後に、東條は「戦争は十八年が山だった、その十八年を無為に過ごした」と反省しているが、日常的には無為どころか八面六臂の大活躍であり、一時的ではあるが、外務大臣や、文部大臣、商工大臣、軍需大臣を兼ね、最後には参謀総長を兼任することとなる。

東條は、真面目に必死に戦争に勝とうと先頭に立って、細部にわたるまで目配りして働いている。過労で倒れ二週間あまりも病床に臥したこともある。しかしその働きは、政治のトップリーダーとしての働きではなく、能吏としての働きで大局観のない働きであった。そのことの自覚が無為に過ごしたとの言葉を吐かせたのではなかろうか。

参謀総長兼任

ひしひしと連合軍の足音が迫ってくる十九年二月、東條は政治と統帥の乖離に我慢が出来なくなり、非常の決意で総理大臣兼陸軍大臣のその身に参謀総長を兼ねることとした。

天皇の内諾を得たうえで、統帥権の干犯であると反対する杉山参謀総長を天皇の意向をちらつかせて説得し、辞任させる。

杉山がドイツのスターリングラード攻略の失敗を、ヒトラーが政・軍の権力を一手に握り、統帥部の意向に反したからだと主張したのに対して「ヒトラーはもと兵卒、自分は陸軍大将である。一緒にしてもらっては困る」と反論したのはこの時のことである。

こうして、東條は明治健軍以来始めて、軍政と統帥の権を一手に握り、海軍にも島田海軍大臣に軍令部総長を兼ねさせた。

この頃、東條は思い上がっている。権勢欲の権化だ。独裁者になった。幕府を開いたといった多くの非難を浴びたが、独裁者というにはあまりに無力で、ヒトラー、スターリンと比ぶべくもなく、ルーズベルトやチャーチルと比較してもその権限は小さかった。

東條はひたすら真面目に、勝つための方策を考えた末、政治と軍事の統一を図ろうとしたものであるが、陸軍については、ある程度成功したものの、海軍については軍政も軍令も一指も触れることは出来ず、統帥権の独立は、総力戦時代に於いては明治憲法の最大の欠陥であった。国力上も戦争指導システム上も勝てる戦いではなかった。

おそらく東條は、長い軍歴の中で統帥権の独立を疑ったことはなかったであろうが、総理となって我が国未曾有の大戦争を戦ってはじめて、統帥権の独立の弊害を悟ったのであろう。遺された遺書にも「日本における統帥権独立の問題は、近代戦には於いては間違いだった」と書き残している。

桂冠

昭和十九年二月二十一日、参謀総長を兼ねた東條は、これまでにも増して働いた。総理大臣として、陸軍大臣として、軍需大臣として、参謀総長として懸命に働いた。文字通り八面六臂、獅子奮迅といっても良い。大事、小事にかかわらず、すべてに真面目に取り組んだ。首相官邸で執務し、陸軍大臣室で執務し、参謀総長室で執務し、宮中へ足を運び、軍需工場を視察した。この時期これほど働いた日本人は他にいなかったであろう。

しかし、その足元に米英軍は次々と迫っており、参謀総長として叱咤激励したインパール作戦は十九年六月一日、第三十一師団（師団長佐藤幸徳中将）が牟田口軍令官の統帥に抗し独断退却を始め、戦線は総崩れとなった。さらに六月十五日、絶対国防圏の拠点サイパン島に米軍が上陸、六月十九日〜二十日の海軍の「あ号作戦」もマリアナ沖海戦で惨敗し連合艦隊はこれ以降実質的に消滅した。サイパン島防衛について東條は参謀総長として絶対の自信を持っており、六月十四日天皇から「サイパン島は兵力が足らぬのではないか。万が一にもサイパンを失うようなことがあれば、東京空襲もしばしばあることになるから、ぜひとも確保せよ」との指示に対し、東條は「米軍の上陸企図を破砕出来るものと信じます」と答えている。

東條及び大本営のサイパン確保の自信は、これまでサイパンに投入した砲兵力は二百六十門で、これは米軍の上陸可能な海岸線約四十キロに対し、火砲密度は一キロ当たり通常の倍以上の六・五門あり、これによって上陸した米軍を水際で撃破出来ると信じていたのである。この自信はけっして強がりではなく本気で信じていたようで、作戦課長（ガダルカナル作戦失敗で更迭されたが、また返り咲いた）の服部も「サイパンに敵が上陸してきたのは敵の過失であり、海軍の援護がなくても勝てる」と言っている。

サイパン島の玉砕は七月七日であるが、実質的には上陸後一週間で主力は壊滅し、後は米軍から見れば残敵掃討戦であった。

ガダルカナル以来、約二年にわたって米軍と戦い、惨敗してきながら僅か二百六十門の砲で米軍に勝てると信じた精神構造や学習能力が理解出来ないが、その程度の発想で、大東亜戦争の開戦を決意したのであろうか。

一方、国内でも反東條の動きが高まってきた。この時期いくつかの東條暗殺が計画されたり、大本営戦争指導班長の松谷誠大佐や、陸軍省整備局の塚本清彦少佐等の現役軍人が東條退陣や和平を直言し、前線に追いやられたりした。また、重臣たちの間でも大きな動きが始まった。

当時の重臣（総理経験者）は、近衛文麿、若槻礼次郎、広田弘毅、平沼騏一郎、岡田啓介海軍大将、阿部信行陸軍大将、米内光政海軍大将の七名であった。それぞれ濃淡はあったが反東條では一致していたものの東條の退陣については区々であった。

すなわち阿部は、同じ陸軍の誼で必ずしも積極的ではなく、また、近衛は東條に最後までやらせ、敗戦責任をすべて負わせるべきであると考え、東條に終戦前に自決でもされては困るとまで思っていたが、戦局の悪化の中で、内閣更迭により早期和平を図るべきとの考えで一致してきた。

また、東條を首相に推挙した木戸内大臣も次第に重臣達の動きに同調するようになり、天皇の信任も薄れていた。

こうした中で、東條退陣の方策として編み出されたものが、七月十三日木戸から東條に示された三条件であった。その三条件とは、①参謀総長と陸軍大臣を切り離し統帥を確立させる、②海軍大臣を更迭する、③重臣を入閣させ挙国一致内閣をつくる、というものであった。この③項が罠であった。

東條はその罠に気づかず、自らは参謀総長を退き、梅津関東軍司令官を参謀総長に充て、島田海軍大臣を軍令部総長専任に、海軍大臣には呉鎮守府司令長官の野村直邦海軍大将を当てたが、重臣入閣の席を空けようと岸信介国務大臣に辞表の提出を求めたが、岸にはすでに重臣の手が伸びており、辞表提出に応じず、また重臣も阿部以外入閣に応じる者はなく内閣改造は行き詰まり、遂に東條内閣は十八日総辞職した。十六年十月十八日の組閣以来二年九ヶ月の政権であった。陸軍大臣となってまる四年が経っていた。

死の状況

自殺未遂

首相退陣後、一介の予備役大将となった東條は、東京世田谷用賀の自宅に引きこもり、急速に過去の人となった。終戦時の対応にも一切拘わっていない。東條が意見を求められたのはただの二度である。一度は、天皇の求めに応じて重臣達が意見を述べたその最後（二十年二月二十六日）に東條が所見を述べた。相変わらず強気で、戦局を楽観視し、空襲もドイツより軽微、食糧事情も悪くはない、頑張っていれば、いずれ戦局挽回も可能、有利な条件で和平を掴みうると述べ天皇を失望させたという（『侍従長の回想』藤田尚徳）。

二度目は四月五日、小磯内閣退陣に伴う、後継首班推薦の重臣会議に於いてである。東條は現役軍人を主張し、畑俊六元帥を推した。他の重臣達は、鈴木貫太郎予備役海軍大将で一致していた。

こうして鈴木内閣が誕生し、八月十五日を迎えることになる。八月十五日、東條は自分の内閣で始めた大東亜戦争の終末と、大日本帝国の崩壊をどのような思いで受け止めたのであろうか。

九月十日、最後の陸軍大臣となった下村定大将が、東條に陸軍省に来省を求め面談した。自決の噂の高かった東條に翻意を求めるためであった。

東條は「皇室、国民に対し深く責任を感じているので自決するのは当然である。また陸軍大臣時代に制定した戦陣訓で俘虜の辱めを受けるより潔く死を選べと諭した。それを今になって縄目の辱めを受けることは出来ない」と述べた。

これに対して下村は「国際裁判の第一の目的は、戦争責任の所在を追求することにあると思う。これに対して日本の立場や政府の責任等を最も明白公正に答え得る者は、閣下以外に求めることは不可能である。もし、閣下が裁判以前に自殺されたら、審理上日本側が不利不公正な破目に陥ることがあり得るし、ことに万一累を陛下に及ぼし奉るような事態でも起きたら、それこそ申し訳ないではないか」と説得に努め、東條も再考を約して別れたという(『東條英機』芙蓉書房)。

ところが、翌十一日午後四時頃、米軍が、東條逮捕のため東條宅を訪れ逮捕を告げたところ、やにわに拳銃で胸部を撃ち自殺を図った。しかし、銃弾は僅かに急所を外れ、米軍の手当で助かった。

この東條の自殺未遂は、茶番だとか、他人に自決を強いながら自分は自決も出来ないのかとか世間の嘲笑を浴びた。

東京裁判

昭和二十一年一月二十二日、連合国軍最高司令官ダグラス・マッカーサー元帥は「極東国際軍事裁判所条例」を公布し、裁判長にオーストラリア代表判事ウィリアム・ウェッブを、首席検事にアメリカのジョセフ・キーナンを選任した。

四月二十九日東條をはじめとするA級戦犯候補者二十八名に対する起訴状が発表され、五月三日開廷した。

極東国際軍事裁判（以下東京裁判という）が裁こうとしたものは、昭和三年の関東軍による張作霖爆殺事件以来二十年八月十五日に至る日本の歴史であった。検事側はこの間大別して三つの非違が共同謀議によって実行されたとする。

すなわち①平和に対する罪（三十六項目）、②殺人に対する罪（十六項目）、③通例の戦争犯罪及び人道に対する罪（三項目）である。

東條に対する訴因は木戸幸一、平沼騏一郎に次いで多く、五十項目にのぼった。五十といっても同じ事象（戦争）を計画謀議、計画準備、実行と時系列的に、また各国別に取り上げており、重複的で極めて分かりにくいが、要するに平和に対する罪とは、侵略戦争を共同して計画し、実行したという罪である。殺人に対する罪と、通例の戦争犯罪及び人道に対する罪は混然としている。

東條の主任弁護人には、日本人弁護団副団長の清瀬一郎が当たった。清瀬は弁護士界の重鎮で、衆院議員を長く勤め、文部大臣、衆議院議長なども務めている。東條と同年、明治十七年生まれであった。

裁判に於いて東條は、証人は一切求めず二百二十ページに及ぶ彼自身の手による口供書をもとに立ち向かった。

その主張は、国家弁護に徹し、

① 日本はあらかじめ米英蘭に対して戦争を計画し、準備したものではない。
② むしろこれらの国に誘発されて自存自衛のために立ち上がったものである。
③ 日本の大東亜政策の基本は東亜の解放と新秩序の建設であり、侵略ではない。

に集約される。また、天皇に開戦責任はないこと、真珠湾攻撃も、事前に最後通牒を出すべく周到な準備をしていたことなども併せ主張した。

清瀬弁護人は、冒頭陳述に於いて、本法廷では平和に対する罪（侵略戦争）、人道に対する罪（一般市民の殺害）を裁く権限はない。

対象はあくまでも、通例の戦争の法規・慣例違反、それも大東亜戦争期に於けるものに限定されるべきであると主張した。

その根拠は、「平和に対する罪や人道に対する罪は事後法であること、ドイツと日本では降伏の態様が異なること。すなわちドイツが無条件降伏したのに対し、日本はポツダム宣言による条件付降伏である。ポツダム宣言は大東亜戦争についてのものであり、それ以前の戦争を含むものではない」というものであった。

しかしながら、こうした東條や、弁護人の主張は一切認められなかった。また、東條や弁護人の国家弁護の主張に対して、被告人の中でも意見が分かれ、広田は「自分は責任を感じている。ゆえに戦争を全て自衛戦ときめ、その理由をもって責任を回避する気にはなれない」と言い、重光も「自分はもともと満州事変以来の戦争には反対だった。いまさらここにきてそれを正当化するがごときは出来ない」と言ったという（『東條英機』下　亀井宏）東條等に対する判決は、昭和二十三年十一月二十二日に下され、全員有罪、東條以下七名は絞首刑が宣告された。なお、東條はその訴因五十項目のうち八項目で有罪とされた。

刑の執行

東條初めA級戦犯七名の処刑は、昭和二十三年十二月二十三日午前零時過ぎ、巣鴨拘置所内に於いて執行された。全員他人の助けを借りることなく歩いて十三階段を上ったと伝えられている。黒頭巾を被せられたあと、お経を唱える声が聞かれたが、最後のメッセージは発せられなかったという。東條の死は零時十分三十秒と記録されている。

東條の辞世はいくつか残されているが、

　我ゆくも　またこの土に　かえり来ん　国に報ゆる　ことの足らねば

　さらばなり　有為の奥山　けふ超えて　弥陀のみもとに　ゆくぞうれしき

等がよく知られている。

こうして東條は歴史の舞台から退場したが、いまなお東條や東京裁判に対する評価は定まらず、大東亜戦争自衛戦争論や、アジア解放の聖戦論や東京裁判史観の克服論も根強い。

しかし、東條の主張は日本人として気持ちはわかる。確かに張作霖爆殺事変以来大東亜戦争までの我が国の歩みは、我が国のみに百パーセントの非があったわけではないが客観的に見て、非の多くは我が国にあった。

たしかに東條には侵略戦争との認識は毛頭なかったであろう。真面目に自存自衛のため戦った。欧米の支配下にあるアジア諸国民の解放のために戦ったと信じていたことは疑いないが、一方では日本が盟主となることが前提にあった。東條初め当時の日本人の多くは、我国の立場や都合からだけの視点で、相手国の立場や考え方についての理解が、全く欠けていたと言わざるを得ない。

中国は排日、侮日でけしからん、一撃して目を覚まさせろといって日中戦争を泥沼化させ、いつまでも抵抗するのは欧米が支援して日本を圧迫するからだと大東亜戦争に突き進んだが、もし、われわれが中国人の立場だったら、日本に抵抗しなかったであろうか。

東京裁判についても、たしかに勝者の裁判であったことは間違いない。復讐の意味合いがあったことも否定できない。平和に対する罪、人道に対する罪も事後法の疑いがあることもその通りであろう。侵略戦争を共同謀議したと言われても、一種の買いかぶりで、残念ながら日本にそこまでの計画性や、戦略性があったわけではない。逆にアメリカの原爆投下も人道に対する罪に間違いなく該当するが、勝者は裁かれていない。

東京裁判がこうした側面を持っているとしても、これを全否定することは出来ない。

もし我々が連合国側の人間であったなら、日本の満州事変以来の行為を断罪しなかったであろうか。あるいは、日本が勝者の立場だったら、ルーズベルト大統領やマッカーサー元帥等を裁かなかったであろうか。

参考文献

東條英機　東條英機刊行会　上法快男編　芙蓉書房

日本軍閥の興亡　松下芳男　芙蓉書房

東條英機　上下　亀井宏　光人社NF文庫

侍従長の回想　藤田尚徳　講談社

昭和の歴史　十五年戦争の開幕　江口圭一　小学館

戦史叢書　大東亜戦争開戦経緯1〜5　防衛庁防衛研修所戦史室編　朝雲新聞社
戦史叢書　大本営陸軍部2〜8　防衛庁防衛研修所戦史室編　朝雲新聞社
機密戦争日誌　大本営陸軍部戦争指導班　軍事史学会編　錦正社
杉山メモ　上下　原書房
昭和天皇発言記録集成　中尾裕次編　芙蓉書房出版
松岡洋右　三輪公忠　中公新書
時代の一面　東郷茂徳　中公文庫
世紀の愚行　真珠湾攻撃　赤堀篤良　碧天社
真珠湾への道　大杉一雄　講談社
東條秘書官機密日誌　赤松貞雄　文芸春秋
パル判決書　下　東京裁判研究会　講談社学術文庫
東京裁判　上下　朝日新聞東京裁判記者団　講談社
東條英機　わが無念　佐藤早苗　河出文庫
東京裁判と太平洋戦争檜山良昭　講談社
平和の発見　花山信勝　朝日新聞社
秘録　東京裁判の100人　太平洋戦争研究会編著　ビジネス社

大将

松井 石根（愛知）

Matsui Iwane

（写真　秘録　東京裁判の100人　p110）

明治十一年七月二十七日　生
昭和二十三年十二月二十三日　没（絞首）東京　七十歳
陸士九期（歩）恩賜
陸大十八期首席
支那駐在
功一級

主要軍歴

明治三十年十一月二十九日　陸軍士官学校卒業
明治三十九年十一月二十八日　陸軍大学校卒業
大正四年十二月二十五日　上海駐在武官
大正七年七月二十四日　大佐
大正八年二月二十日　歩兵第三十九連隊長
大正十年五月二十六日　ウラジオ派遣軍情報参謀
大正十一年十一月六日　ハルビン特務機関長
大正十二年三月十七日　少将
大正十三年二月四日　歩兵第三十五旅団長
大正十四年五月一日　参謀本部第二部長
昭和二年七月二十六日　中将
昭和三年十二月二十一日　参謀本部付（欧米出張）
昭和四年八月一日　第十一師団長
昭和六年十月一日　参謀本部付
昭和六年十二月九日　ジュネーブ会議全権委員
昭和七年八月二十六日　帰国
昭和八年三月十八日　軍事参議官
昭和八年八月一日　台湾軍司令官
昭和八年十月二十日　大将
昭和九年八月一日　軍事参議官
昭和十年八月一日　待命
昭和十年八月二十八日　予備役編入
昭和十二年八月十五日　召集　上海派遣軍司令官
昭和十二年十月三十日　中支那方面軍司令官兼上海派遣軍司令官
昭和十二年十二月二日　免兼
昭和十三年三月五日　復員
昭和十三年七月二十日　内閣参議
昭和十五年一月二十三日　辞
昭和二十三年十二月二十三日　処刑（絞首）

プロフィール

陸士優等、陸大首席卒業の秀才

松井は、陸軍幼年学舎（幼年学校の前身）から、陸士、陸大に進んだが、陸士は優等（次席）、陸大は首席で卒業した文字通りのエリート軍人である。陸大進学も陸士卒業後僅か四年と早かったが、途中日露戦争に出征し（陸大閉鎖）、中隊長として活躍したが負傷、療養のため卒業は、明治三十九年となった。二歳年下の実弟に松井七夫中将がいる。

陸士同期（九期）は、松井のほか阿部信行（首相）、真崎甚三郎（教育総監）、本庄繁（侍従武官長）、荒木貞夫（陸軍大臣）、林仙之（東京警備司令官）の各大将がいる。六名の大将を輩出しているのは、長い陸士の歴史の中でも、この九期のみである。

松井は、陸士を次席で卒業し、日露戦争で個人感状を授与され、陸大を首席で卒業するという輝かしい経歴を持ちながら、大将にはなったものの省・部での要職は参謀本部第二部長のみで、いささか物足りない。荒木や真崎が皇道派の重鎮であったのに対し、松井は、閥にはあまり属しておらず、統制派に一応分類されていたが、比較的中立的であったと言われている。こうしたことが将官時代の皇道派全盛期に影響したのであろうか。

松井は、明治三十九年陸大卒業後、中国（清国）に派遣され四年を過ごす。中国からの帰国後も大正二年四月、仏領インドシナに長期出張を命じられ、さらに引き続いて大正三年五月から四年八月まで欧米に出張する。帰国後一時歩兵第二十二連隊附となるが、四年十二月から八年二月まで参謀本部附の身分で支那に駐在する。その間の大正七年七月大佐に進級し、翌八年二月歩兵第二十九連隊長に補職される。第二十九連隊は、仙台の第二師団所属である。当時は会津若松に兵営があった。

大正十年五月松井は、折しも出兵中のウラジオ派遣軍参謀として、シベリアに出征する。情報担当であった。しかし、翌十一年十月、日本軍はシベリアから撤兵し、松井も帰還したが、十一月関東軍司令部付の身分でハルビン特務機関長を命じられた。特務機関は、満州事変、支那事変等に於いて各種謀略工作で有名であるが、松井のハルビン特務機関は、対ソ情報収集のための情報機関で、特務機関の中では最も歴史が古い。

十二年三月少将に進級したが、阿部、真崎等には半年余遅れた。

少将となった翌十三年二月、歩兵第三十五旅団長に昇進する。同旅団は久留米の第十二師団所属である。松井は旅団長を一年三ヶ月務め、参謀本部第二部長に転じる。情報部長である。松井は参謀本部に何度か籍を置いたことはあるが、いずれも本部付として、長期の海外出張や支那駐在として外地に出ており、参謀本部の要職はこれが初めてである。松井の軍歴は、連隊長や、旅団長を除いては、中国関連の情報勤務が多い。いわゆる支那屋（中国通）の一人であるが、板垣征四郎（大将）や土肥原賢二（大将）に比べればその関わりはやや薄い。

松井は、第二部長を異例の三年半余（明治期の宇都宮太郎の四年半に次ぐ）務め、その間の昭和二年七月、同期の第二陣で中将に進級している。翌三年十二月参謀本部附に転じ八ヶ月に及ぶ欧米出張に出る。帰国後の四年八月、第十一師団長に親補される。十一師団は四国善通寺編成の師団である。師団長を二年二ヶ月務めた。

六年十月参謀本部付（三度目）となり、同年十二月ジュネーブ軍縮会議全権委員として渡欧した。全権委員は松平恒雄、佐藤尚武、永野修身（海軍）、及び陸軍代表の松井であった。このジュネーブ一般軍縮会議は、陸、海、空全般に及ぶもので国際連盟参加国六十四ヶ国が参加した大規模なものであったが、何らの成果もなく終わった。松井は、この時期の軍人としては中国通であったばかりではなく、欧米その他の海外経験も豊富で、有数の国際派であったといえよう。

ジュネーブ会議から帰国後、一時軍事参議官として骨を休めていたが、八年八月、台湾軍司令官に親補される。当時、師団の上位の組織は、関東軍、朝鮮軍、台湾軍の三つしかなく、当時の軍人垂涎のポストであった。松井の前任は同期の阿部信行であり、その前任はこれまた同期の真崎甚三郎である。同期三人でたらい回しにした。

関東軍司令官には、同期の本庄繁が親補されていた。朝鮮軍司令官は、十期の河島義之、植田謙吉、いずれも大将が就任していた。関東軍司令官、朝鮮軍司令官、台湾軍司令官は、この時期概ね中将で就任し、任期中大将に進級する例が殆どで、松井も在任中の八年十月大将に進級した。

台湾軍司令官を一年務めたあと、九年八月軍事参議官として帰還するが、一年後の十年八月待命となって、予備役に編入される。

上海派遣軍司令官　中支那方面軍司令官

昭和十二年七月七日、北京郊外の蘆溝橋付近での発砲事件を発端に支那事変が勃発した。華北での戦火は上海にも飛び、中国軍に包囲されていた海軍の陸戦隊救援及び居留民保護のため、八月十五日上海派遣軍が編成され、松井がその軍司令官に起用された。

この松井の起用は、既に退役し予備役となっていた者を召集しての任命であり、軍内外に意外の念を以て迎えられた。これは、当時二・二六事件後の粛軍人事により、現役の大将は、閑院宮参謀総長、植田謙吉関東軍司令官、寺内寿一北支那方面軍司令官、杉山元陸軍大臣しかおらず、適任者を欠いたため予備役の中から、中国通で且つ政治色の少ない松井に白羽の矢が立ったといわれている。

上海派遣軍司令官たる松井に与えられた任務は「海軍ト協力シテ上海付近ノ敵ヲ掃滅シ上海並其北方地区ノ要線ヲ占領シ帝国臣民ヲ保護スベシ」という限定的なものであった。

しかし、松井はこの命令が不服で、参謀本部に対し、五〜六個師団を動員して、一挙に南京を攻略すべきと主張している。当時参謀本部作戦部長の石原莞爾少将は、事件の不拡大派で、南京攻略に反対したが、松井は東京駅に見送りに来た杉山陸相に、南京攻略について陸軍のとりまとめを頼み、近衛首相にも自分はどうしても南京に行くので了承してほしいとまで述べている。

首都である南京を攻略すれば、中国は手を挙げ、事変はすぐ解決するという支那屋としての見通しが背景にあったものと思われる。こうした言動が、後に隷下の第十軍が中央の命令に反して独断で南京攻略に走った際に、これを統制するどころか、支持して軍紀紊乱(びんらん)を助長した。

松井は、上海派遣軍司令官として出征したが、十月三十日には新設された中支那方面軍司令官に昇格し、上海派遣軍司令官を兼任したまま、方面軍の指揮下に加えられた第十軍（軍司令官柳川平助中将）を併せて指揮することとなった。その後十二月二日には、朝香宮鳩彦王が上海派遣軍司令官に任命されたため、松井は方面軍司令官に専念することとなった。

これは、上海地区の中国軍の頑強な抵抗に手を焼いた中央が、次々と増援兵力を投入したことによる編成替えであった。当初は中央も、南京攻略の予定はなく、上海周辺で鉾を収めるつもりで、方面軍の作戦地域は、太湖の手前の蘇州、嘉興を連ねる線以東に限定されていた。

しかるに、中支那方面軍隷下の第十軍司令官柳川中将は、上海戦終結後、松井方面軍司令官にも独断で南京進撃を決定し、敗走する中国軍を追って追撃を開始した。これを知った松井も制止するどころか、大本営(十二年十一月二十日設置)に対し、かねて持論の南京攻略を意見具申すると共に、全軍挙げて南京に向かって進撃を始めた。このため、これまで不拡大方針で和平交渉による政治解決を図ろうとしていた中央も、これを追認、首都攻略による武力解決を図ることに方針変更した。二ヶ月に及ぶ上海地区での戦闘で、日本軍に四万人に及ぶ損害を与えた中国軍も、遂に戦意を喪失し、南京に向かって敗走した。これを追う日本軍は、柳川軍司令官の「山川草木全て敵なり」との方針の下、「略奪、強姦勝手次第」の雰囲気の中で捕虜や住民の殺害、略奪、強姦が頻発した(『上海時代』上 松本重治)。

十二月六日頃迄に、南京外郭防禦陣地を攻略した日本軍は、九日中国軍に対して開城勧告を行ったが、中国軍はこれを拒否した。一方、上海戦や南京防禦を指導したファルケンハウゼン中将を団長とするドイツ軍事顧問団や蒋介石軍事委員会委員長、南京市長等の要人、金持ちは次々と南京を脱出した。城内に取り残されたのは、南京防衛軍将兵と逃げどころのない一般市民であった。

こうして、十二月十二日早朝から、日本軍の総攻撃が開始され、早くも十三日夕には、日本軍が城内に侵入、南京は陥落した。その後城内掃討、敗残兵狩りが行われ、十七日には入城式が挙行された。

南京事件

この南京攻略戦の過程で発生したのが、いわゆる南京大虐殺事件である。東京裁判ではこの被害者を二十万人以上と認定し、中国は三十万人と主張している。

これに対して、我が国では東京裁判や中国側の主張を原則的に受け入れる「大虐殺派」と、不法殺害はなかったとする「まぼろし派」、さらにある程度の虐殺を認める「中間派」に分かれ、長年論争が続いている。このため事件の呼び方も「南京大虐殺事件」、「南京虐殺事件」、「南京事件」等様々であるが、海外では「南京アトロシティーズ」として知られている。

本稿では、南京事件の詳細を述べることは本旨ではないが、松井の最後と拘わっているので多少とも触れざるを得ない。

南京事件の具体的内容は、日本軍による①捕虜（陸軍は支那事変が戦争ではないことを理由に、捕獲した中国軍兵士、投降した兵士を捕虜とはみなさないとの立場をとっていた）の殺害、②市民の殺害、③女性への強姦、④食糧その他財物の略奪、⑤家屋の破壊、放火等の不法行為、の数々で、死者数のみの問題ではない。こうした行為が全くなかった、あったとしても不法行為ではなかったとする「まぼろし」説には同意出来ない。東京裁判で日本無罪の少数意見を書いたインドのパール博士も、南京その他の日本軍の残虐行為については厳しく糾弾している。

また、二十万、三十万も殺していない。せいぜい数千人である。あるいは一万六千人だ。四万人前後だ。多くても十万以下だと中間派にも諸説あるが、二十万、三十万でないから「大虐殺」ではないというのもいかがなものであろうか。今となっては数の正確な確定は不可能に近いが、数千人だとしても立派な「大虐殺」だ。

第二次世界大戦中、ソ連がポーランド軍将校をカチンの森で殺害した事件は「カチンの森の大虐殺」として有名であるが、殺害数は五千人前後と言われている。また、ベトナム戦争中、米軍が殺害したソンミ村の住民は五百四人と伝えられているが、これも大虐殺の範疇に入っている。

一方、南京大虐殺は、まぼろしだと言う説も、殺害自体がまぼろしと主張しているわけではなく、捕虜や便衣兵（平服に着替え市民に紛れ込んだ兵士）の殺害は認めながら、こうした殺害は不法ではない、不法な殺害は殆どないというものである。

中支那方面軍が編成された際、「中支那方面軍軍律」が定められているが、その中で「この軍律は帝国臣民以外の人民に適用するとされ、①日本軍に反逆する行為、②間諜その他日本軍の安全を害し、また敵に軍事上の利益を与える行為をためしたる者には死、監禁、追放、過料、没収に処すと定められている。

もし、市民に紛れ込んだ便衣兵を捕らえた際、軍律会議（軍法会議と異なる）で審問した上で軍律違反として処刑したのであれば、未だ多少の申し開きは出来るが、そうした事実は殆どなく手当たり次第に殺害している。戦意を失い軍服を脱ぎ捨て市民に紛れ込んだ者を、便衣兵であることを理由に自由に殺害して良い訳ではない。また便衣兵とされて殺害された者の中には、一般市民も多数混じっていたであろう。

南京攻略戦をめぐって、このような不法行為が発生した原因は、①上海戦に於ける日本軍の損害が異常に大きく（四万人に上った）将兵が猛烈な敵愾心に燃えた。②参加部隊が新設兵団中心で、兵も応召の補充兵が主体で軍紀がゆるんでいた。③方面軍に捕虜の取り扱いや住民保護についての方針や対策がなかった。④将校や下士官・兵に国際法の知識が全くなかった（教育されていない）。⑤方面軍に法務部や憲兵が所属しておらず、取り締まりの手足や裁く者がいなかった。⑥南京攻撃が現場の独走で始まり、補給が追いつかなかった。⑦高級指揮官や参謀の中に強烈な個性、凶暴な性格の者がおり、将兵の暴走を助長する言動（命令）があった。⑧入城式の挙行を急ぎ、且つ皇族の軍司令官（朝香宮）がいたため城内掃討を徹底した、等の理由が挙げられている。

松井は、十二月十七日に示達した「南京城攻略要領」で城内に入城する部隊を制限し「世界ノ斉シク注目シアル大事件ナルニ鑑ミ正々堂々将来ノ模範タルベキ心組ヲ以テ各部隊ノ乱入、友軍ノ相撃、不法行為等絶対ニナカラシムルヲ要ス」と注意を喚起しているが、守られなかった。

南京戦に於ける不法行為は、戦後の東京裁判に於いて初めて持ち出されたと言われることがあるが、南京戦直後から主として外務省ルートで中央に報告され、外務大臣が陸軍大臣に警告している。これを聞いた阿南惟幾陸軍省人事局長（のち大将、陸軍大臣）は、省内の局長会報（会議）で「中島師団、婦人方面、殺人、不軍紀行為は国民道義心の廃退、戦況悲惨より来るものにして言語に絶するものあり」と書き残している（阿南メモ）。決して戦後初めて中国が持ち出したものではない。

また、阿南は十二月末、勲功調査と軍紀・風紀の実情調査のために南京に出張し、松井に会って軍紀・風紀の是正を申し入れている。この時、松井は「中島師団長の統帥は人道に反する」と非難したという。さらに松井は十二月に陸軍大臣と参謀総長連名で、一月には再度参謀総長名で軍紀・風紀の是正を命じられている。南京事件は中央としても看過出来ない大不祥事であった。

十三年三月五日、松井は突如召集を解除され、元の予備役に戻り内地に帰還した。召集されて僅かに半年余であった。松井はこれを多いに不服としたが、軍紀の乱れの責任をとらされたと見られている。

松井は復員後、激戦地の土を取り寄せ（自ら再び中国に渡り、戦跡を巡って各地の土を持ち帰ったとの説もある）、熱海伊豆山の自宅に興亜観音を建立し、その本堂の祭壇に日本国民戦死者霊牌、松井将軍部下戦死者霊牌と並んで中華民国戦死者霊牌を祀って慰霊に務めていたと伝えられている。

死の状況

A級戦犯

松井は中国から帰還してまもなく内閣参議に任命された（十三年七月）が、十五年一月これを辞任し、その後は退役将軍としてひっそり暮らしていた。大東亜戦争に関与することもなく、既に過去の人であった。

ところが、終戦後の二十年十一月十九日、松井はGHQにより同期の荒木貞夫大将、真崎甚三郎大将、本庄繁大将と共に戦犯容疑者として指名された。本庄は翌二十日自決したが、荒木、真崎、松井の三人は逮捕され、収監された。

松井の容疑はA級戦犯として、侵略戦争の共同謀議、同遂行、殺人及び同共同謀議、通例の戦争犯罪及び人道に対する罪等訴因五十五項目のうち三十八項目に及んだ。松井にとっては身に覚えのないものが大部分であったが、裁判の過程で、南京攻略戦時南京にいたアメリカ人と中国人が当時の日本軍の残虐行為を具体的に証言し、さらに検察側から膨大な証拠資料が提出され、内外に衝撃を与えた。
国民の多くは、これにより初めて「南京大虐殺」事件を知ることになり、南京攻略時の最高指揮官であった松井の名が再び脚光を浴びた。

公判で松井は、自ら証言に立ち、検察側論告に大要次のように反論した。
「自分はかねてから日支両国の親善提携、アジアの復興に心血を注いできた。戦闘に当っても支那官民を務めて愛護すること、列国居留民や軍隊に累を及ぼさないように務めること等を指示するなど細心の注意を払ったが、占領当時、興奮した一部将兵に忌むべき暴行を行った者があったらしいことは、甚だ遺憾であった。しかし、自分は南京陥落当時、蘇州で病臥中で暴行については何も知らず、報告も受けていないが、入城後これを聞き、即刻厳格な調査と処罰を命じた。また、南京に於ける暴行略奪は、支那兵や民衆が行ったものも少なくない。支那軍民が多数戦闘で死傷したことはあったであろうが、検察側が主張するような事実はないと信じる」と。

しかし、判決はこれらを聞き入れず「松井は南京で何が起こっていたかを知っていたという十分な証拠があると認める。彼は何もしなかったか、何かをしても効果のあることは何もしなかった」として絞首刑が宣告された。

ただし、起訴された訴因三十八項目の内、有罪とされたのは訴因五十五の「捕虜及び一般人に対する条約遵守の責任無視による戦争法違反」のみで、その他の侵略戦争の共同謀議や遂行などについては無罪とされた。松井はA級戦犯として訴追されたが実質的にはBC級戦犯として裁かれた。

刑は昭和二十三年十二月二十三日、午前零時過ぎ、他のA級戦犯六人と共に巣鴨プリズンに於いて執行され、絶命は零時十三分と記録されている。

松井の反省

松井は、教誨師として最後に立ち会った花山信勝に「南京事件はお恥ずかしい限りです。南京入城の後、慰霊祭の時に、シナ人の死者も一緒にと私が申したところ、参謀長以下何も分らんから、日本軍の士気に関するでしょうといって、師団長初めあんな事をしたのだ。私は日露戦争の時、大尉として従軍したが、その当時の師団長と、今度の師団長などと比べてみると、問題にならんほど悪いですね。日露戦争の時は、シナ人に対してはもちろんだが、ロシア人に対しても、俘虜の取扱い、その他よくいっていた。今度はそうはいかなかった。政府当局ではそう考えたわけではなかったろうが、武士道とか人道とかいう点では、当時とは全く変っておった。慰霊祭の直後、私は皆を集めて軍総司令官として泣いて怒った。その時は朝香宮もおられ、柳川中将も第十軍司令官だったが。折角皇威を輝かしたのに、あの兵の暴行によって一挙にそれを落してしまった、と。ところがこのことの後で、皆が笑った。甚だしいのは、ある師団長の如きは〝当たり前ですよ〟とさえ言った。従って私だけでもこういう結果になるということは、当時の軍人達に一人でも多く、深い反省を与えるという意味で大変にうれしい。折角こうなったのだから、このまま往生したいと思っている」と語っている（『平和の発見』花山信勝）。

この時松井が花山に託した辞世は、

天地も　人も恨みず　一筋に　無畏を念じて　安らけくゆく

であったと伝えられている。

こうして松井は世を去ったが、松井の悲劇は、主観的には日支親善を唱えながら、その本質は「そもそも日支両国の闘争は、いわゆるアジアの一家に於ける兄弟喧嘩であり、日本が当時武力によって、支那における日本人の救援、危機に陥った権益を擁護するのは真にやむを得ない防衛的方便であることはいうまでもなく、あたかも一家の内で、兄が忍びに忍び抜いてもなおかつ乱暴を止めない弟を打擲するに等しく、可愛さ余っての反省を促す手段であることは自分の年来の信念であった」と裁判の過程で述べているように、当時の支那屋に共通の自国中心思考から脱却できず、中国民衆のナショナリズムを理解出来なかったことにある。松井のような主張は、我々が中国人であったら納得出来る信念であっただろうか。

参考文献

陸軍省人事局長の回想　額田坦　芙蓉書房

戦史叢書　支那事変陸軍作戦1　防衛庁防衛研修所戦史室編　朝雲新聞社

南京戦史　南京戦史編集委員会　偕行社

大東亜戦争への道　中村粲　展転社

「南京大虐殺」のまぼろし　鈴木明　文藝春秋

本当はこうだった南京事件　板倉由明　日本図書刊行会

「南京虐殺」の徹底検証　東中野修道　展転社

南京事件　秦郁彦　中公新書

私の見た南京事件　奥宮正武　ＰＨＰ研究所

南京大虐殺の研究　洞富雄　藤原彰　本多勝一編　晩聲社

松井 石根

南京戦　元兵士一〇二人の証言　松岡環編著　社会評論社
上海時代　上　松本重治　中公新書
東京裁判　上下　朝日新聞東京裁判記者団　講談社
日中開戦　北博昭　中公新書
別冊歴史読本　未公開写真に見る東京裁判　新人物往来社
パル判決書　下　東京裁判研究会　講談社学術文庫
東京裁判と太平洋戦争　檜山吉昭　講談社
平和の発見　花山信勝　朝日新聞社
南京事件論争史　笠原十九司　平凡社
南京事件を調査せよ　清水潔　文春文庫

大将

山下 奉文（高知）

Yamashita Tomoyuki

（写真　特別増刊歴史と旅　帝国陸軍将軍総覧　p209）

明治十八年十一月八日　生
昭和二十一年二月二十三日　没（絞首）　マニラ　六十歳
陸士十八期（歩）
陸大二十八期　恩賜
スイス、独駐在
功三級

主要軍歴

明治三十八年十一月二十五日　陸軍士官学校卒業
大正五年十一月二十五日　陸軍大学校卒業
大正十一年七月二十二日　陸軍省軍務局軍事課編制班長
大正十五年三月十六日　兼陸大教官
昭和二年二月二十二日　駐オーストリア武官
昭和四年八月一日　大佐　陸軍省軍事調査部（軍政調査会幹事）
昭和五年八月一日　歩兵第三連隊長
昭和七年四月十一日　陸軍省軍務局軍事課長
昭和九年八月一日　少将
昭和十年三月十五日　陸軍省軍事調査部長
昭和十一年三月二十三日　歩兵第四十旅団長
昭和十二年八月二十六日　支那駐屯混成旅団長
昭和十二年十一月一日　中将
昭和十三年七月十五日　北支那方面軍参謀長
昭和十四年九月二十三日　第四師団長
昭和十五年七月二十二日　航空総監兼航空本部長
昭和十五年十二月十日　遣独軍事視察団長
昭和十六年六月九日　兼軍事参議官
昭和十六年七月十七日　関東防衛軍司令官
昭和十六年十一月九日　第二十五軍司令官
昭和十七年七月一日　第一方面軍司令官
昭和十八年二月十日　大将
昭和十九年九月二十六日　第十四方面軍司令官
昭和二十一年二月二十三日　処刑（絞首）

プロフィール

悲劇のエリート軍人

山下は、高知の海南中学二年から広島地方幼年学校を経て、陸士に進み、陸大を恩賜で卒業。スイス、ドイツに駐在したエリート軍人である。兄奉表は海軍軍医少将。

山下の陸士同期（十八期）は、五名の大将を生んだ。山下、阿南惟畿、岡部直三郎、藤江恵輔、山脇正隆である。このうち藤江を除く四名が広島幼年学校出身者である。このような例は他にない。五名のうち山下は刑死、岡部は中国で拘留中病死、阿南は終戦時自決した。終戦後を生き延びたのは、途中転役（予備役）となった藤江、山脇のみである。

山下は、常に同期のトップを切って進級し、陸軍大臣への期待も高かったが、皇道派に属したことや東條英機との確執から将官となってからは軍の中枢から遠ざけられ、比島で悲劇的な死を遂げることになる。

山下は、陸大卒業後、参謀本部第二部欧米課のドイツ班に配属され、大正八年四月スイスに駐在を命じられ、次いで十年七月からドイツに駐在する。十一年七月技術本部付兼軍務局員として帰国する。さらに、昭和二年二月、オーストリア大使館兼ハンガリー公使館付武官として赴任、四年八月大佐に進級とともに帰国。軍事調査部軍政調査会幹事となる。山下のヨーロッパ駐在は五年九ヶ月に及んでいる。

軍政調査会幹事を一年務めたあと、五年八月歩兵第三連隊長に補職される。歩兵第三連隊は、東京編成の第一師団所属の連隊である。この連隊には後に二・二六事件の中心となる安藤大尉や菅並中尉などの革新派将校がおり、こうした青年将校は連隊長宅を訪れ、山下もこれを快く迎え入れてもてなしたという。

昭和七年四月、山下は連隊長を一年八ヶ月務め、かって編制班長を務めた軍務局軍事課長に栄転する。軍事課は、①陸軍の建制、編制及び団隊配置に関する事項、②戒厳、演習及び検閲に関する事項、③儀式、礼式及び徽章に関する事項、④国際的規約に関する事項等を所管する課で、予算を通じて陸軍と政治の接点となる軍務局の筆頭課であった。昭和十一年に軍務課が分離し、予算や政策等は軍務課の所管となったが、それまではこれらを全て所管していた。軍政の要である軍事課長は、軍令（作戦）の要である参謀本部の作戦課長と並ぶ二大花形ポストであった。山下はこの軍事課長を異例の三年半、編成班長を五年務めた。山下は、その容貌や後の「マレーの虎」の異名から、猛将、闘将といったイメージが強いが、非常に繊細で軍官僚としての能力も高い能吏型の将軍でもあった。

二・二六事件

昭和九年八月、山下は同期の一陣で少将に進級、十年三月軍事調査部長に就任する。

軍事調査部は、大正四年に第一次世界大戦の調査を主たる任務として設立された臨時軍事調査部をその嚆矢とする。大正十一年一旦廃止されたが、大正十五年に復活し、昭和八年に常設の軍事調査部となった。新聞班と調査班があったが、軍縮問題やその他特命的調査も担当した。山下の前々任は東條英機が短期間務めている。山下のころの調査部の任務には、青年将校の監察が含まれていたという。

この山下の下には、かっての第三連隊長時代の部下将校が集り、昭和維新を求める過激な言動を繰り返しており、山下はそれに同調的で信望を集めていたという。

昭和十一年二月二十六日早暁、第一師団第一連隊、第三連隊、近衛師団第三連隊を中心とする将兵千四百数十名が、野中四郎大尉、安藤輝三大尉、栗原安秀中尉等の過激派将校に率いられ、岡田啓介首相官邸、斎藤実内大臣私邸、渡辺錠太郎教育総監私邸、高橋是清蔵相私邸、鈴木貫太郎侍従長官邸、朝日新聞社等を実弾を持って襲撃した。二・二六事件の発生である。

岡田首相（海軍大将）は、かろうじて難を逃れたが、斎藤内大臣（海軍大将）、渡辺教育総監（陸軍大将）、高橋蔵相は殺害され、鈴木侍従長（海軍大将）は重傷を負った。

こうした過激派将校の暴発は、当時の農村の疲弊や、社会経済不安に対する反発から生じたものであったが、これを是正するためには、元老、重臣等の君側の奸を排除し、軍閥、財閥、官僚、政党等の腐敗を切除して天皇親政の昭和維新を断行する必要があるというものであった。新政権の首班には皇道派の真崎甚三郎大将が擬せられていた。

山下は皇道派に属するが、その発端は、妻久子が佐賀出身の永山元彦少将の娘であったことから、永山少将と同郷の皇道派の重鎮真崎大将の知遇を得ることに始まったという。以来第三連隊長時代から青年将校の信望を集め、クーデター決起三日前の二月二十三日、首謀者の安藤、野中両大尉が山下の自宅を訪れ、決起趣意書を見せたという。この時山下は何も言わず、黙って読んだだけと伝えられている。暗黙の了解を与えたと受け取られても仕方あるまい。

事件に対する川島陸軍大臣を初めとする軍首脳の対応は、優柔不断で混乱を重ねた。事態収拾のため開かれた軍事参議官会議も荒木、真崎等の同情論と杉山参謀次長、石原作戦部長等の討伐論が鋭く対立したが、天皇の即時討伐の強い指示で漸く方針が決定した。

こうした中、過激派将校も行動の失敗を悟り、自決を決意して「勅使の派遣を賜り、死出の花道を飾ってほしい」と山下に要望した。山下は青年将校に有終の美を飾らせたいと、川島陸相とともに参内し、これを本庄侍従武官長を通じて天皇に奏請したところ、天皇は激怒し、「自殺するなら勝手になすべし、此の如き者に勅使など以っての外なり。直ちに鎮定せよ」と言下に拒否した。この時天皇は「山下は軽率である」とも言ったという。

以来山下は天皇の不興を買い、陸軍大臣を嘱望されながら、その後航空総監を短期間勤めたほかは、軍中枢を外れ、東條との不和もあって外地の第一線で過ごすことになる。

二・二六事件後の粛軍人事で、十一年三月山下は軍事調査部長の地位を追われ、朝鮮竜山の歩兵第四十旅団長に転じ、さらに十二年八月新編成の支那駐屯独立混成旅団長となって、北京、天津地区の治安に当たった。

十二年十一月には同期の第一陣で中将に進級しており、十三年七月北支那方面軍（軍司令官寺内寿一大将）参謀長となったが、山下が親補職の師団長（第四師団）になったのは十四年九月で同期の中でも遅かった。

第四師団は北満のチャムスに司令部があり、その一部がこの年のノモンハン事件に出動したが、山下の着任は停戦後であった。

十五年七月山下は、師団長一年足らずで航空総監兼航空本部長として中央に呼び戻された。航空総監部は、陸軍航空の教育統括機関で、航空士官学校や、各地の飛行学校等を監督した。航空本部は、新機種選定、航空兵器工業の育成監督等を任とした。前任は東條英機で、東條はこの月、近衛第二次内閣の発足に伴い陸軍大臣として入閣したが、山下の人事は前任の畑陸軍大臣によるもので、同期の阿南次官、沢田参謀次長の強い推薦があったという。東條は後任が山下であることを聞くと露骨に顔をしかめたと伝えられている。

ドイツ派遣軍事視察団長

しかし、久しぶりに中央に返り咲いた山下も、総監就任僅か五ヶ月で十五年十二月、ドイツ派遣軍事視察団長を命じられ、実質的に総監を更迭されることになる。

ドイツ訪問は約半年にわたり、ドイツの他イタリアやドイツ占領下のヨーロッパを視察し、ヒトラーとも会見した。この時ヒトラーは三国同盟の誼で英米に対する早期開戦を求めたが、山下は「我国は目下支那事変を戦っており、速やかに此れを終結した後、軍制を改革してソ連に対する備えを充実させる必要がある。現在の日本には英米を相手に戦争をなし得る状況にはない」と答えている（『悲劇の将軍人間山下奉文』沖修二）。

使節団は、イタリア訪問中に、独ソ開戦近しとの連絡を受け、急遽ドイツを離れシベリア鉄道経由で帰国の途についたが、途中モスクワでジューコフ将軍等にも会っている。独ソ開戦三日前のことであった。独ソ開戦については、山下はヒトラーから事前に打ち明けられており、その際の日本軍の協力を求められている。このことを山下は東條陸軍大臣宛て電報したところ、武藤軍務局長名で東條の指示として「かくの如き国家機密を外交ルートとは別に山下将軍に漏らすとは考えられない。至急帰国せよ」と返電があった。山下は激怒したという。

山下の帰国は十六年七月七日で、その翌日には東條陸軍大臣に帰国報告をしているが、「近代戦は精神力のみでは如何ともし難い。日本陸軍の機械化、航空戦力の強化など軍制の改革の必要性を強調し、支那事変における装備劣等の中国軍相手の戦果を過信してはならない。米英ソなどの強国をを相手にした場合は通用しない」と述べた。しかし、最後に独ソ戦の見通しについて、「ドイツのみでは勝てない、しかし日本の協力があれば可能である。多年の北方の脅威を除く好機であり、この際対ソ開戦の決断を望む」と述べている。山下は北進派であった。

これに対する東條の回答はにべもないもので「君の報告は聞いた。ご苦労であった。今後の方策については自分が十分に考え処置する」と述べただけで質問一つしなかったという（『昭和名将録』高山信武）。しかし、この直後、演習の名目で関東軍に大兵力を集中する関東軍特別演習が実行された。

その後、山下は航空総監の地位に復帰することなく、十六年七月に新設の関東防衛軍司令官に任じられ、満州に追いやられた。山下が満州に出発したのは七月二十一日、ドイツ帰国後僅か二週間であった。

山下の関東防衛軍司令官就任は、ちょうどその頃、松岡外相更迭のため第二次近衛内閣の退陣が図られており、山下を残しておいては陸軍大臣のポストが危ないと考えた東條が山下を満州に追い出したと世上噂された。

マレーの虎　第二十五軍司令官

こうして再び満州へ去った山下に、昭和十六年十一月九日、第二十五軍司令官が発令された。大東亜戦争開戦に備えての人事で、マレー・シンガポール攻略作戦の指揮官であった。この時戦闘序列が発令されたのは、南方軍（軍司令官寺内寿一大将）隷下に第二十五軍のほか、比島攻略のための第十四軍（軍司令官本間雅晴中将）、蘭印攻略の第十六軍（軍司令官今村均中将）、ビルマ攻略の第十五軍（軍司令官飯田祥二郎中将）、及び大本営直轄のグアム、ラバウル攻略のための南海支隊（支隊長堀井富太郎少将）

であった。

第二十五軍の参謀長は、後に比島で山下とコンビを組む鈴木宗作中将で、作戦主任に辻政信中佐がいた。隷下の部隊は近衛師団、第五師団、第十八師団、第五十五師団が基幹であった。

山下率いる第二十五軍は十二月四日、最後の集結地海南島の三亜を出航、マレー半島に向かった。第五師団主力はタイ領シンゴラ、安藤支隊はパタニ、第十五師団の佗美支隊は英領マレーのコタバルを目指した。

十二月八日、午前零時四十五分、佗美支隊がコタバルに上陸し、続いて午前一時四十分、山下とその司令部がシンゴラに、安藤支隊はパタニに上陸した。

タイ領のシンゴラ、パタニに上陸した日本軍はタイとの外交交渉により実質無血上陸となったが、英領コタバルでは、波打ち際で英軍の激しい抵抗を受け、またコタバル飛行場から飛び立った戦闘機、爆撃機の攻撃を受け、輸送船一隻沈没、二隻大中破の損害を受けた。佗美支隊は同日、午後九時過ぎにはコタバル飛行場を占領し、市内を制圧したが、日本軍も上陸兵力（約五千三百人）の十六パーセントに及ぶ死傷者を出した。

このコタバル上陸は、真珠湾攻撃に先立つこと一時間二十分であり、大東亜戦争の開戦はコタバル上陸に始まっている。

こうして十二月八日マレー半島に上陸した山下の第二十五軍は、長駆一千百キロ先のシンガポールを目指して進撃する。山下軍がシンガポール島対岸のジョホールバルに進出したのは十七年一月三十一日、猛烈な準備砲爆撃の後ジョホール水道を越えてシンガポールに殺到したのは十七年二月八日深夜のことであった。シンガポールの陥落は二月十五日である。大本営の予定は開戦百日、三月十日の陸軍記念日を目標としていたので予定を一ヶ月近く上回るスピードであった。

コタバル上陸からジョホールバル迄一千百キロを五十五日で駆け抜け、この間の戦闘大小九十六回、破壊された橋脚の修理二百五十回と記録されている。戦闘と修理を繰り返しながら、一日平均二十キロの進撃速度は、ドイツの電撃戦にも引けを取らない記録である。

海上では、十二月十日、シンガポールから出撃してきたフィリップ中将指揮するイギリス東洋艦隊のプリンス・オブ・ウエールルズ、レパルスの巨艦を海軍航空隊が瞬時に撃沈、大艦巨砲主義の終焉を世界に知らしめた。日本陸海軍の絶頂期であった。

山下はその後「マレーの虎」と呼ばれた。山下の得意、思うべしであるが、この間の僅かに残された日記には、その得意さは殆ど窺われず、参謀や指揮官等に対する不満に満ち、教育の不足を嘆いている。

「総司令部の通信や航空など、全く済度しがたし、やはり国に人無く、ただその地位に権威を振りまわさんとする輩のみあるは残念なり、人間作りが最大肝要なり」（十二月二十日）

「馬奈木少将（軍参謀副長）夕刻ペナンより帰る。華僑の掌握不良なり。また不軍紀多しと。邦人教育不良の罪なり」（二月二十日）

「総軍参謀長塚田攻中将及び部員、大挙して来る。昼食をしたる後、挨拶もなく帰る。彼等の根性は何か」（二月二十三日）

辻政信についても次のように書いている。

「辻中佐第一線より帰り私見を述べ、いろいろの言ありしという。この男はやはり我意強く、小才に長じ、いわゆるこすき男にして国家の大をなすに足らざる小人なり。使用上注意すべき男なり。小才者多く、がっちりした人物乏しきに至りたるはまた教育の罪なり。

特に陸軍の教育には、表面上端正なる者を用いて小才を愛するゆえに、年と共にこの種の男増加するには困りたるものなり」（一月三日）

辻政信は少佐時代関東軍参謀として関与したノモンハン事件の際にも越軌の行動が多く、荻洲立兵第六軍司令官は、軍紀を乱す行為として辻の予備役編入を強く主張したが、小才を愛する者の庇護によって生き延びた。

もし、この時辻が予備役に編入され軍を去っていれば、ガダルカナルも、ニューギニアももっと違った様相になっていたに違いないし、本間中将の際に触れることになるが、比島攻略作戦における捕虜殺害事件も、山下の軍歴に大きな汚点を残したシンガポールの華僑虐殺事件も生じなかったかもしれない。

シンガポール攻略後、常に軍紀風紀の徹底を指示していた山下は、各部隊の市内進入を認めず、恒例の入城式も行わせなかった。南京のように各部隊が一番乗りを目指して乱入していれば、どのような不祥事が起きていたことか。軍司令部も郊外のラッフルズ大学に置き、一般将兵の市内への立ち入りは公用に限った。こうした山下の指示は極めて適切であった。

しかるに、第二十五軍（山下）は、シンガポール攻略直後の二月十八日マレー半島及びシンガポール島内の反日華僑の粛清命令を出している。これはマレー作戦間、華僑が抗日義勇軍を結成し、日本軍に激しく抵抗したことに対する報復措置であった。

華僑狩りは、市内要所に華僑を集合させ、華僑義勇軍、共産党員、抗日分子、重慶献金者、無頼漢、前科者等を検問によって選別し、対象者として認定されたものは、裁判等の手続きなく厳重処分（殺害）された。殺害された華僑の数は、五千人（『太平洋戦争　上』　児島襄）とも四万人（華僑遺族会などの主張）ともいわれるが、はっきりしない。裁判では六千人と推定されたが、日本側主張でも千人から二万人超まである。

この事件は南京虐殺事件のシンガポール版であるが、南京事件と違って数の争いはともかく、いわゆる「まぼろし」説はない、政府も公式に謝罪し、賠償金五千万ドルを支払っている。

軍紀に厳しかった山下がなぜこのような命令を下したのか疑問が残るが、命令の発案者は辻政信だったと信じられている。この辻に引きずられて鈴木参謀長も、山下軍司令官もやむを得ず承知したといわれているが、それによって山下の罪が軽くなるわけではない。

昭南（シンガポールを改称）警備司令官の河村参郎中将は戦後収容所の中で表した『十三階段を上る』の中で「山下より直接命令を受けた。細部は鈴木参謀長より指示を受けよといわれ鈴木に会うと〝敵性と断じたものは即時厳重に処分せよ〟といわれた。驚いて反問すると、参謀長は「色々意見もあろうが、軍司令官が決定したものだ。掃蕩作戦として実行を望むと押さえつけられた」と書き残している。また、これには悪名高い憲兵隊も反対したと伝えられている。当時の憲兵隊の一員であった田金大尉の残した歌に次のようなものがある。

検索の　軍方針の　堅ければ　積極性欠く　我等憲兵
参謀は　軍の魔神か　我を張りて　シンガポールの　検索強行すと
（『秘録昭南華僑粛正事件』　大西覚）

この事件で実行部隊を率いた近衛師団長の西村琢磨中将、昭南警備司令官の河村参郎中将、第二十五軍憲兵隊長の大石正幸大佐が戦後、戦犯として処刑されている。

山下のシンガポール軍政については、もう一つ汚点がある。それは華僑に対する強制献金である。第二十五軍はシンガポール攻略前から、敵性華僑の排除とそれ以外の華僑の占領協力を企図していたが、敵性華僑の粛清後、華僑協会を設立させ、シンガポール他各州の華僑に合計五千万ドルの献金を割り当て、強制的に徴収した。献金によって、これまでの反日的態度を反省してその誠意を示せという趣旨だったという。

こうした粛清事件と強制献金は、華僑のみならずマレー人、印度人に至るまで現地住民を震え上がらせ、恐怖政治によって日本軍に対する服従を徹底させたが、それは表面的服従であった。この事件は戦後も長く日本軍の暴虐の記憶として伝えられている。

日本はシンガポールを占領後、これを「昭南」と改名したが、中国人はこれを「招難」と呼んだ。

山下の日誌等にはこの華僑粛清や強制献金については全く触れられていないし、語ってもいない。山下が気にしていたのは、シンガポール陥落の際、敵将パーシバル中将との降伏交渉で、山下が威圧的に「イエスかノーか」と迫ったと報じられたことに対してであった。日露戦争に於ける乃木大将のステッセル将軍に対する態度に比較して、傲慢であるとか勝者の驕りとか評されたことを気に病んでいた。

山下の主張は、英軍が降伏に色々条件をつけてきたので、通訳に「細かいことはいいから降伏するのかしないのか、イエスかノーか結論だけ聞け」と言ったのが誤り伝えられたものであるというものであった。このことについては、シンガポール占領後も、比島の山中でも、戦犯として絞首刑が確定してからも、報道班員や、教誨師等に繰り返し弁明している。山下生涯の心残りであったようだ。

覆面将軍　第十四方面軍司令官

山下は昭和十七年七月一日、満州に新設された第一方面軍司令官に転補された。第一方面軍はソ連に対する備えとして極秘に編成されたもので、第一軍、第二軍を隷下に十一個師団、兵員約三十万人を有する大軍であった。

もちろんこの異動は栄転ではあったが、転任の発表もなく、新聞記者との会見も禁じられたうえ、内地に帰国することなく直接満州へ赴任することが命じられたため、これまでの東條と山下との関係から、「東條が天皇に凱旋報告もさせないで満州に追いやった。東條のやっかみによるものだ」と世間は噂したという。

この時同時に、同期の阿南中将も、中国戦線の第十一軍司令官から山下の隣接軍の第二方面軍司令官に異動し、山下とは同じ扱いであったというが、山下としては、せめて一度内地の土を踏み、マレーでの赫赫たる戦果を天皇に報告し、二・二六事件以来の汚名をそそぎたかったのであろう。

山下は七月二十二日、任地の満州牡丹江に着任した。この日から、比島防衛の第十四方面軍司令官に転じるまで、山下について語ることは殆どないが、十八年二月岡部直三郎、藤江恵輔とともに同期のトップを切って大将に進級した。

山下が満州に二年二ヶ月くすぶっている間に、日本軍はガダルカナルで敗退し、アッツ島が玉砕し、サイパンも失陥した。ニューギニアも孤立無援となり、米軍の比島進攻が目前に迫っていた。

十九年九月二十六日、山下は比島防衛の第十四方面軍司令官に転補された。十月六日マニラ着、米軍レイテ島上陸の二週間前であった。山下が望んだ参謀長の武藤章中将がスマトラから赴任してきたのは十月二十日、まさにレイテ島に米軍が上陸してきたその日であった。全てが後手後手であったが、山下は満州で比島行きを告げられた時「俺が行っても誰が行っても同じことだ」と言ったという。

また、武藤も、山下が第十四方面軍司令官に発令されたことを知ると期せずして「閣下が行かれても手遅れだ」と部下に語っている。その武藤は程なく山下の参謀長に発令されるが、なぜ山下が、統制派で東條閥の一員であった武藤を参謀長に望んだ（複数指名した中の一人であったが）のか。その理由は、山下が北支方面軍参謀長時代、同時期にその参謀副長に武藤が配属され、当初わだかまりのあった二人も、互いにその仕事ぶりを認め合うようになったからだという。

ルソン決戦からレイテ決戦へ

捷一号の比島決戦は、ルソン島での決戦を想定し、その他の島嶼に米軍が来寇してきた時には海・空軍で対応することになっていた。山下が赴任途中、大本営で受けた指示もルソン決戦であった。

ところが大本営は、米軍がレイテ島に上陸するや急遽レイテ島での決戦に方針を変更する。その理由は、十月十三日から十五日にかけて台湾沖に来襲した米機動部隊に対する海軍航空隊（陸軍も協力）の戦果を誤判断したことによるものであった。

台湾沖航空戦で報じられた戦果は、空母撃沈十一隻、戦艦撃沈二隻、巡洋艦撃沈三隻、撃破空母八隻その他多数というものすごいもので、国民は狂喜し、天皇も嘉賞の勅語を下した。しかし日ならずしてこの戦果は全くの虚報であることが判明したが、海軍はこの実態を天皇にも陸軍に知らせなかった。

このため陸軍は、レイテに来寇した米軍は台湾沖での敗残艦隊が避難してきたものであり、上陸は敗戦を粉塗するための米国内向けのポーズであると判断し、これまでのルソン決戦の方針から、全く何の準備もしていないレイテ決戦に転換したものである。このため大岡昇平の『レイテ戦記』描くところの非劇が生じるが、本稿はレイテ戦の実相を描くことが目的ではないので、詳しくは第三十五軍司令官鈴木宗作大将（『戦没将官列伝』）の項で触れている。

こうした大本営の方針転換を受けて、当時マニラに司令部を移していた南方軍もレイテ決戦を指示した。

これに対して第十四方面軍は、司令官の山下も、参謀長の武藤も、マニラに来襲する米軍機の数が減っていないことや、当時大本営から同軍に派遣されていた情報参謀の堀栄三少佐の分析で、台湾沖航空戦の戦果を疑い、レイテ決戦に強く反対したが、航空戦の戦果を信じた南方軍総司令官寺内元帥は「驕敵撃滅の神機到来だ。やれといったらやれ」と命令し、レイテ決戦が発動された。

余談だが、この堀栄三少佐は当時の日本軍人の中では珍しく合理的、客観的な判断が出来る人で、マニラへの赴任途中鹿児島の鹿屋基地で台湾沖航空戦のため足止めを食っている際、出撃して戻ってきたパイロット達に撃沈の模様や、艦種などを問い質したところ全くあいまいで、いいかげんであることを知って大戦果に疑いを持ち、大本営（陸軍部）に「この戦果は信用できない。いかに多くても二～三隻、それも空母かどうかは疑問」と通報した。しかし、その通報も大本営では検討もされなかった。堀参謀が戦後知ったところでは、その電報は服部作戦課長が握りつぶしたという。

堀は米軍のルソン上陸後まもなく大本営への帰還を命じられ比島を去るが、マニラではマッカーサー参謀とあだ名をつけられるくらい、米軍の上陸時期、場所、兵力等を悉く的中させている。

一方、大本営や南方軍の誤判断により強行されたレイテ決戦は、第一師団、第二十六師団、第百二師団、第六十八旅団等と次々と投入したが、第一師団を除いて、他の大部分は米軍の爆撃により輸送船団の殆どが沈没し、かろうじて兵員や装備の一部を揚陸させ得たのみで、圧倒的な敵兵力の前に壊滅させられていった。このころレイテ島はガダルカナル島以上の飢餓に襲われていた。

一方、残存連合艦隊の総力を挙げての比島沖海空戦（十月二十三〜二十五日）も栗田艦隊のレイテ湾口を目前にしての謎の反転で幕を閉じた。また、この時から海陸航空隊の特攻攻撃が始まった。

こうした中、山下は遂に十二月二十五日、第三十五軍に対し「作戦地域内ニ於イテ自活自戦永久ニ抗戦ヲ継続シ国軍将来ニオケル反攻ノ支トウタルベシ」と命じ、実質的にレイテ戦は終了した。しかし、レイテ島の将兵の死闘はその後も続き、終戦間際までには殆どが餓死した。終戦後救出された者は一人もいないという。

レイテ決戦を強行させ、さらに途中で作戦の中止を求めた山下の意見を退けた寺内元帥の南方軍は、十二月十七日司令部をサイゴンに移しマニラを去っていた。

ルソン決戦

こうして、レイテ決戦は終幕を迎えたが、米軍のルソン来寇を十二月〜一月と見る第十四方面軍に対し、大本営は昭和二十年二〜三月と予想し、また後手を踏むことになった。

米軍がルソン島に来寇してきた場合、どこを主戦場にするかについて意見が激しく対立してさらに対応が遅れた。すなわち大本営は依然としてレイテに執着を残し、レイテを含め比島全域決戦場を主張し、第十四方面軍はルソン島北部の山岳地帯に於いて持久戦を目論み、富永中将率いる第四航空軍と海軍はマニラ死守に凝り固まっていた。

当時の比島の指揮系統は複雑で、山下の指揮権は、海軍はもちろん、陸軍の中でも第四航空軍、第三船舶輸送隊、その他多数の所属の異なる諸隊には及ばなかった。在ルソンの陸海総兵力二十八万の内僅かに九万人が山下の指揮下にあるに過ぎなかった。

山下が第四航空軍や、その他陸軍関係の諸部隊の指揮権を得たのは米軍のルソン上陸の直前であり、海軍についても陸戦についてのみ指揮権を持つという変則的なものであった。この事が後にマニラ撤退の遅れとなり、海軍を中心とする部隊が、マニラ市内で米軍と猛烈な市街戦を演じて多数の市民に被害を生ぜしめ、山下の責任とされる原因となった。

こうした混乱のさなか米軍は二十年一月九日、ルソン島西部のリンガエン湾に大挙上陸してきた。堀情報参謀の「一月上旬末、リンガエン湾」との予想通りであった。

米軍は二月四日マニラに突入し凄惨な市街戦が繰り広げられたが、三月三日マニラは完全に占領された。

一方、山下はルソン島北部山岳地帯に於いて、日本本土防衛のための時間稼ぎのために一日も長い持久を基本として、玉砕突撃を禁じ、粘り強い抵抗を指導した。しかし、二十年八月中には食料も全て尽きることが予想され、組織的抵抗が不可能になった段階で山下初め軍首脳は自決。残余の将兵はゲリラ戦に移行することが決定されたが、八月十五日終戦の大詔を傍受した。

この頃山下軍と大本営との連絡は殆ど途絶えていたが、手回し発電による無線機がかろうじて内地の放送やサンフランシスコ放送を傍受したものであった。山下軍の中では徹底抗戦を叫ぶ者もなく、終戦は抵抗なく受け入れられた。山下が米軍の指示にしたがって降伏調印のため山から下りてきたのは九月二日のことであった。

終戦後、山下の部下の中には山下に自決を勧める参謀や、武藤参謀長のように逆に自決を恐れ監視を命じた者等様々であったが、山下は「俺はこのルソンで敵味方を問わず多くの人間を殺している。この罪の償いもしなければならないだろう。日本へ帰ることなど夢にも思っていない。ただ、俺が一人で先に逝っては責任を取る者がいなくて、残った者に迷惑を掛けるだろう。だから俺は生きて責任を取るつもりだ」と言ったと伝えられている（『運命の山下兵団』 栗原賀久）。

九月三日バギオで行われた降伏調印式には、日本に捕虜として抑留されていたマレー戦の敗将パーシバル中将、比島戦の敗将ウエインライト中将も出席しており、山下にとっては屈辱的なものであった。しかし、この時の写真を見ると、山下は比較的新しい軍服を着、大将の階級章や略綬を付け、以前より痩せて老けてはいるが、相変わらず太鼓腹で恰幅がよく、比島の山野で行き倒れた将兵に比べればまだ恵まれた境遇にあったことが分かる。

比島戦での戦没将兵は、大東亜戦争の戦域では最も多く四十八万六千六百人（そのほか抑留中に一万二千人が死亡）、生きて帰れた将兵は約十万人と記録されている。そして、この五十万に及ぶ戦没者の内七〜八割がマラリアや栄養失調によるものと推定されている（『餓死した英霊たち』 藤原彰）。

死の状況

戦犯

降伏調印式の後、山下は直ちにマニラ郊外モンテンルパのニュービリビット刑務所に収容され、その後カンルーパンに建設された捕虜収容所に移された。

山下に対する裁判手続きは異常に迅速で、早くも九月二十五日には戦犯として起訴され、十月二十九日には裁判が開廷した。この時期、東京裁判はおろか日本より先に降伏したドイツのニュールンベルグ裁判もまだ開かれていなかった。

山下に対する戦犯容疑は六十四項目（後に百二十三に増えた）に上り、山下の比島着任以来の日本軍による住民虐殺、虐待、強姦、略奪及びアメリカ人捕虜や民間抑留者に対する、虐殺、虐待、飢餓等であった。さらにこのほか、公共あるいは宗教施設に対する戦闘上の理由なき破壊等が含まれていた。

これらの訴因は比島全域に及んでいたが、最も中心をなしたのは、ルソン島バダンガス州における藤重兵団の仮借ないゲリラ（住民）掃蕩事件とマニラ攻防戦に伴って発生した市民殺害事件であった。

藤重兵団のゲリラ掃蕩作戦及びそれに伴う住民殺害事件は、戦後、兵団長の藤重大佐が戦犯として処刑されているが、藤重大佐は全て独断でやったと証言しているし、マニラ攻防戦については海軍部隊が撤退命令に従わずに抗戦したため引き起こされたものである。

このため検察側は指揮官の命令という行為責任を問うのではなく、不法行為を防止しなかったという不作為責任を問うこととした。

判決は開廷から僅か四十日目の十二月八日（アメリカ時間十二月七日―真珠湾攻撃の日に）下されたが、検事側の不作為責任論をそのまま踏襲し次のように判決した。

「①一連の残虐行為及びその他の重大犯罪が、全フィリピン群島にわたって貴下の指揮下にある日本陸海空軍の手で、合衆国とその連合国及び属領の国民に対して行われたこと。それらの犯罪は、決して散発的ではなく、多くの場合、日本軍将校及び下士官が組織的に指揮したものであること。②問題の期間中、貴下は、指揮下にある軍隊にたいして、状況が必要とした効果的な統制を行わなかったこと。したがって無記名投票の結果、三分の二以上の裁判官の意見の一致により、本軍事法廷は、貴下を告訴通り有罪と判決し、貴下に絞首刑の判決を申し渡す（『回想の山下裁判』宇都宮直賢）」と。

裁判官は将官五名で、法律家は一人もいなかった。弁護人は、ハリー・E・クラーク大佐を弁護団長に五名の法務将校が、いわば官選弁護人として付けられたが、その弁護振りは、山下軍の参謀副長で、山下裁判の特別弁護人を務めた宇都宮直賢少将がその著『回想の山下裁判』の中で、「もし幸いにして勝利の女神が日本に微笑みかけ、敵将マッカーサー元帥を軍事裁判に起訴することになったとして、その場合たまたま私が法律家で、彼の弁護団に加えられたとしても、私は、米軍弁護団が山下大将の弁護のため戦ったような、あの異常なまでの熱意と法に対する正義感を貫きえたかどうか、残念ながら確信を持ってイエスと即答することは出来ない」と書き残すほどのものだった。山下も処刑直前彼等に対する感謝の言葉を残している。

彼等弁護団は判決後、直ちに判決の不当をアメリカ連邦最高裁に訴え、人身保護令状の発給を求めた。

殆ど前例のないこの訴えは米最高裁で取り上げられ、クリスマス休暇返上の特別法廷で審理されたが一月九日、訴えは七対二で退けられた。

弁護団はさらにトルーマン大統領に減刑嘆願書を提出したが、これも認められなかった。

弁護団は考えられる限りの手立てを尽くしてくれている。

こうした諸手続きの間延期されていた山下の処刑は、二十一年二月二十三日午前三時、マニラ市南方ロス・パニオス郊外で執行された。

絞首刑

処刑には二人の日本人が立ち会っている。

一人は主計将校の森田正覚と、もう一人は片山弘二少尉である。森田は浄土宗の僧侶で、片山はクリスチャンであった。二人は二十二日夕刻突然呼び出され、山下に死刑執行命令書を翻訳して聞かせよとの命令を受け処刑直前の山下の下に連れて行かれた。

二人は百二十三条もある命令書を必死に翻訳して聞かせていると、山下は「何が書かれているかわかっている。どれ一つとして俺が直接関係した事件はない。どの一つの罪状も認めることは出来ない」と言ったという。

死刑執行まで一時間の猶予が与えられ、三人が懇談した中で、山下は「君達が日本に帰ったら、人々に伝えてほしい」と以下のことを述べている。

「戦死者の遺族に対し総指揮官として謝罪したい。自分は指揮官として最善の努力をしたと信じ、この点は何等恥じないが、にもかかわらず無能だったといわれたら、返す言葉がない。今後の日本の将来を考えた時、義務の履行、科学教育の振興、幼児教育の重要性の三点を訴えてほしい」と。

また、シンガポール攻略時の「イエスかノーか」は新聞記者の創作なので誤解を晴らしてほしいと最後まで気にしていたという。さらに何の脈絡もなしに突然「俺は東條の奴に売り飛ばされたんだ」とも口走っている。

処刑十分前の合図と共にMPが数人やってきて皮のバンドで手足を固定し、両側から二人で抱え挙げ、走るような速さで刑場に連れて行き、十三階段を駆け上がった。

山下は、最後まで落ち着いており、何か言い残すことはないかとの問いに、「北はどの方角か」と聞き、その方向を向いて「皇室の弥栄を祈ります」と述べた。その後黒頭巾がかぶせられ、首にロープがまかれ、直ちに執行されたという。片山と森田の二人は絞首台の台上まで立ち会っており、片山はこの状況を中央公論『歴史と人物』（昭和五十三年八月号）「山下奉文の処刑に立ち会って」に詳しく書き残している。

こうして山下は世を去ったが、山下裁判の正当性については、アメリカに於いても戦後も長く尾を引いた。一九六八年三月ベトナム戦争下の南ベトナム、ソンミ村で婦女子を含む住民五百四人が米軍により殺害された事件で指揮官責任が問われた際、その責任はどこまで及ぶべきかが問題となった。

その中で、山下判決を認めるならば、ソンミ村事件についても現場指揮官のカーリー中尉ばかりでなく、ベトナム派遣軍司令官のウエストモーランド大将も責任があるのではないかとの意見が相次いだという。現代におけるイラクでの捕虜拷問や殺害事件についてもイラク派遣軍司令官（中東軍司令官）の

山下 奉文

フランクス大将や後任のアビザイド中将等もその責任を問われることになる。

山下は、米軍上陸後まもなく指揮下の部隊との通信も途絶え、藤重兵団やマニラ海軍防衛隊の市街戦における住民殺害等について承知する手段を欠いており、当然これを是正する方法も持っていなかった。また、マニラ市街戦のフィリピン人死者約十万人については、米軍の攻撃によるものも相当出ている。これらの点を勘案すると山下の死刑はあまりに過剰で、報復的である。本来ならせいぜい数年、どんなに重くても終身刑ではなかったかと思う。

ただし、山下がマニラ裁判で死刑にならなかったとしても、シンガポールでの華僑粛清事件は山下の命令で行われており、英軍により裁かれ、死刑になることは免れなかったであろう。

参考文献

戦史叢書　大本営陸軍部2　防衛庁防衛研修所戦史室編　朝雲新聞社
戦史叢書　マレー進攻作戦　防衛庁防衛研修所戦史室編　朝雲新聞社
秘録　昭南華僑粛清事件　大西覚　金剛出版
太平洋戦争　上　児島襄　中公文庫
丸別冊　太平洋戦争証言シリーズ8　戦勝の日々「第二十五軍の暗部シンガポール華僑虐殺事件　中島正人」　潮書房
戦史叢書　捷号陸軍作戦　レイテ決戦　防衛庁防衛研修所戦史室編　朝雲新聞社
戦史叢書　捷号陸軍作戦　ルソン決戦　防衛庁防衛研修所戦史室編　朝雲新聞社
大本営参謀の情報戦記　堀栄三　文芸春秋
陸軍省人事局長の回想　額田坦　芙蓉書房
昭和天皇発言集成録　中尾祐次編　芙蓉書房出版

昭和名将録　高山信武　芙蓉書房
運命の山下兵団　栗原賀久　講談社
人間山下奉文　沖修二　日本週報社
回想の山下裁判　宇都宮直賢　白金書房
将軍の裁判　マッカーサーの復讐　ローレンス・テイラー　立風書房
餓死した英霊たち　藤原彰　青木書店
十三階段を上る　河村参郎　亜東書房
悪魔的作戦参謀　辻政信　生出寿　光人社ＮＦ文庫
歴史と人物　昭和五十三年八月号　山下奉文の処刑に立ち会って　片山弘二　中央公論社

中将

岡田　資（鳥取）

Okada Tasuku

（写真　特別増刊歴史と旅　帝国陸軍将軍総覧 p336）

明治二十三年四月十四日　生
昭和二十四年九月十七日　没（絞首）　横浜　五十九歳
陸士二十三期（歩）
陸大三十四期
英駐在
功二級

主要軍歴

明治四十四年五月二十七日　陸軍士官学校卒業
大正十一年十一月二十日　陸軍大学校卒業
昭和八年八月一日　教育総監部部員兼陸大教官
昭和十年三月十五日　大佐　歩兵第八十連隊長
昭和十二年三月一日　第四師団参謀長
昭和十三年七月十五日　少将　歩兵第八旅団長

昭和十四年十月十四日　戦車学校長
昭和十五年九月二十四日　相模造兵廠長
昭和十六年三月一日　中将
昭和十七年九月二十日　戦車第二師団長
昭和十八年十二月二十七日　東海軍需管理部長
昭和二十年二月四日　第十三方面軍司令官
昭和二十四年九月十七日　処刑（絞首）

プロフィール

起伏に富んだ軍歴

岡田は鳥取市に生まれ、鳥取第一中学から陸士に進み、陸大を出てエリート軍人の道を歩む。英国にも駐在した。陸大卒業成績も上位に属する。しかし、その軍歴は必ずしも華々しいものばかりではなく起伏に富んでいる。一般的にはあまり著名な軍人ではない。その名が高まったのは、戦後の戦犯裁判に於いてである。

岡田は、陸大卒業直後の参謀本部勤務を除いては陸軍省や参謀本部の経験はない。二度にわたる陸大教官や閑院宮戴仁親王付武官等を経て、昭和十年三月大佐昇進と同時に第二十師団第八十連隊長（朝鮮大邱）となる。大佐進級は第二選抜組である。

二年後の十二年三月、岡田は大阪の第四師団の参謀長に転じる。当時師団は満州に駐屯しており、関東軍の隷下で匪賊（ゲリラ）討伐や国境警備に当たっていた。

十三年七月、岡田は少将に進級し歩兵第八旅団長に栄転する。少将進級もトップより四ヶ月遅れの第二選抜組であった。

歩兵第八旅団は、姫路編成の第十師団所属で、歩兵第三十九、四十の二個連隊を指揮した。当時師団は、北支那方面軍の第二軍（軍司令官東久邇宮鳩彦中将）の隷下にあり、岡田は赴任直後の武漢攻略作戦に参加した。

岡田は隷下の二個連隊を基幹に岡田支隊を編成し、師団主力を離れて個始、光州、信陽を攻略したが、中国軍の抵抗も激しく、隷下の第三十九連隊は、出発時二千八百名の人員が、死傷やマラリアの発生もあり僅か八百名以下に減少したという。岡田の副官は「旅団長は積極勇敢で、戦闘に際しては常に第一線に進出して指導した。戦機を見ること敏で迅速な作戦、戦闘指導をした」と回想している（『戦史叢書』）。

戦車

旅団長を一年三ヶ月務めたあとの十四年十月、岡田は千葉の戦車学校長に転じる。戦車学校は、昭和十一年十月に創設された。岡田が校長時代、我が国唯一の戦車学校であったが、十五年十二月に満州国公主嶺に公主嶺戦車学校が開設され、戦車学校は千葉戦車学校と改称される。岡田のこれまでの軍歴中、戦車との関係はない。

岡田は戦車学校長を一年ほど勤めたが、十五年九月軍人としては傍流の相模原造兵廠長に転ずる。兵器生産の造兵廠は国内に東京（第一、第二）、名古屋、相模原、大阪、小倉に置かれていた。廠長は技術系将官が任じられることが多かった。相模原造兵廠は昭和十三年八月の開設で、戦車、砲弾らを生産していた。戦車学校長の経歴を買われたのであろうか。岡田は三代目の廠長である。

岡田は、廠長在任中の十六年三月中将に進級する。中将進級も第二選抜組である。

十七年九月岡田は、戦車第二師団長に親補された。戦車第二師団は戦車第一師団とともに満州で十七年六月に編成され、関東軍隷下の機甲軍に属し対ソ連戦に備えた。両師団は我が国初の戦車師団である。師団の編成は六月であるが、岡田は初代師団長である。戦車学校長を務め、戦車の生産現場を管理した岡田にとっては適職であったであろう。

しかし、十八年十二月には東海軍需管理部長に転じる。軍需局は同年十一月に発足した軍需省の地方局で、東京（東部軍）、近畿（中部軍）、東海（東海軍）、福岡（西部軍）に置かれた。各軍管区内に於ける軍需品の生産管理を所管した。軍人としては栄転とはいえないが、岡田は、相模原造兵廠長も務めており、デスクワークの能吏としても評価されていたのであろうか。

二十年二月、岡田は軍司令官の経験なしで第十三方面軍司令官に栄進する。

死の状況

戦犯

岡田が就任した第十三方面軍司令官の任務は東海、北陸地区の防衛にあった。同方面軍は隷下に五個歩兵師団、一個戦車旅団と一個高射師団を有していた。その高射師団は我が国に四個しかない高射師団で名古屋を中心とする中京工業地帯の防空に任じていた。

岡田の方面軍司令官就任直後の二十年三月十二日、名古屋はB29爆撃機二百八十五機の夜間大空襲を受けた。従来の軍事施設を狙った精密爆撃ではなく、初めての名古屋に対する焼夷弾による無差別絨毯爆撃であった。さらに三月十九日にも二百九十機が来襲し、その後も終戦まで相次ぐ空襲にさらされた。こうした無差別爆撃により日本の殆どの大中都市は焼け野原となった。

来襲した米機に対する防空戦闘は十分なものではなかったが、第一回の時には主として高射砲により十七機撃墜、五八機撃破したと大本営は発表している。米軍発表でも二十機が損害を受けたとしている。その後の空襲でもある程度の損害を与えている。

こうして撃墜した米機の搭乗員のうち落下傘降下などで生き残った者は捕虜となったが、東海軍管区内では終戦までに四十四名を捕らえた。

岡田はこうした捕虜のうち五月十四日の空襲で捕らえた十七名を軍律会議にかけ非人道的な盲爆（無差別爆撃）を行ったと認定し、十一名を死刑、六名は軍事目標に限定していたとして無罪とし、一般捕虜として扱った。しかしその後捕えた二十七名の搭乗員については無差別爆撃の事実が明白として裁判（軍律会議）にかけず処刑した。

終戦後岡田は、捕虜殺害の容疑で戦犯として逮捕され、横浜裁判で絞首刑の判決を受けた。刑は二十四年九月十七日執行された。岡田とともに告発された者は参謀の大西大佐ほか二十名に上ったが、死刑判決は岡田一人であった。大西大佐が終身刑、その他は十年から三十年の有期刑であった。

これは、裁判に於いて岡田が罪を一手に引き受け、全ては自分の命令で行ったもので、部下には一切の責任はないと終始一貫主張し続けたためであった。岡田の態度は、各地の戦犯裁判で部下に責任を転嫁して逃げ延びた上官が少なからずいた中で賞賛に値する。誰にでも出来ることではない。

アメリカの原爆投下を頂点とする各都市に対する無差別爆撃は、無防備都市に対する攻撃を禁止した陸戦に関するハーグ条約違反の疑いが濃い。岡田は裁判に於いて無差別爆撃を人道に反すると鋭く反論し、かかる非人道的行為をなした捕虜を処刑することは当然のことと主張したが、勝者の受け入れるところとならなかった。

無差別爆撃は、日本も中国で南京、重慶等で行っており、またヨーロッパ戦線に於いてもドイツ、連合国双方が繰り返した。この点に関しては、ハーグ陸戦条約は有って無きが如き状態であった。

ただ、岡田にとって惜しむらくは二十七名について裁判（軍律会議）にかけずに処刑したことであった。もし、全員裁判にかけていれば岡田の判決は変っていた可能性がある。岡田の最後の言葉は、死刑執行の夜、独房を出て刑場に向かう途中、各獄舎から「有難うございました」「お世話になりました」などの声に一つ一つ応えながら、最後の大扉のところで振り向いて大声で「君たちは来なさんなよ」の一声であったと伝えられている。（『別冊歴史読本』日本陸海軍名将・名参謀総覧）

陸士二十三期同期のトップクラスは、この時期軍司令官でビルマの桜井省三第二十八軍司令官、グアムで戦死した小畑英良第三十一軍司令官、シベリアに抑留された清水規矩第五軍司令官等がいるが、方面軍司令官になったのは岡田と終戦後の二十年八月十九日に北支那方面軍司令官となった根本博中将の二人しかいない。しかし、この方面軍司令官昇進が岡田の命取りとなった。

岡田　資

参考文献

別冊歴史読本　戦記シリーズ32　太平洋戦争師団戦史　新人物往来社
別冊歴史読本　戦記シリーズ51　太平洋戦争連隊戦史　新人物往来社
別冊歴史読本　戦記シリーズ28　日本陸海軍名将・名参謀総覧　新人物往来社
丸別冊　戦争と人物20　軍司令官と師団長　潮書房
丸別冊　戦争と人物16　本土決戦と終戦　潮書房
孤島の土となるとも—ＢＣ級戦犯裁判　岩川隆　講談社
日本大空襲　上下　原田良次　中公新書
戦史叢書　本土防空作戦　防衛庁防衛研修所戦史室編　朝雲新聞社
戦史叢書　支那事変陸軍作戦２　防衛庁防衛研修所戦史室編　朝雲新聞社

中将

河村　参郎（石川）

Kawamura Saburou

（写真　十三階段を上る　p630）

明治二十九年十月七日　生
昭和二十二年六月二十六日　没（絞首）シンガポール　五十歳
陸士二十九期（歩）恩賜
陸大三十六期　恩賜
東大法学部（政治）卒
仏駐在

主要軍歴

大正六年五月二十九日　陸軍士官学校卒業
大正十三年十一月二十九日　陸軍大学校卒業
昭和十二年四月一日　陸軍省軍務課高級課員
昭和十三年七月十五日　大佐　北支那方面軍第四課長
昭和十四年十二月一日　陸軍省軍務局軍務課長
昭和十六年三月一日　歩兵第二一三連隊長
昭和十六年十月十五日　少将　歩兵第九旅団長
昭和十七年十二月五日　印度支那駐屯軍参謀長
昭和十九年十二月二十日　第三十八軍参謀長
昭和二十年三月一日　中将
昭和二十年六月二日　兵器行政本部付
昭和二十年七月五日　第二百二十四師団長
昭和二十年九月十八日　中国軍管区兼第五十九軍参謀長
昭和二十二年六月二十二日　処刑（絞首）

プロフィール

陸士、陸大恩賜のエリート

河村は旧姓鈴木、軍人一家に生まれ、父鈴木知康は陸軍大尉、長兄実は陸軍軍医少将、次兄重康は陸軍中将である。

河村は東京中央幼年学校予科から、陸士、陸大へと進み共に恩賜で卒業、陸大卒業後さらに東大法学部（政治）に派遣され、その後フランスに駐在、文字通りエリート軍人の道を歩む。進級も常に同期のトップであった（朝鮮王族の李王垠（りおうぎん）を除く）。

河村は陸軍省軍務局勤務が長く、局付を含め都合四回軍務局に籍を置き、軍務課高級課員、軍務課長を勤めている。

軍務課長時代（昭和十四年十二月～十六年十月）は武藤軍務局長に仕えたが、陸軍随一の政治軍人であり、傲岸不遜、剛毅果断、強烈な個性と言われた武藤の下ではあまり目立った存在ではなく、補佐役に徹したようである。河村が軍務課長であった昭和十五年は日独伊三国同盟の締結（九月）、北部仏印進駐（九月）問題などがあったが、河村のリーダーシップや事績は殆ど伝えられていない。またこの頃から河村は顔面神経痛に悩まされており体調も万全ではなかったという。

この時期河村は、武藤から総合国策案の策定を命じられ、軍事課長の岩畔とともにこれに当たったが、実務は矢次一夫の国策研究会が当たり、「総合国策十年計画」が策定された。当時、武藤局長を中心に軍務局と各省のいわゆる革新官僚との会合が頻繁に行われ、月曜会と称されていたが、河村もそのメンバーで事務局長格であった。

河村が後に第九旅団長として出征する際（十六年十月）矢次が壮行会を開いたが、河村はお別れの記念に歌を歌うといって「よその畑にちょいと鍬入れて、あとで手を焼くやっこらさのさ」と手拍子足拍子で面白おかしく踊り、矢次に「今迄の陸軍は、あれも国家の為、これも国家の為というので、代議士や役人に利用されるまま、いい気になって色んな問題に手を出し、その挙句が憎まれることばかり。とどのつまりが、今度の大戦争というわけだよ。権兵衛が種蒔きゃ、カラスがほじくる、で明日からはアメリカというカラスの大群と闘わなければならぬから、たぶん生きて二度とはお目にかかれまい。まことに恐縮千万ながら、ほじくり返した後始末をよろしく頼む」と言ったという（『陸軍省軍務局』上法快男）。

河村の野戦指揮官としての経歴はあまり豊富ではなく、大隊長一年、連隊長（二百一十三連隊）半年、旅団長（第九旅団）一年二ヶ月、終戦直前（二十年七月）の師団長（二百二十四師団）しかない。連隊長時代（昭和十六年三月～十月）は、三十三師団傘下で中国山西省にあって治安警備に当たり、旅団長（十六年十月～十七年十二月）としては第五師団傘下でマレー・シンガポール攻略戦で活躍したが、その後は印度支那駐屯軍、第三十八軍参謀長等参謀職についた。

印度支那駐屯軍参謀長時代（十七年十二月～十九年十二月）、陸士同期の稲田正純南方軍総参謀副長が内地での会議出席のためサイゴンに立ち寄った際、河村は稲田に「この戦争はいい加減に見切りをつけて妥協をしなければならない。もうその時期にきていると思う」と述べ、同じく同期で中央にいる「佐藤賢了軍務局長、有末精三参謀本部第二部長によく話してきてもらいたい」と伝えており、単なる猪突猛進型の武弁ではない。

陸士同期にはこれらの他、陸軍省最後の人事局長となった額田坦中将、ニューギニアで苦戦した中井増太郎第二十師団長、ビルマで戦死した高田清秀ビルマ方面軍兵站監（少将）、戦犯死した矢萩那華雄第二十五軍参謀長（少将）等がいる。なお、この期は中将となった最後の期である。

死の状況

戦犯

河村は印度支那駐屯軍参謀長のあと十九年十二月第三十八軍参謀長となるが、第三十八軍は印度支那駐屯軍の野戦軍改編に伴う名称変更で、実質は軍容は拡大したものの同一軍である。ただし、司令部はサイゴンからハノイに移された。

その後河村は、同軍参謀長を二十年六月まで務めたあと内地に呼び戻され、七月本土決戦用に新設された第二二四師団長に親補されたが、一ヶ月足らずで終戦となった。

しかし、河村は直ちに復員できず、二十年九月十八日中国軍管区参謀長兼第五十九軍参謀長を命じられた。その後さらに二十年十二月中国復員監部総務部長、二十一年二月中国復員監となり、終戦処理に当たっていたが、二十一年九月戦犯容疑で逮捕され、シンガポールに移送された。容疑はシンガポールにおける華僑虐殺であった。

華僑虐殺事件

河村はシンガポール攻略に第五師団傘下の第九旅団は占領地シンガポールの警備と治安維持を命じられ、河村が警備司令官に任じられた。その際、河村は山下軍司令官から華僑の粛正を命じられ、これを実行した実行責任を問われたものである。

シンガポールにおける華僑虐殺（シンガポールだけではなくマレー半島に於いても虐殺が行われた）は、山下奉文率いる第二十五軍のマレー・シンガポール攻略に伴う恥部であり最大の不祥事である。

この虐殺事件は、マレー・シンガポール攻略作戦間における中国系住民の反日ゲリラや抗日義勇軍の抵抗に手を焼いた第二十五軍が、占領後の治安維持のため粛正を図ったと言われているが、反日華僑の粛正はかなり事前から準備され予防的に行ったものであり、占領後の華僑の抵抗に手を焼いて実行したものではない。

シンガポールは十七年二月十五日陥落し、河村は昭南（シンガポールは占領と共に昭南特別市と改称された）警備司令官に任ぜられ、第九旅団の一部と配属された第二野戦憲兵隊を併せ指揮することとなった。

河村は二月十八日、ラッフルズ大学に置かれた第二十五軍司令部に招致され、山下から直接抗日華僑粛正命令を受けた。河村の遺著『十三階段を上る』には「山下軍司令官は厳然たる態度で、軍は多方面の新たなる作戦のため、急いで多くの兵力を転用しなければならない。しかるに敵性華僑は至る所に潜伏して、我が作戦を妨害しようと企図している。今機先を制して根底より除かなければ、南方の基盤たるマレーの治安は期せられない。警備司令官は最も速かに市内の掃討作戦を実施し、これらの敵性華僑を剔出処断し、軍の作戦に後顧の憂なきようにせよ。細部は参謀長の指示を受けよ」と命じられ、次いで鈴木参謀長が実行の具体的な方策——掃討日時、敵性華僑の範囲、検証地区、処断方法等について説明し「敵性と断じたものは即時厳重処分せよ」との指示を受けた。

厳重処分とは当時の日本軍の慣用句で〝処刑〟を意味し、驚いた河村が指定の僅か三日間でどうやって集合させ、訊問し、選別すればいいのかと質問したところ、鈴木はそれを制して「いろいろ論議もあるだろうが、軍司令官に於てこのように決定されたもので、本質は掃討作戦である。命令通り実行を望む」と押し切ったという（『十三階段を上る』）。この命令は警備隊に配属された第二野戦憲兵隊にも軍司令部から参謀が派遣され伝達された。

当時シンガポールの人口は七十万近かったと推定されているが、この中から敵性華僑狩りが強行された。

二月十九日、シンガポールのあちこちの街角に大日本軍司令官の名で昭南島在住華僑のうち十五歳以上六十歳までの男子はすべて二十一日正午までに指定場所へ出頭せよとの張り紙が出された。これに違反した者は死刑に処すと添えられていた。しかし、指定場所は五ヶ所しかなく、また多くの行き違いから女子供まで狩り出された地区もあった。

こうして急遽集められた華僑の中から「華僑義勇軍、共産党員、抗日分子、重慶献金者、無頼漢、前科者等」を三日間で選別することとなったが、言葉も通じないなか、選別はきわめて乱暴なものとならざるを得ず、目つきの悪い者、インテリ風の者、入れ墨をしている者などその場の印象で選り分けられた者が多かった。こうして選別された五千人とも六千人ともいわれた華僑は、人里離れた海岸や孤島、山中で殺害された。海上に連れ出され、数珠繋ぎのまま海中に飛び込ませ溺死させたとの当事者（憲兵）の記録も残されている。

こうして殺害された華僑は裁判では約六千名とされた。河村も四〜五千人を処刑したと認めているが、実行当事者の野戦憲兵隊の大西覚少佐（当時中尉）は、後に書いた『秘録　昭南華僑粛正事件』で五千人とは憲兵隊の誇大な報告によるもので、実際は千人前後、どんなに大きく見積もっても二千人程度であったと主張している。

憲兵隊が誇大報告を上げたとの発言は意外な感がするであろうが、本件は、戦後悪名高い憲兵隊も粛正しろとの軍命令には反対しており、これに対し参謀が督励して回ったという経緯もあり、必ずしもでたらめとは思えないが、処刑は警備隊（含む憲兵隊）だけではなく、近衛師団も駆り出されており、千名程度に終わったとは考えにくい。

同じく第二野戦憲兵隊の一員であった田金勇大尉（当時曹長）はその日記に次のように書き残している。

・検索の軍方針の堅ければ積極性欠く我ら憲兵
・我が宿舎へ朝枝参謀乱入す吊蚊帳ひびく怒号を上げつつ
・参謀は軍の魔神か我を張りてシンガポールの検索強行す

一方現地華僑側は四万人が虐殺されたと主張している。

この華僑虐殺事件は南京事件とは異なり、被害者の数の違いはあるものの、いわゆる幻説はなく、現代では警備隊関係で五千人、近衛師団関係で一千人、あわせて六千人程度との説が妥当とみられているが、日本人研究者や旧軍関係者の中でも「犠牲者はもっと多かった。二万人を超える」との説もある。

こうした華僑虐殺はシンガポールの他、ペナン島、マラッカ、ジョホールバル等でも行われている。日本は戦後これらを認めてシンガポールに対し五千万シンガポールドル、マレーシアに対し二千五百万マレーシアドルの無償供与（賠償）をしている。

華僑虐殺裁判の結果は、警備司令官の河村参郎中将、西村近衛師団長と第二野戦憲兵隊長の大石正幸憲兵大佐の三名が絞首刑（二十二年四月二日判決、六月二十六日執行）となり、他憲兵隊の各指揮官四名は終身刑であった。

被告全員死刑を覚悟していたが、従来の英軍関係戦犯裁判に比べれば格段に緩やかな判決で、中国系住民（華僑）から有色人種差別である（被害者が英国人であったなら全員死刑になっていたはず）と強い反発が起きた。事実泰緬鉄道関係や昭南俘虜収容所における連合軍捕虜殺害や虐待に対しては極めて厳しい判決が下されている。

辻政信

この華僑虐殺事件は、第二十五軍参謀の辻政信中佐（当時）の強いイニシアティブによって引き起こされたものと信じられており、これに同調したのが朝枝繁春参謀（当時少佐）や林忠彦参謀（当時少佐、後戦死）といわれているが、山下軍司令官も積極派であった。昭和十九年九月第十四方面軍司令官としてマニラに着任した山下は、マニラの治安の悪さにいらだち、三年間も占領していながら今まで何をしていたのか、「シンガポールでは始めにきちんとやったからすぐに治安は安定した」とこれまでの占領政策を非難したという。

「きちんとやった」とは、こうした華僑の粛正など武力による恐怖統治を言っているのであろう。当時中央でもシンガポールに於ける日本軍の武力による戒厳令の浸透は、ジャワに於ける今村均中将率いる第十六軍の穏健統治と比較して高く評価された。

英軍は山下、鈴木、辻、朝枝等を引き渡すよう米軍に要求しており、もし、山下がマラ裁判で死刑になっていなかったら、シンガポールで死刑になっていたであろうし、参謀長の鈴木宗作も同罪であったであろう。しか鈴木はレイテ戦で戦死しており、辻は逃亡して行方不明、朝枝はソ連に抑留されて英軍の手の届かないところにいた。

こうして河村は命令実行者としてその責めを負ったが「命令の絶対性がなくて軍隊の存在はない、私は至高の命令に服従し、全力を尽くした。悔いはない」とその著『十三階段を上る』の中で述べる一方、さらに「本来これらの処断は、当然軍律発布の上、容疑者は、之を軍律会議に付し、罪状相当の処刑を行なうべきである。それを掃蕩作戦命令によって処断したのは、形式上いささか妥当でない点があるが、それを知りつつ軍が敢えて強行しなければならなかった原因は、早急に行われる兵力転用に伴い（次のビルマ作戦に二十五軍から十八師団が転用されることになっており、また近衛師団もスマトラに、第五師団もニューギニアに転用されることになっていた　※筆者注）、在昭南島守備兵力を極度に減少しなければならない実情にあったためである。従ってこの事件について命令に伴う責任は、軍司令官にあることは当然であるが、軍をしてこのような処断に出なければならなくさせた責任は、根本を糾せば、中央部の作戦計画にありと謂うべく、今次の作戦が国力以上の重荷であったことを知りつつ、緒戦の奇襲的謀略的作戦の成功の僥倖を期待した戦争指導そのものに遡るべきであり、山下将軍のため些か弁護する次第である」と書き残している（前掲書）。

まことにこの指摘は、あの戦争の本質を突き虐殺事件の真の責任者が別にいることを示しているが、だからといって山下や鈴木の罪が免責されるわけではない。

隣接軍の第十五軍（軍司令官飯田祥二郎中将）のビルマ攻略作戦に於いてもいわゆる敵性華僑数十人を逮捕しているが、殺害はせず緬支国境に連行し中国側に追放したに止めていると伝えられており（『丸別冊　戦勝の日々十五軍と初期ビルマ作戦』　竹下正彦）、戦後も華僑殺害の戦犯容疑は生じなかった。

河村は終戦直前内地に戻っており、まだ戦犯容疑で逮捕される前、訪ねてきた旧部下の第五師団十一連隊副官の伊藤大尉に「日本軍の責任者は戦犯として裁かれるよ。わしはその一号だろう。それが最後の奉公のし納めだ」と語っている（『人間の記録マレー戦』　御田重宝）。

そして判決がおりたとき河村は、顔面神経痛の顔をこわばらせながら「若い諸君が助かってよかった」と言って、無期になった我々に会釈したと憲兵隊の大西寛少佐は書き残している（『秘録昭南華僑虐殺事件』）。

河村の辞世は、

皇軍の　命つつしみし　もののふの　心静けし　永遠の旅路は

と伝えられている。

参考文献

戦史叢書　マレー進攻作戦　防衛庁防衛研修所戦史室編　朝雲新聞社
陸軍省軍務局　上法快男　芙蓉書房
大東亜戦争収拾の真相　松谷誠　芙蓉書房
孤島の土となるとも―BC級戦犯裁判　岩川隆　講談社
人間の記録マレー戦　御田重宝　徳間書店
シンガポールの近い昔の話　リー・ギョク・ボイ　越田稜他訳　凱風社
参謀辻政信伝奇　田々宮英太郎　芙蓉書房
十三階段を上る　河村参郎　亜東書房
秘録　昭南華僑虐殺事件　大西寛　金剛出版
丸別冊　戦勝の日々　緒戦の陸海戦記「シンガポール華僑虐殺事件　中島正人」　潮書房
増刊歴史と人物　太平洋戦争―開戦秘話「英国史上最大の降伏―作戦参謀のマレー戦記　朝枝繁春」　中央公論社

河村 参郎

別冊歴史読本　戦記シリーズ32　太平洋戦争師団戦史　新人物往来社

中将

洪　思翊（朝鮮）

Kou Shiyoku

（写真　ウィキペディア）

明治二十三年三月四日　生
昭和二十一年九月二十六日　没（絞首）フィリピン（マニラ）五十六歳
陸士二十六期（歩）
陸大三十五期

主要軍歴
大正三年五月二十八日　陸軍士官学校卒業
大正十二年十一月二十九日　陸軍大学校卒業
昭和十三年二月十八日　中支那派遣軍特務部員
昭和十三年三月一日　大佐
昭和十四年三月十日　華中連絡部調査官
昭和十四年九月二十八日　支那派遣軍御用掛
昭和十五年八月一日　留守第一師団司令部付
昭和十六年三月一日　少将　歩兵第百八旅団長
昭和十七年四月十七日　公主嶺学校付
昭和十九年三月二日　比島俘虜収容所長
昭和十九年十月二十六日　中将
昭和十九年十二月三十日　第十四方面軍兵站監
昭和二十一年九月二十六日　処刑（絞首）

プロフィール

朝鮮出身将官

洪は朝鮮出身の異色の将軍である。朝鮮出身の将軍としては李王垠（りおうぎん）中将（第一航空軍司令官）がいるが、李王は当時朝鮮王族と称された朝鮮王家の出身であり、その他の佐官級高級将校も王族出身で、全くの一般人として日本軍の将軍になった朝鮮出身軍人は洪以外にはいない。

日本留学

洪は明治二十三年、大韓帝国（当時）京畿道安城に生まれた。出身はいわゆる支配階級の両班（ヤンバン）ではなく農家であったと伝えられている。幼くして父を亡くし、年の離れた長兄に育てられたが、軍人の道を志し、韓国武官学校に入学した。明治四十二年、日本の陸軍幼年学校への留学を命じられ、東京の陸軍中央幼年学校に入学。その一年後、韓国は日本に併合されたが、洪は幼年学校を恩賜で卒業して、さらに陸軍士官学校に進んでいる。祖国を失った洪の心情はどのようなものであったか、今に伝えるものはない。

洪はその後陸大に進み、日本陸軍のエリートコースに乗る。陸大受験は所属の連隊長の推薦が必要で、連隊から数名しか推薦されないので、差別意識の強かった当時、連隊長の推薦を得たことは、洪の優秀さが抜きん出ていたことを示すものであろう。なお、陸大の同期には同じく朝鮮（王族）出身の李王垠（陸士二十九期）がいる。

陸士同期には、硫黄島で戦死した栗林忠道大将（死後）、レイテ島で戦死した牧野四郎第十六師団長、沖縄で戦死した雨宮巽第二十四師団長等がいる。また、戦後東京裁判で検事側証人となった田中隆吉少将も同期である。

陸大卒業後の軍歴は極めて地味なもので、全くの傍流を歩んでいる。中、大佐時代は、中支那派遣軍特務部員、興亜院華中連絡部調査官、支那派遣軍御用係、留守第一師団司令部付等いずれも、異動にあたって栄転とは言い難いポストばかりである。

また、洪は連隊長の経験がない。歩兵（騎兵）連隊は、天皇から連隊旗を授与されることから朝鮮出身者の連隊長を忌避したとの、うがった見方があるが李王垠は第五十九連隊長を務め、その後旅団長、師団長、軍司令官まで務めているので朝鮮王族出身とはいえ朝鮮出身者には違いないので俗説であろう。

洪の野戦指揮官としての主な経歴は、第一師団の第三連隊で山下奉文（のち第十四方面軍司令官）連隊長の下で大隊長を務めたことと、歩兵第百八旅団長を務めたことくらいである。山下との出会いは、後に比島で再現し、共に戦犯として処刑される巡り合わせとなる。旅団長時代（昭和十六年三月〜十七年四月）は、河北省に駐屯し治安維持に当たった。

洪は旅団長の後、満州の公主嶺学校付に転じ、そこでおよそ二年を過ごした。公主嶺学校は我が国唯一の歩兵、砲兵、工兵、機甲（戦車）の諸兵科統合訓練学校である。洪のこの間の事績は伝えられていないが、平穏な時期であるとともに、武人としては髀肉の嘆を囲った時期でもあろう。公主嶺には戦車学校があり、公主嶺戦車学校と呼ばれたため混同しがちである。戦車学校はのちに四平に移転し、四平戦車学校と呼ばれた。

比島俘虜収容所長　兵站監

洪は十九年三月、比島俘虜収容所長に転じ、さらに十九年十一月、山下軍司令官の下で第十四方面軍兵站監に昇進した。兵站監は後方、補給の責任部署で、米軍上陸により、本土との連絡が途絶えてからは自活監と改称された。かって洪は大隊長として山下連隊長に仕えており、両者の信頼関係は厚かったという。方面軍兵站監は、第六鉄道司令部、第六野戦輸送司令部、野戦兵器廠、野戦自動車廠、野戦防疫給水部、独立自動車大隊、患者輸送隊、兵站病院や俘虜収容所等を指揮下に置いていたが、これらの活躍や苦労は戦史には殆ど取り上げられていない。

日本軍は補給を軽視し、補給で破れたが、公刊戦史である『戦史叢書　捷号陸軍作戦（2）ルソン決戦』に於いても、戦闘一辺倒で六百九十ページにも及ぶ記述のうち兵站関係は、僅かに六ページ、うち三ページは関係部隊名を五十近く列挙しているのみである。戦後に於いても補給は軽視されている。

昭和十九年十一月以降、洪の兵站監としての行動や事績は殆ど伝えられていないが、米軍上陸に備えてマニラ付近に集積されていた軍需物資の後方移転に全力をあげていたものと思われる。しかし方面軍としては不本意なレイテ決戦に傾注させられていたため、当初予定のルソン決戦準備は全く進んでおらず、軍は指揮下部隊に当面方面軍からの補給を当てにせず、手持ち資材で戦うよう指示するような状況であった。

こうして、予定の北部複郭陣地への軍需品の集積もままならない中、昭和二十年一月九日、米軍がリンガエン湾に上陸してきた。以降、三月三日首都マニラ陥落、四月二十三日北部の要衝バギオ放棄と日を追うごとに、日本軍は北部山岳地帯に追い詰められていき、この頃から日本軍は、本格的な飢餓との戦いが始まる。このため方面軍は、作戦を除く軍司令部の全ての組織（兵器部、軍医部、経理部等）を生きていくための組織、自活監部に統合、洪をその責任者とした。しかしその努力も絶対的な飢餓の前に徒労に終わったであろう。第一線では兵站監は何をしているのかと怨嗟の声もあがったと伝えられている。

第十四方面軍参謀長の武藤中将は戦後『比島から巣鴨へ』という書を残しているが、その中で「激しい戦闘に心身を燃焼する人間にとって食料の欠乏は致命的なものであった。第一線の戦力は目に見えて低下していった。私は思う。食料の準備さえもっとできていたら、たとえ飛行機はなくとも、戦車は少なくとも、火力装備は劣っていても、ルソンの作戦はもっと変わった形で歴史に書かれたであろう」と言っている。しかし、これは一兵站監の洪の責任ではなく、南方軍、大本営、引いてはそのような戦いをさせた大日本帝国そのものの責任である。武藤も洪を責めているわけではない。

比島戦の戦死者約五十万人（終戦後の死者一万二千人を含む）のうち四十万人近くが広義の餓死者と見られている。将兵を飢餓に苦しめた戦場は、比島、ガダルカナル、ニューギニア、ビルマにとどまらず、中国でも例外ではなく日本軍が進出した至る所に出現した。

死の状況

戦犯

洪は第十四方面軍司令部がマニラを撤退した後もほぼ一貫して、山下軍司令官の近くに位置して（末期には一時連絡が途絶えたが）軍司令部と行動を共にしている。

二十年八月十五日のポツダム宣言受諾後、方面軍の降伏は、大本営からの指示が遅れ九月三日に行われた。山下は直ちに捕虜として収容された。洪もそれから間なしに収容されたと思われる。その後、洪は戦犯容疑者として逮捕、拘束された。洪の着任以来の俘虜収容所や民間人の抑留所関係の俘虜等殺害、虐待容疑であった。俘虜関係では四人が起訴され、洪を含め三名が死刑となった。洪は全体的な管理責任を問われたものであり、他の二名は個別の案件によるものであった。

比島には戦争初期から多数の俘虜やアメリカ系民間人が収容されていた。同じく米軍が裁いた横浜裁判に比べると俘虜関係の被告は格段に少なかった。これは洪及び洪の前任の俘虜収容所長森本伊市郎少将等の管理が概ね適正であったことと、山下方面軍司令官があらかじめ各収容所長に、適当な段階で収容者を解放すべく命じていたため、大多数の捕虜の安全が比較的確保されたためである。

しかし、洪はポツダム宣言に捕虜虐待等の戦争犯罪人処罰の条項があるのを知って、捕虜管理の総括責任者としての責任を問われることを早くに覚悟していたと伝えられている。

当初、洪は山下将軍の裁判に於ける証人として出廷していたが、その後本人が被告となった。洪は証人としてはきちんと質問に答えていたが、自分が被告となってからは一切の弁明、証言を拒否した。

昭和二十一年四月十八日、判決が下された。

比島各地の俘虜収容所に於ける捕虜、民間人の殺害、虐待に対する訴因十二について有罪と認め、絞首刑が宣告された。その罪は捕虜管理の最高責任者として、部下の行った残虐行為を制御し、阻止することを故意に怠ったというものであった。個々の事実はいずれも洪の与り知らぬことであったが、それでもなお、不作為責任を問われたのである。判事五名のうち二名が無罪と認定しているという。

判決後、洪は周囲に「絞首合格だったよ」と言ったと伝えられている。刑の執行は二十一年九月二十五日であった。判決から五ヶ月が経っていた。

刑の執行にクリスチャンとして牧師代わりに立ち会った片山弘二少尉は「最後の瞬間に少なからぬ人が取り乱す中で、韓国出身の洪中将は抜群であった。洪中将は寸毫の乱れも見せなかったばかりか、あべこべに『片山君心配するな。私は悪いことはしなかった。死んだら真直ぐ神様のところへ行くよ。僕には自信がある。だから何も心配するな』と逆に励まされた。時間がきてMPが近づくと、中将は落ち着いて立ち上がり、『片山君、君は若いのだから体を大事にしなさいよ。そして元気に郷里に帰りなさい』と別離の言葉を送られた」と「山下奉文の処刑に立ち会って（『歴史と人物』）」の中で洪のため一節を割いて紹介している。

洪の辞世は二首伝えられている。

くよくよと　思ってみても　愚痴となり　敗戦罪と　あきらむるがよし

昔より　冤死せしもの　あまたあり　われもまたこれに　加わらんのみ

洪中将は、創始改名にも応じず本名を押し通し、日本語は朝鮮式発音で、朝鮮出身を隠すことは全くなかったという。にもかかわらず中将にまで栄進した。おそらく日本人以上に軍務に精励し、日本に忠誠を尽くした結果であろう。そうしてその生涯を大日本帝国軍人として終わったが、今日では朝鮮出身の将軍がいたことを知る日本人も殆どなく、母国朝鮮に於いてもその評価はあまり温かいものではなかろう。どのような想いで一生を終わったのであろうか。

参考文献

洪思翊中将の処刑　山本七平　文藝春秋
戦史叢書　捷号陸軍作戦2　ルソン決戦　防衛庁防衛研修所戦史室編　朝雲新聞社
運命の山下兵団　栗原賀久　講談社
ルソン戦記　高木俊郎　文藝春秋
孤島の土となるとも―BC級戦犯裁判　岩川隆　講談社
飢死した英霊たち　藤原　彰　青木書店
歴史と人物　昭和五十三年八月号　山下奉文の処刑に立ち会って　片山弘二　中央公論社

中将

河野　毅（山口）

Kouno Takeshi

明治二十四年八月二十五日　生
昭和二十二年四月二十四日　没（絞首）　フィリピン（マニラ）　五十五歳
陸士二十三期（歩）

河野　毅

プロフィール

主要軍歴

明治四十四年五月二十七日　陸軍士官学校卒業
昭和十二年十一月一日　大佐　独立守備第九大隊長
昭和十三年十二月十日　歩兵第十七連隊長
昭和十六年八月二十五日　少将　第七師団司令部付
昭和十六年十一月六日　第四十歩兵団長
昭和十八年四月八日　第十一独立守備隊長
昭和十八年十一月二十四日　独立混成第三十一旅団長
昭和十九年六月二十一日　歩兵第七十七旅団長
昭和二十二年四月二十四日　処刑（絞首）

無天の将軍

河野（「かわの」の項に入れたが「こうの」と読むのか「かわの」と読むのか両説あり不明である）は、無天（非陸大卒）の将軍である。陸士を出て以来、第一線の隊付勤務一筋に中将にまで上り詰めた。

陸士同期にはグアム島で戦死した小畑英良第三十一軍司令官、戦後戦犯として処刑された岡田資第十三方面軍司令官、福栄真平第百二師団長（以上陸大卒）等がいるが、無天では戦後台湾で自決した人見秀三第十二師団長、レイテで戦死した山県栗花生第二十六師団長、沖縄で戦死した和田孝助第五砲兵司令官、藤岡武雄第六十二師団長、ニューギニアで戦死した堀井富太郎南海支隊長等がいる。この期は各地で苦戦し、戦死した者や河野のように戦犯として責任を問われた者が多い。

河野の軍歴は満州勤務が長く、昭和十二年十一月大佐進級とともにソ満国境警備の独立守備歩兵大隊長に補せられ、十三年十二月満州駐屯の第八師団隷下の歩兵第十七連隊長に昇進した。陸大卒の天保銭組にとっては、連隊長職も通過点の一つにすぎないが、無天にとっては、天皇から下賜された軍旗（連隊旗）を奉ずる連隊長職は、この上ない喜びであった。これを経なければ将官への道は殆ど開けなかった。河野は、連隊長として満州東部国境で十六年八月まで、三年近く対ソ警備にあたった。

歩兵団長

十六年八月少将に進級し、旭川編成の第七師団司令部附として内地に帰還、しばし戦塵の垢を落したが、同年十一月第四十歩兵団長に栄転する。

歩兵団長とは、昭和十二年九月以降に編成された歩兵連隊三個を基幹とするいわゆる三単位制師団における歩兵部隊の指揮官である。従来師団は、歩兵連隊四個を基幹とし、二人の旅団長が各二個連隊を指揮していたが、支那事変の拡大に対応するため師団の歩兵連隊を三個に減らし、浮いた連隊を集成して新師団を編成した。ただし、全ての師団が三単位制に変わったわけではなく、従来の四個連隊編制の師団や、連隊制ではなく、旅団の下に独立歩兵大隊を持つ師団等もあった。

歩兵団ナンバーと師団ナンバーは一致し、第四十歩兵団は、十四年六月善通寺で編成された第四十師団所属である。師団は、支那派遣軍隷下の第十一軍（軍司令官阿南惟幾中将）の下で第一次、第二次長沙作戦、浙贛作戦等に参加して苦闘している。

独立守備隊長　混成旅団長

河野は歩兵団長として一年四ヶ月中国戦線にあったが、昭和十八年四月第十一独立守備隊長に転任となった。独立守備隊というと、満州の満鉄沿線警備の守備隊が知られているが、第十一独立守備隊は、日本軍占領地の比島中部ビサヤ地区の警備に当たっていた。司令部はセブ島にあった。セブではゲリラ討伐と飛行場建設に従事していたが、第十一守備隊は同年十一月、第三十一独立混成旅団に編成換えとなり、河野が初代旅団長となった。しかし、戦局悪化のため比島防衛強化の一環として十九年六月、同混成旅団を基幹に第百二師団が編成され、師団長には同期（陸大卒）の福栄真平中将が親補され、河野は同師団傘下の第七十七旅団長となった。

河野は旅団長在任中の二十年三月、中将に進級している。

死の状況

戦犯

昭和十九年十月、レイテ決戦の発起に伴い、百二師団主力と福栄師団長はレイテ救援に派遣されたが、河野率いる第七十七旅団はネグロス島北西部のバコロドに司令部を置いて、バゴロド地区の航空基地警備とゲリラ討伐に追われていた。

昭和二十年三月二十九日、米軍約一個師団が上陸、以降食料枯渇の飢餓状態の中で米軍と戦闘を続けたが、終戦により九月四日米軍に降伏した。

その後河野は戦犯として逮捕され、マニラの米軍事法廷で絞首刑が宣告され、二十二年四月二十四日処刑された。容疑はゲリラ討伐に伴う住民殺害や指揮下のパラワン島守備隊がプエルト・プリンセサに収容していた米軍捕虜百五十名を、米軍上陸の際殺害した責任を問われたものであった。

捕虜となった全比島の将官は、マニラ南方約五十キロにあるカンルーバン捕虜収容所に集められた。収容所では野菜作り、スポーツなどのほか短歌や俳句が盛んで、河野もこの中にいて、熱心に句作やスポーツに励んだと伝えられている。

すでに早く　戦の庭に　死すべきを　生きて裁判に　散るぞ悲しき

が遺詠として残されている。

参考文献

戦史叢書　捷号陸軍作戦2　ルソン決戦　防衛庁防衛研修所戦史室編　朝雲新聞社
レイテ戦記　大岡昇平　中央公論社
別冊歴史読本　戦記シリーズ32　太平洋戦争師団戦史　新人物往来社
別冊歴史読本　戦記シリーズ42　日本陸軍部隊総覧　新人物往来社
丸　戦争と人物20　軍司令官と師団長「比島カンルーバン収容所で見た将軍たち　山本正道」　潮書房

中将

近藤 新八（香川）

Kondo Shinpachi

（写真　別冊歴史読本　太平洋戦争師団戦史）

明治二十六年十月十五日　生

昭和二十二年十月三十一日　没（銃殺）　中国（広東）　五十四歳

陸士二十八期（歩）

陸大四十一期

主要軍歴

大正五年五月二十六日　陸軍士官学校卒業
昭和四年十一月二十九日　陸軍大学校卒業
昭和十三年七月十五日　大佐　新京憲兵隊長
昭和十五年十二月二日　歩兵第二百二十四連隊長
昭和十七年三月十一日　第三十七師団参謀長
昭和十七年八月一日　少将
昭和十八年十月二十九日　台湾軍参謀長
昭和十九年七月八日　独立混成第十九旅団長
昭和二十年四月十五日　中将　第百三十師団長
昭和二十二年十月三十一日　処刑（銃殺）

プロフィール

隊付一筋

近藤は香川県大川町の生まれ。大川中学から陸士に進み、陸大を出て、エリート軍人コースに乗る。しかし陸軍省や参謀本部といった華やかな省部での勤務経験はなく、歩兵学校教官を除き隊付勤務一筋の地味なコースを歩んでいる。

昭和十三年七月大佐に進級するが、畑違いの新京憲兵隊長に任命され、二年五ヶ月務める。腰掛け的に次々とポストを変っていく天保銭組にしては異例の長さである。次いで歩兵第二百二十四連隊長、第三十七師団参謀長、台湾軍参謀長、独立混成第十九旅団長を経て、二十年四月中将進級とともに第百三十師団長に親補された。中将進級は、同期トップに遅れること僅かに半年であった。

第百三十師団は、前任の独混第十九旅団の半部と内地から増派された部隊により二十年四月に編成された新設師団で、広東方面の治安と警備を担任したが、中国大陸への米軍上陸にも備えたものであった。このとき同じく独混十九旅団の残り半部を母体に編成されたのが百二十九師団であった。

二百二十四連隊長時代（十五年十二月〜十七年三月）は、三十六師団に属し、山東省付近の治安警備に従事しているが、次の三十七師団参謀長（十七年三月〜十八年十月）としても山西省に駐屯して治安警備に当たった。師団参謀長時代の十七年八月少将に進級したがそのまま参謀長職を務めている。大佐相当職の師団参謀長を、少将になって一年以上も務めたことは極めて異例である。

師団参謀長時代、師団長は長野裕一郎中将（のち第十六軍司令官）であったが、参謀が起案した命令書を近藤が朱を入れ、参謀がそれを師団長の所に持っていくと、師団長は朱を元に戻す。近藤はそれにまた朱を入れて元に直したという。またあるとき師団長が参謀達と酒を飲んで大騒ぎをしていたところを近藤に見られ、あとで参謀達が厳しく叱責を受けたのに対し、師団長はこれからは参謀長に見つからぬようにやろうと言ったという話が残されている。それでいて師団長と参謀長の関係は良好であったという（『丸』 戦争と人物20 長野第十六軍司令官の決断）。近藤は相当なやかまし屋であり、剛毅な人物であったようだ。

その後十八年十月台湾軍参謀長に転じ、九ヶ月を過ごすが、十九年七月独混第十九旅団長として中国に戻り広東省に駐屯、同地の治安警備に当たった。近藤は大佐進級以来一貫して外地で勤務している。

近藤の陸士同期には、日本陸軍最後の作戦部長となった宮崎周一参謀本部第一部長、沖縄で戦死（自決）した長勇第三十二軍参謀長、終戦に反対する若手将校のクーデターにより殺害された森赳近衛第一師団長、終戦時タイで自決した浜田平第十八方面軍参謀副長等がいる。この期は先任が十九年十月から二十年六月にかけて中将に進級したばかりで、若い頃から勇名をはせた長を除いてはあまり有名軍人はいないが、師団長として最後を飾ったものが多い。

死の状況

戦犯

近藤は広東省番禺で終戦を迎えた。師団は米軍上陸に備えて陣地構築の最中であった。

日本軍はすでに九月八日、支那派遣軍総司令官岡村寧次大将と中国軍総司令何応欽上将との間で降伏調印式が行われていたが、広東地区については九月十六日、田中久一第二十三軍司令官と中国側張発奎第二方面軍司令官との間で調印式が行われ、さらに師団単位での調印式が執り行われた。

近藤はこうした中国側の度重なる降伏調印に抵抗して、師団と中国第六十四軍との間で執り行われた調印式で「日本軍はこれまで中国軍と戦って負けたことはない。今でも負けていない」と言い放ったという。その後も中国側の金品の要求、戦犯追及のための将校名簿の提出要求、使役命令等ことごとく拒否し、理不尽な要求には武力で抵抗するとの姿勢を示した。こうしたことが、中国側の近藤に対する心証を悪化させ、戦犯として極刑を科せられる原因となったと言われている。

こうして、近藤の剛直な姿勢が中国側と様々な軋轢を繰り返しながらも、第百三十師団は二十一年三月十九日、第一陣が復員することになった。この日近藤が中国側の求めに応じ挨拶に出向いたところ、突如戦犯容疑で逮捕された。

広東地区での戦犯裁判は五月から始まったが、近藤の容疑は、指揮下の百三十師団が毒ガスを使用し中国人を殺害したというのが主たるものであった。同様の容疑で上司の田中第二十三軍司令官も起訴された。裁判の過程に於いても近藤はその不当性や進め方等について徹底的に抗弁し、一歩も譲るところはなかった。ある時は裁判長に向かい、裁判官の法律知識が幼稚だと罵倒し、もっと偉いやつを連れてこいと大声を発したこともあったという。師団の将校名簿の提出も強硬に拒んだ。上司の田中軍司令官が中国側の要求に屈すると「軍司令官も腰抜けになったものよ」と非難したという。

こうした近藤の姿勢は、戦犯は師団長一人に止め、出来るだけ裁判を長引かせることによって、戦争直後の復讐観も次第に薄れ、後の者の判決が軽くなることを狙ったものであったと伝えられている。

判決は、上司の田中軍司令官ともども死刑であった。近藤の処刑は、昭和二十二年十月三十一日執行された。銃殺刑であった。

近藤の遺書には「私は死んで仏になり、極楽にいく、或は死んだら父母の許に帰るといふ様な通り一遍なことは毛頭考えていない。否死して靖国神社に祀られ単に護国の鬼となって鎮まるという丈では満足できない。私の真の魂魄は天翔ってこの敗戦の復讐を遂げねば満足しないのである」と書かれているという（『孤島の土となるとも』 岩川隆）。

近藤の剛直な性格や不屈の闘魂、不当な戦犯裁判への怒りといったものがよく伝わってくるが、一方では国土を日本軍の軍靴に蹂躙され、不法に殺害された多くの中国民衆も同じような想いを抱いて死んでいったのではないであろうか。

参考文献

戦史叢書　昭和二十年の支那派遣軍1、2　防衛庁防衛研修所戦史室編　朝雲新聞社
丸　戦争と人物9　指揮官と参謀「真の武人　近藤新八中将の最後　阿羅健一」　潮書房
丸　戦争と人物20　軍司令官と師団長「戦犯になった陸軍将官　茶園義男」　潮書房
別冊歴史読本　戦記シリーズ32　太平洋戦争師団戦史　中央公論社
別冊歴史読本　戦記シリーズ42　日本陸軍部隊総覧　中央公論社
孤島の土となるとも—BC級戦犯裁判　岩川隆　講談社

酒井　隆（広島）

Sakai Takashi

（写真　ウィキペディア）

明治二十年十月十八日　生
昭和二十一年九月十三日　没（銃殺）　中国（南京）　五十八歳
陸士二十期（歩）
陸大二十八期
支那駐在
功三級

主要軍歴

明治四十一年五月二十七日　陸軍士官学校卒業
大正五年十一月二十五日　陸軍大学校卒業
昭和七年八月八日　大佐　参謀本部第二部支那課長
昭和九年八月一日　支那駐屯軍参謀長
昭和十年十二月二日　参謀本部付
昭和十一年三月七日　歩兵第二十三連隊長
昭和十二年三月一日　少将　歩兵第二十八旅団長
昭和十三年六月十日　張家口特務機関長
昭和十四年三月十日　興亜院蒙彊連絡部長官
昭和十四年八月一日　中将
昭和十五年三月九日　参謀本部付
昭和十五年六月三日　留守近衛師団長
昭和十六年十一月六日　第二十三軍司令官
昭和十八年三月一日　参謀本部付
昭和十八年四月十四日　待命
昭和十八年四月三十日　予備役編入
昭和二十一年九月十三日　処刑（銃殺）

プロフィール

中国通

酒井は神戸一中から大阪幼年学校、中央幼年学校を経て、陸士、陸大に進みエリート軍人の道を歩む。陸大卒業後参謀本部員となり、支那駐在を命じられる。帰国後も参謀本部と近衛歩兵第二連隊大隊長や天津駐屯軍歩兵隊長など隊付勤務を繰り返し、昭和七年八月、大佐進級とともに参謀本部第二部（情報）支那課長となる。支那課長を二年務めたあと、九年八月支那駐屯軍参謀長に転じ、十年十二月参謀本部附として帰国するが、十一年三月には、第六師団隷下の歩兵第二十三連隊長となって満州に転任、熱河作戦等に参加して中国軍を万里の長城まで追った。十二年三月、少将進級後第二十八旅団長に昇進するが、これも第十四師団隷下で中国戦線にあり、徐州作戦等に参加した。

酒井は旅団長を一年余り務めたあと、張家口特務機関長に転じた。特務機関とは情報収集や謀略工作のための機関であるが、大正七年からのシベリア出兵の際に情報収集等のためウラジオストックその他に置かれたのがその始まりという。特務機関の任務は「統帥範囲外の軍事外交と情報収集」と規定されていた。シベリア撤兵（大正十一年）後、ソ連領内の特務機関は閉鎖されたが、その後ソ連情報収集のため満州のハルピンに特務機関が設置され、満州事変後次々と増設された。中国関係については明治時代から中央政府（清朝）や地方軍閥に軍事顧問が送り込まれ情報収集に当たっていたが、大正中期からは各地に駐在武官が派遣され、これが母体となって特務機関が多数設置された。その数三十に及んでいる。酒井の特務機関長勤務は約九ヶ月と短く、次いで興亜院の蒙彊連絡部長官に転じた。

興亜院は昭和十三年に設立された組織で、中国における政治、経済、文化などに関する事務及び諸政策の立案、ならびに中国に於ける特殊会社の監督等を主たる任務としていた。総裁は総理大臣で、外務、大蔵、陸軍、海軍大臣が副総裁に就任した。実質的な長は総務長官で陸軍中将が当てられた。主要な役職に政務部長及び地域担当の華北連絡部長官、華中連絡部長官、アモイ連絡部長官、蒙彊連絡部長官等が置かれたが、主要ポストは陸海軍軍人（特に陸軍）で占められていた。

酒井は蒙彊連絡部長官を一年務めたが、その間の事績は伝えられていない。

酒井は、蒙彊連絡部長官のあと一時参謀本部附として待機するが、十五年六月留守近衛師団長に親補される。留守師団とは師団が動員され出征したあとの留守部隊で、内地にあって補充要員の教育訓練等を行い、出動部隊の人員の補充を担当した。留守師団は全ての師団に設けられているわけではなく、大正四年までに編成された常備師団二十一個（近衛師団、第一師団〜第二十師団）だけに置かれたが、後には留守師団を母体に新たな師団が編成されたり、さらにその留守師団が置かれたり、時代により複雑な経緯をたどっている。なお、留守師団長は軍人としてあまり華やかなポストではなかったが親補職（そうでない時期もあり）であった。

酒井の軍歴はこのあとの第二十三軍司令官を含め、中国関係は二十年以上におよぶ陸軍有数の中国通（いわゆる支那屋）である。それが故に戦後戦犯として処刑されることになる。

香港攻略

酒井は留守近衛師団長を一年余り務めたあと、昭和十六年十一月、大東亜戦争開戦に備え、第二十三軍司令官に任命された。開戦後香港攻略が任務であった。酒井の軍司令官就任は、同期のビルマ攻略を任務とする飯田祥二郎第十五軍司令官と並んで同期トップの就任であった（皇族の朝香宮、東久邇宮を除く）。なお同期にはこのほか最後の陸軍大臣となった下村定大将、ビルマ戦末期にビルマ方面軍司令官となったが、部下を置き去りにしてラングーン（現ヤンゴン）を脱出して批判を浴びた木村兵太郎大将（A級戦犯として刑死）、終戦後自決した吉本貞一大将、第三十二軍司令官として沖縄で戦死（自決）した牛島満中将（死後大将）等がいる。

第二十三軍は第三十八師団と、第五十一師団の一部並びに第一砲兵隊を主力とした小規模な軍であった。当時軍は、支那派遣軍隷下にあって華南で作戦中であったが、十六年十一月六日大本営より香港攻略準備を命じられ、十二月八日大東亜戦争開戦の報とともに国境線を突破、香港攻略作戦を開始した。

　作戦は内陸より九竜半島を経由して香港島を攻略する予定であったが、日本軍は英軍の防御陣地は九竜半島が主陣地で、九竜を落とせば香港島は容易に落とせると考えており、九竜半島攻略には第一砲兵隊の重砲の十分な砲撃のあと、慎重に進撃する予定であった。しかし、英軍の防御計画は、九竜では本格的な抵抗はせず、香港島固守の構えであった。

　開戦後、国境線を越えて若林東一中尉指揮する一個中隊（二百二十八連隊所属）が進入すると英軍の配備が手薄で抵抗も脆弱であったことから、独断でさらに奥深く進入して戦果を拡大したところ、連隊主力もこれに追随し城門貯水池付近の英軍陣地を占領してしまった。このため水源を断たれた英軍は香港島に撤退を始め、九竜半島は二週間で攻略の予定が六日間で制圧した。このことに対し、酒井軍司令官は作戦計画を逸脱した独断専行と当初激怒したと伝えられているが、その後その行為を追認し、若林中尉には個人感状が与えられた。若林中尉は後にガダルカナルで戦死する。九竜半島を制圧すれば英軍は抵抗をあきらめると見ていた二十三軍は、攻撃に先立って二度にわたり軍使を派遣して降伏を勧告したがイギリスのヤング総督はこれを拒否した。このため、日本軍は十二月十四日から五日間におよぶ猛烈な砲爆撃を浴びせ、十八日夜九時過ぎから香港島に上陸を開始した。予想に反して英軍の戦意は高く、抵抗も激しかったが、島中央部に向けて進撃中たまたま黄泥涌山峡にある貯水池を発見、これを占拠したところ、香港市街は全面断水となった。このため英軍は、十二月二十五日降伏した。

　英軍は香港を六ヶ月防衛すると豪語していたが、攻撃開始より僅か十八日で陥落した。しかし、日本軍の損害も多く主力の第三十八師団は死者六百八十三名、負傷者一千四百十三名を出している。

予備役編入

占領した香港には香港占領地総督部が置かれ、磯谷廉介中将が総督に任命され、酒井の指揮する第二十三軍は再び華南に戻り広東に司令部を置いて諸作戦に従事していたが、十八年三月一日、酒井は参謀本部付を命じられ翌四月待命、同月末予備役編入となった。

同期トップで軍司令官となり、香港攻略でも赫々たる戦果を上げながら、大戦争の渦中での予備役編入は、酒井にとって予想外のことであったに違いない。酒井には特に目立った失策も見受けられないが、どのような経緯があったのであろうか。

死の状況

戦犯

昭和十八年四月三十日以降、戦史の舞台から退場し、予備役中将として世間の注目を浴びることもなかった酒井は、終戦後戦犯容疑で逮捕され、二十一年始め南京に移送された。

南京裁判は二十一年五月から始まったが、酒井がその一号であった。容疑は酒井の「長期にわたる中国在勤中、特務機関長や、支那駐屯軍参謀長として多くの特務工作や謀略行為を行い中国を侵略した。二十三軍司令官として香港、南支に於いて戦時国際法規に違反して多くの非戦闘員、捕虜などを殺害した」というものであった。

酒井は、裁判中も判決後も容疑の事実無根を主張し反論したが、判決は死刑であった。後に連合国戦争犯罪委員会が作成した「戦争犯罪人報告書」で中国関係戦犯の中で唯一酒井の裁判について、酒井に対する平和に対する罪（中国に対する侵略）や各種戦争法規違反に対する罪については、必ずしも十分証明されていないと疑問を呈しているという（『孤島の土となるとも』岩川隆）。

酒井が南京裁判で真っ先に裁かれたことには伏線がある。酒井が支那駐屯軍参謀長時代に手がけた「梅津・何応欽協定」で中国側の憤激を買ったことがその淵源という。

梅津・何応欽協定は昭和十年六月に梅津（終戦時参謀総長）支那駐屯軍司令官と国民政府軍政部長（国防大臣）何応欽との間に結ばれた協定であるが、当時天津の日本租界で二人の親日系新聞社社長が何者かによって暗殺されたことに便乗して、その取り締まりと謝罪、並びに河北省主席于学忠の罷免、中国軍の河北省からの撤退等を強硬に要求し、武力発動をちらつかせて全項目を飲ませた。協定は司令官梅津の名で結ばれているが、梅津は当事者ではなく、梅津の満州出張中に参謀長の酒井が独断で行ったこと言われている（『日本陸軍と中国』戸部良一）。この時の相手方の何応欽は終戦時中国軍総司令であり、酒井を戦犯一号に指名したという。

酒井は二十一年九月十三日、南京雨花台に於いて銃殺されたが、処刑前の八月二十七日の日記にこう書き残している。

「敗軍の将は兵を語らず。判決は死刑、北支の梅何協定のことが主、香港のこともある。年末からまあ八ヶ月のうらぶれ生活を終わってあの世でユックリ人を裁くのを見物しましょう。父は死んでも人生は永久です。悲観したりなんかはしないでよい。心静かに春風に散る心」

日記には最後に「天にも地にも我はづるなし国民の伸び行く力われいのるなり」の句が添えられてい

たという（前掲『孤島の土となるとも』）。

いわゆる支那屋は多数いるが、支那屋のなかで戦犯として処刑された将官は土肥原賢二大将、板垣征四郎大将、松井石根大将（以上A級戦犯、松井は実質ＢＣ級）のほかは酒井一人である。このほか中国裁判で処刑された将官には、谷寿夫第五十九軍司令官、田中久一第二十三軍司令官、近藤新八第百三十師団長、平野儀一第九十二旅団長がいるが支那屋には属さない。

参考文献

戦史叢書　香港・長沙作戦　防衛庁防衛研修所戦史室編　朝雲新聞社

大東亜戦争全史　服部卓四郎　原書房

近代日本戦争史4 大東亜戦争　同台経済懇話会

歴史と旅　太平洋戦史総覧　秋田書店

十五年戦争の開幕　江口圭一　小学館

日本陸軍と中国　戸部良一　講談社選書メチエ

丸別冊　戦争と人物　軍司令官と師団長「戦犯になった陸軍将官　茶園義男」　潮書房

孤島の土となるとも—ＢＣ級戦犯裁判　岩川隆　講談社

中将

田島彦太郎（岩手）

Tajima Hikotarou

（写真　戦史叢書　捷号陸軍作戦2　ルソン決戦　p618）

明治二十七年八月五日　生

昭和二十一年四月三日　没（絞首）　フィリピン（マニラ）　五十一歳

陸士二十七期（騎）

陸大三十七期

主要軍歴

大正四年五月二十五日　陸軍士官学校卒業
大正十四年十一月二十七日　陸軍大学校卒業
昭和十二年八月二日　第八師団参謀
昭和十二年十一月一日　大佐
昭和十三年八月三十日　騎兵第九連隊長
昭和十四年十月六日　第四十一師団参謀長
昭和十六年七月七日　北支那方面軍特務部長
昭和十六年八月二十五日　少将
昭和十八年二月二十三日　騎兵第三旅団長
昭和十九年七月十四日　独立混成第六十一旅団長
昭和二十年四月三十日　中将
昭和二十一年四月三日　処刑（絞首）

プロフィール

落日の騎兵科将軍

田島は陸士、陸大出のエリート軍人であるが、省・部の勤務も殆ど無く、野戦型の騎兵科将軍である。一般には無名の人物であろう。

昭和十三年八月、田島は第八師団参謀から騎兵科出身者として待望の騎兵連隊長（第九連隊）に栄転する。しかし、大佐進級後八ヶ月も経っており、それまで満州駐屯の第八師団参謀を務めていた。通常大佐進級とともに参謀長か連隊長に補任されるが大佐のまま平参謀を務めることは異例である。また、騎兵連隊長は中佐で補職されることが一般的で、これまたやや異例である。

田島の大佐進級は、同期トップに遅れること三ヶ月の第二選抜組であり、早い方に属する。連隊長就任が遅れた理由は不明である。単に空きポストがなかっただけかもしれない。

騎兵第九連隊は、金沢の第九師団所属で、田島の連隊長就任時、支那事変に動員されており、中支那派遣軍（軍司令官畑俊六大将）の第十一軍（軍司令官岡村寧次中将）隷下で、武漢攻略戦（十三年八月～十一月）に参加した。武漢攻略戦は、総兵力二十五万人を超える大作戦であったが、田島その他の騎兵連隊の活躍ぶりについては、戦史は何も語っていない。

十四年十月田島は、第四十一師団参謀長に転じる。同師団（師団長田辺盛武中将）は、この時期朝鮮の龍山で編成された、占領地の治安警備用の特設師団である。師団は編成後直ちに中国山西省に動員され、北支那方面軍（軍司令官多田駿中将）の第一軍（軍司令官篠塚義男中将）隷下にあって占領地の治安・警備に当たり、共産軍（八路軍）の討伐に奔走した。

田島は、師団参謀長を一年九ヶ月務めた後、十六年七月北支那方面軍（軍司令官岡村寧次大将）特務部長に転じる。翌八月少将に進級する。同期トップから一年遅れの第四選抜組であった。

北支那方面軍特務部は、親日政権（中華民国国民政府）の育成、指導や宣撫工作を任務とした。のち特務部は廃止されるが第四課として残り、政務を担当した。特務部長時代の田島の事績は伝えられていない。

十八年二月、田島は騎兵第三旅団長となり第一線に復帰する。この頃騎兵は殆どが師団捜索隊や捜索連隊、あるいは戦車隊に改編されており、騎兵旅団は、中国戦線の騎兵第四旅団と関東軍の第三旅団しか残っていなかったが、騎兵出身者としては晴れがましくもあり、感慨深いものがあったであろう。

田島は騎兵旅団長として満州で一年五ヶ月を過ごし、十九年七月、独立混成第六十一旅団長に転じる。

同旅団は、同年七月に新編成された旅団で中国戦線に投入される予定であったが、第十四軍に編入され比島に派遣されることになった。任地は比島と台湾の間、バシー海峡に点在するバタン・パブヤン諸島で、司令部をバタン島に置いた。南方軍隷下の最北端の部隊であった。旅団は六個独立歩兵大隊及び旅団砲兵隊、工兵隊、通信隊から成り総人員五千七百人と伝えられているが、各島嶼に分散配置された。旅団の管内には米軍は来寇せず、戦局の局外にあって殆ど遊兵化していた。

旅団は、二十年七月台湾の第十方面軍に編入され、台湾への移動を命じられたが、その手段もなく、同地で終戦を迎えた。

なお、田島はこれより先の二十年四月、同期トップより一年六ヶ月遅れて中将に進級しているが、往来途絶の地で師団長への栄進の道もなく、旅団長に留め置かれた。

死の状況

戦犯

田島は終戦後、戦犯容疑者として逮捕され、マニラ郊外のカンルーパン収容所（将官収容所）に収容された。その容疑は、バタン島に墜落して漂着した米軍飛行士三名を処刑したことと、島民を虐待、殺害したというものであった。米軍飛行士問題については抗弁の余地がなかった。住民殺害についてはゲリラによって守備隊が襲撃され、兵士十三名を殺害されたことに対する討伐作戦によるものであると主張したが、「正当な理由も、挑発の言動もないにもかかわらず、フィリピン人をほしいままに、故意に不法に、殴打し、拷問し、拘禁し、殺害した」とされ、田島はマニラ裁判で死刑を宣告された。これらの事件で十三名が起訴されたが、死刑は田島一人（三名終身刑、残りは有期刑）であった。守備隊が襲撃されたのはサブタン島であり、起訴された住民の殺害は、隣のバタン島であったことが日本側主張が認められなかった理由と思われる。こうした事件で死刑が最高指揮官の田島一人に止まったことは異例に属するが、これは田島が部下に被害が及ばぬよう一人で罪を背負ったからだといわれている。

田島は二十一年四月三日処刑された。この日同時にバターン死の行進の責任を取らされた本間雅晴元第十四軍司令官の処刑も執行された。本間は銃殺、田島は絞首刑であった。

英語の出来ない田島のために本間が死刑執行文を通訳して聞かせ、その後二人は最後の夕食を共にしたという。

田島の同期では武藤章元軍務局長、田上八郎第三十六師団長、立花芳夫第百九師団長、斎俊男独立混成第三十六旅団長が戦犯として処刑されている。

参考文献

戦史叢書　捷号陸軍作戦２　防衛庁防衛研修所戦史室編　朝雲新聞社
孤島の土となるとも―ＢＣ級戦犯裁判　岩川隆　講談社
一切夢にござ候　本間雅春中将伝　角田房子　中公文庫
別冊歴史読本　戦記シリーズ42　日本陸軍部隊総覧　新人物往来社
日本騎兵八十年史　萠黄会編　原書房

中将

立花 芳夫（愛媛）

Tachibana Yoshio

（写真　特別増刊歴史と旅　帝国陸軍将軍総覧　p381）

明治二十三年二月二十四日　生
昭和二十二年九月二十四日　没（絞首）グアム島　五十七歳
陸士二十五期（歩）
功四級

主要軍歴

大正五年五月二十六日　陸軍士官学校卒業
昭和十三年七月十五日　大佐　満州国軍事顧問
昭和十四年十月二日　歩兵第六十五連隊長
昭和十七年八月一日　広島連隊区司令官
昭和十八年三月一日　少将
昭和十九年五月二十七日　混成第一旅団長
昭和二十年三月二十三日　中将　第百九師団長
昭和二十二年九月二十四日　処刑（絞首）

プロフィール

無天の将軍

立花は陸士二十五期、歩兵科出身の無天の将軍である。非陸大卒の身でありながら中将にまで栄進し、師団長に親補されたことは、特殊の事情があったとはいえ、その能力識見も評価されたものといえるが、その最後は後に「死の状況」で詳しく述べるように遺憾ながら日本陸軍の最後を汚す、一大汚点を残すものであった。

立花の軍歴は、省部での勤務経験もなく地味なものである。唯一華々しいものは、昭和十四年十月第六十五連隊長として第十三師団にあって、中国（華中）戦線で戦ったことであろう。連隊長在職は二年十ヶ月に及び、宜昌作戦や第一次長沙作戦などに参加した。その功で金鵄勲章（功四級）を授けられている。

その後十七年八月、広島連隊区司令官として内地に帰還した。連隊区司令部は徴兵、動員、召集、在郷軍人の指導を行う機関で、概ね各県に一ヶ所置かれていた。司令官は一般に古参の大佐が就任し、地方では名士の扱いを受け、在職中少将に進級することも多く、無天組にとっては出世コースの一つであったが、軍人としては閑職であった。

しかし、その進級は、無天同期トップに較べて一年五ヶ月遅れていた。立花も司令官在任中の十八年三月少将に進級している。

昭和十九年五月、立花は新編成の混成第一旅団長に栄転する。混成第一旅団は、小笠原諸島の父島要塞部隊を中心に改編、新編成された旅団で独立歩兵六個大隊、旅団砲兵隊、工兵隊等からなり、父島に司令部を置いていた。

我が国の旅団編成は複雑で、かって、師団に二個ずつ置かれた歩兵第○○旅団のほか、ミニ師団として独立した作戦を期待された独立混成第○○旅団、それに準ずる混成○○旅団、ナンバーのみの第○○旅団、地名を冠した台湾混成旅団、樺太混成旅団、あるいは海上機動第○○旅団、単なる機動第○○旅団、第○○戦車旅団、防空第○○旅団等があり極めて分かりづらい。戦車旅団や防空旅団を除けば、名前ほどには実態の差はない。名前を変えれば実態が変わるかのような錯覚に陥った言霊の国の悲しい性である。

立花の混成第一旅団は、栗林忠道第百九師団長指揮する小笠原兵団に組み入れられたが、栗林以下師団司令部が硫黄島に進出したのに対し、混成第一旅団の主力は父島に留まった。

二十年二月十九日、米軍の上陸が始まった。硫黄島では、日本軍は太平洋の戦いで唯一米軍に対し日本軍を上回る損害を与えたが、遂に三月二十六日最後の総攻撃を以て組織的戦闘は終わった。

栗林中将の後任

硫黄島失陥に伴い立花は、二十年三月二十三日附で中将に進級し、栗林の跡を襲って第百九師団長に親補された。栗林の戦死は、実際は二十六日であるが、陸軍省は栗林の十七日付決別電報のあと通信が途絶えたため、同日付けで戦死と認定していた。栗林はこの日を以て大将に進級したが、正確に言えば死後進級ではなかった。

立花の中将進級、師団長親補は非陸大卒の中ではトップであったが、それまでの大佐進級や少将進級は遅れており、中将進級は異例の措置であった。すなわち、硫黄島玉砕のあと第百九師団を再建するに当たり、適任者を派遣する余地が無く、少将になってまだ二年（陸大卒のトップクラスでも中将進級には早くて二年半以上を要した）の立花を中将に進級させ、師団長に就任させたものである。百九師団の堀江参謀（栗林から父島駐在を命じられていた）は、立花を師団長にとの内報に対し二度にわたり大本営に「事情あり、適任の師団長を派遣せられたし、無理なら適任の参謀長を」と要請したが、本土との交通はすでに途絶しており、派遣不可能と断られている。

堀江は立花の師団長就任前は、栗林中将の部下であり、立花とは上下関係にはなかったが、立花が師団長となってからはその部下となった。この時参謀は堀江一人しかいなかった。

立花の陸士同期は、武藤章元軍務局長（A級戦犯として刑死）、部下を置き去りにして比島から台湾に逃亡した富永恭次第四航空軍司令官、インパールで牟田口軍司令官の統帥に抗命し独断撤退した佐藤幸徳第三十一師団長などの陸大卒の有名人が多いが、無天の将軍ではビルマ戦線で名統率振りをうたわれた木庭知時少将、ビアク島やアッツ島で敢闘し、死後二階級特進し中将となった葛目直幸大佐、山崎保代大佐等がいる。

死の状況

人肉嗜食

硫黄島失陥後も父島には米軍の上陸はなく時折の空襲を受ける程度で終戦を迎え、立花率いる小笠原兵団は、二十年九月三日、米駆逐艦ダンラップ艦上に於いて降伏調印式を終えた。その後一ヶ月ほどして米海兵隊が上陸してきて、米軍捕虜の調査が始まった。

日本爆撃の際被弾し、その帰途小笠原で墜落捕虜となった飛行士が十名ほど行方不明であるというものであった。

日本側は、かねてこのことあるを予想して対策を練っていた。「捕虜は本土に送った二名を除き全員爆死した。米軍の空襲を受けた際防空壕に避難させたが、爆撃の直撃を受けて死亡した」と口裏を合わせていた。しかしその実態は、殺害され嗜食されていた。

この間の状況は、もと小笠原兵団参謀で、父島派遣司令部の長として、父島に駐在し生き残った堀江芳孝参謀の「父島人肉事件」(『増刊歴史と人物』秘史太平洋戦争　中央公論社　昭和五十九年十二月号)に詳しいが、当事者として寺本忠軍医が『告白の碑』(誠文社)に告白している。これらには読むに耐えない残虐・非道な情景が書かれているが、立花は旅団長時代から、栗林亡きあと師団長に昇進してからも捕虜があると宴会を開き、率先して人肉を食し、部下にも強要したと書かれている。「これはうまい。

お代り」と言ったともいう。捕虜の殺害、嗜食は陸軍（三名）ばかりではなく、海軍も四名を殺害、嗜食したと書かれている。

捕虜爆死ということで口裏を合わせていたにもかかわらず、殺害が事実であることが明るみに出たのは、調査のため復員が遅れていた一部将兵から米軍に対し嘆願書が出され、「捕虜爆死の話は作り話で、一部のものが彼らを殺した。我々は無関係なので早く送還してほしい」と訴えたことから、全てが露見してしまった。この嘆願書には将校も名を連ねている。

日本人の戦犯裁判の特徴として、命令を下した上級者の責任転嫁（部下が勝手にやった）と下級者の密告が挙げられているが、父島でも例外ではなかった。この責任転嫁と密告（もちろん例外はあるが）の多さは、戦犯を裁く側の共通の指摘である。国民性とは思いたくないが、残念なことである。

父島の捕虜殺害・人肉嗜食事件は、二十五名が起訴されグアム島で裁かれたが、判決は、立花陸軍中将、伊藤陸軍中佐、的場陸軍少佐、中島陸軍大尉、吉井海軍大佐が死刑（絞首刑）、一名は無罪、その他は無期または有期刑となった。海軍側最高指揮官森国造中将は二十年の懲役刑であったが、別件による豪州裁判で死刑となった。

伊藤中佐は陸士十七期、東條大将と同期の老中佐であったが、剣道五段の腕前で捕虜斬首の役を担い、的場少佐はマレー戦参加の勇士で、辻参謀を神様のように崇拝し「敵の捕虜はぶった切って食え」と高言して、立花と意気投合していたという。中島大尉は立花の部下で捕虜を木刀で殴り殺したことで絞首刑となった。中島大尉は堀江参謀に判決後「参謀殿、せめて終戦前に戦死したかったです。何とかさかのぼって戦死扱いにして頂けないでしょうか。家族が聞くと、どんなに悲しむか判りません。私だけが捕虜に残虐だったのでしょうか。捕虜になると国賊扱いにする日本国家のあり方が外国捕虜の残虐へと発展したのではないでしょうか。捕虜の虐待は日本民族全体の責任なのですから、個人に罪をかぶせるのは間違っていませんか。私は死んでも死にきれません。私は国家を恨んで死んでいきます」と涙をぼろぼろ流しながら訴えたという（前掲「父島人肉事件」堀江芳孝）。五人の最後は「立花以下四名は落ち着いて十三階段を登り、静かに昇天したが、的場少佐だけが泣きわめいて階段を上らない。そこで三名の海兵がロープで縛り上げ、運び上げて吊した」と後日堀江は、的場の最期の状況を米軍関係者から聞かされたと書いてある。無惨なことである。

師団長に親補されるほどの高級将校や、陸軍に比べてスマートであったと伝えられる海軍でも「捕虜は人道を以て取り扱われるべし」との陸戦の法規慣例に関する条約（ハーグ条約）の基本精神を無視して（知らず）蛮行に走ったことは、返す返すも残念なことである。自国民に捕虜となることを禁止した国家が他国民の捕虜を人道的に扱うことはあり得ない。

特攻の創始者とされる大西瀧治郎海軍中将は、特攻は統率の外道と語ったが、捕虜の禁止も統率の外道であり恥でもある。念のため言うが、国の教えのままに自決した将兵や特攻に参加した将兵が恥というのではない。自決させた国家や特攻に行かせた国家のあり方が恥だというのである。

もっとも、立花達を裁いた米軍にも恥部がある。それは収容者に対する虐待である。立花、的場に対する暴行は殊更ひどく、殴る、蹴る、壁にたたきつける、炎天下に素っ裸にして、頭上に満水のバケツを乗せさせ、裸足で倒れるまで歩かせる等の虐待が繰り返されたという。自分たちの戦友を食われた怒りはわかるが、こうした暴行で報復しては、食った側と同じレベルに陥ってしまう。立花達の罪は絞首刑で償われるのであるから、人道的に扱ってほしかった。それが正義であり、文明であろう。

立花 芳夫

参考文献

戦史叢書　支那事変陸軍作戦2、3　防衛庁防衛研修所戦史室編　朝雲新聞社
戦史叢書　昭和十七八年の支那派遣軍　防衛庁防衛研修所戦史室編　朝雲新聞社
戦史叢書　中部太平洋陸軍作戦2　防衛庁防衛研修所戦史室編　朝雲新聞社
増刊歴史と人物　秘史太平洋戦争「父島人肉事件　堀江芳孝」中央公論社
告白の碑　寺木忠　誠文社
孤島の土となるとも—BC級戦犯裁判　岩川隆　講談社

中将

田中久一（兵庫）

Tanaka Hisakazu

（写真　特別増刊歴史と旅　帝国陸軍将軍総覧　p381）

明治二十二年三月十六日　生
昭和二十二年三月二十七日　没（銃殺）　中国（広東）　五十八歳
陸士二十二期（歩）
陸大三十期
米駐在
功三級

主要軍歴

明治四十三年五月二十八日　陸軍士官学校卒業
大正七年十一月二十九日　陸軍大学校卒業
昭和二年十二月一日　陸大教官
昭和七年六月九日　陸軍省軍務局徴募課高級課員
昭和八年八月一日　陸軍歩兵学校教官
昭和九年三月五日　大佐
昭和十年三月十五日　近衛歩兵第一連隊長
昭和十二年三月一日　陸大教官
昭和十二年十二月二十八日　少将
昭和十三年二月十九日　台湾軍参謀長
昭和十三年九月八日　第二十一軍参謀長
昭和十四年八月一日　陸軍戸山学校校長
昭和十五年八月一日　中将
昭和十五年九月二十八日　第二十一師団長
昭和十八年三月一日　第二十三軍司令官
昭和十九年十二月十六日　兼香港占領地総督
昭和二十二年三月二十七日　処刑（銃殺）

プロフィール

教育・野戦型将軍

田中（旧姓小金井）は陸士、陸大を経て、米国駐在を経験するなど、エリート軍人である。ただし、進級は同期トップクラスではなく第二選抜組に属する。また、省・部の勤務は、陸大卒業後参謀本部第二部（情報）米班に所属したほか中佐時代に陸軍省軍務局徴募課の高級課員を務めたくらいで、軍権力の中枢に勤務したことは殆ど無い。軍官僚タイプでも政治軍人でもなく野戦型将軍といえるが、陸大教官（二度）、歩兵学校教官、戸山学校校長と教育畑も豊富である。

歩兵学校は千葉にあって、軍の主兵たる歩兵科将校に対し射撃、戦術、通信等を教育した。戸山学校は都内牛込にあり、銃剣術、体操、軍楽、喇叭教育等を行う特色ある学校であった。この両校は歩兵の白兵戦術の総本山で、いわば火力を中心とする軍近代化には守旧派の牙城であった。知米派の田中とは肌合が合ったであろうか。

参謀長

野戦指揮官としては、昭和十年三月、近衛歩兵第一連隊長を命じられ、連隊長として二年を過ごしたが、皇居守護の任務で外地への出征はなかった。その後陸大教官を一年近く務めたあと十三年二月、台湾軍参謀長に転じ、次いで七ヶ月後の十三年九月、新編成の第二十一軍参謀長に転じた。

第二十一軍は、南支の広東攻略のため編成された軍で、軍司令官は、台湾軍司令官の古荘幹郎中将。台湾軍の軍司令官と参謀長がそのまま横滑りで就任した。指揮下の部隊は第五師団、第十八師団、第百四師団、第四飛行団を基幹とする約七万の兵力であった。

広東攻略作戦は、十三年十月四日発起され、各部隊は、澎湖群島の馬公に集結、九日馬公を出港、海軍の護衛下に十二日バイアス湾に上陸した。中国側の抵抗もなく奇襲であった。また、広東周辺の中国軍の戦意は低く、作戦は順調に進展し、二十二日には広東市を占領した。作戦間の損害は戦死百七十三名、戦傷四百九十三名と大作戦にしては軽微であった。

作戦後、軍は広東周辺の治安維持、警備、補給遮断等に重点を置き、さらなる進攻は行わず、持久に転移した。

師団長

田中は十四年八月、戸山学校長に転じ、内地に帰還した。その後十五年八月、中将に進級し、翌九月第二十一師団長に親補された。第二十一師団は、支那事変の勃発後十三年四月に新編された師団で、編成以来北支那方面軍隷下にあって各種作戦に従事していた。田中の就任後は北支の治安、警備につき各種の治安粛正作戦に参加していたが、十六年五月中原会戦に参加して、重慶軍と戦い大勝を得た。その後二十一師団は大東亜戦争開戦直前の十二月一日、北部仏印への進駐を命じられ、十七年二月ハイフォンに上陸した。

師団主力は、北部仏印で後詰め兵団として駐留したが、所属の歩兵第六十二連隊と山砲兵第五十一連隊等の一部が比島の第二次バターン半島攻略戦の応援部隊として出動している。

軍司令官

田中の第二十一師団長としての在任は、異例の二年半に及んだが、そのためもあって師団長一期で、十八年三月第二十三軍司令官に昇進する。第二十三軍は、田中がかって第二十一軍参謀長として攻略した広東地区を担任する軍であり、十九年十二月からは香港占領地総督を兼務することとなった。

田中の第二十三軍司令官就任以降の動きは、十八年二月に始まった雷州半島の要地占領、広州湾仏租界の占領、敵補給ルートの遮断や十九年四月に作戦発起した大陸打通作戦（一号作戦）に参加して南寧を攻略し、北上してきた南方軍と合流して北部仏印との公路を打通した。また南部粤漢鉄道線一帯を占領し、米航空基地の覆滅に努めている。

その後、第二十三軍は第六方面軍の隷下を離れ支那派遣軍の直轄となり、予想される中国東南部の沿岸地帯への米軍の上陸に備えての陣地構築等防衛準備中に終戦を迎えた。

死の状況

戦犯

田中は終戦の報を受けるや直ちに部下将兵に対し「冷静厳正に聖諭を承行」すべきことを訓示し、軽挙妄動を避くこと、ますます団結を強固にし、軍紀・風紀を厳正にして民族の名誉を保持すること、武器の使用は特に慎重にすべきこと、建物、生産設備、交通線、飛行場等の破壊の禁止を命じている。極めて適切な措置である。

第二十三軍と中国側との降伏調印式は九月十六日に行われ、十月二十日には主力の武装解除が終了した。広州地区の隷下部隊の兵員は、八万三千人余りと記録されている。

年末から戦犯容疑者の逮捕が始まったが、田中もその一人として拘禁された。容疑は「日本軍の最高指揮官として侵略戦争の計画、指導及び実施に当たり縦兵殃民した」というものであった。縦兵殃民とは兵を用いて人民に災いを与えたというものである。

田中の裁判は広東法廷で行われたが、ここでの裁判は、他地区の裁判に比べて死刑が最も多く過酷であることが特徴であった。南支における住民の反日感情が強烈で、また裁判当事者の張発奎第二方面軍司令官が、終始戦場で圧倒された第二十三軍に対して強い復讐意識をもっていたことなどが、厳しい判決になったといわれている。

田中への判決は、死刑（銃殺刑）であった。しかし、その理由は他の戦犯に比較しても抽象的で具体性を欠いており、この裁判が復讐劇であるとの批判もあながち無理ではない。

田中は「中国の裁判も法律の問題でなく政治問題で裁判は形式的申訳に過ぎぬ。私は指揮官としてまた個人として一点も疚しい所もない。只滅私奉公に務めたに過ぎぬ。独立せる地域の最高指揮官として、敗戦国の無条件降伏したる軍の責任者として国家敗戦の責めの一部を分担することはまたやむを得ぬ所である。立派な戦死と同然であって恨みとも悔いともしない。甘んじて犠牲となる覚悟である」と言ったと伝えられている（『孤島の土となるとも』岩川隆）。一種のさわやかさを感じさせる潔い所感である。ただ、個人的に一点のやましさもなく、滅私奉公に務めた結果が他国民に多大の災厄を与えたことも事実であろう。

中国での戦犯裁判は、その裁判基準が共産側と国府側で全く異なるばかりではなく、同じ国府側に於いても地域によって大きく異なり、対応が不統一であった。裁判基準は各地区法廷の裁判官の個人的心情や、住民感情に左右され、あるいは判決は金次第でどうにでもなるとさえいわれたところもあったという。田中も金品の要求を受けたが「賠償金であるならそれは国家から国家に支払うべき種類のものであって自分たちの差し出すものではない」と言って断ったといわれている（前掲『孤島の土となるとも』）。田中も他地域で裁かれていれば死刑にはならなかったのではなかろうか。田中の同期の田辺盛武（陸大も同期）元参謀次長（のち第二十五軍司令官）もオランダ軍によって裁かれ、原田熊吉第五十五軍司令官はオーストラリア軍により、また西村琢磨近衛師団長はイギリス軍によって裁かれいずれも絞首刑となっている。陸士二十二期の刑死者四名（二十五期も同じ）は二十四期の五名に次いで多くの刑死者を出している。

参考文献

戦史叢書　支那事変陸軍作戦3　防衛庁防衛研修所戦史室編　朝雲新聞社
戦史叢書　昭和二十年の支那派遣軍1、2　防衛庁防衛研修所戦史室編　朝雲新聞社
別冊歴史読本　戦記シリーズ32　太平洋戦争師団戦史　新人物往来社
孤島の土となるとも―ＢＣ級戦犯裁判　岩川隆　講談社

中将

田辺 盛武（石川）

Tanabe Moritake

（写真　特別増刊歴史と旅　帝国陸軍将軍総覧　p382）

明治二十二年二月二十六日　生

昭和二十四年七月十一日　没（銃殺）　蘭印（セレベス島メナド）　六十歳

陸士二十二期（歩）

陸大三十期

功三級

主要軍歴

明治四十三年五月二十八日　陸軍士官学校卒業
大正七年十一月二十九日　陸軍大学校卒業
昭和七年六月二十七日　陸軍省整備局統制課高級課員
昭和八年八月一日　大佐　歩兵学校教官
昭和九年八月一日　陸軍省整備局動員課長
昭和十一年三月七日　歩兵第三十四連隊長
昭和十二年八月二日　少将　陸士幹事
昭和十二年十月二十日　第十軍参謀長
昭和十三年二月十五日　戦車学校長
昭和十四年十月二日　中将　第四十一師団長
昭和十六年三月一日　北支那方面軍参謀長
昭和十六年十一月六日　参謀次長兼兵站総監
昭和十八年四月八日　第二十五軍司令官
昭和二十四年七月十一日　処刑（銃殺）

プロフィール

オールラウンドのエリート

田辺は陸士、陸大を出て軍の中枢を歩んだエリート軍人である。進級も常に第一選抜で同期のトップクラスであった。その軍歴も陸軍省、参謀本部、教育畑、野戦指揮官と万遍なくキャリアを積んでいるが、同期トップクラスの中では珍しく海外駐在を経験していない。

田辺は陸大卒業後、参謀本部総務部編成動員課動員班に配属され、中佐時代には陸軍省整備局統制課高級課員として勤務、その後大佐進級（昭和八年八月）と同時に歩兵学校教官に転じたが、一年後の九年八月陸軍省整備局動員課長に就任した。

昭和十一年三月、第三師団所属の歩兵第三十四連隊長に補職されたが、在任中は編成地の静岡にあって出征はしなかった。連隊長在職一年五ヶ月にして、十二年八月少将に進級するとともに陸軍士官学校幹事に転じる。幹事とはあまり聞き慣れない職であるが、副校長あるいは教頭に相当する職務である。

軍参謀長

陸士幹事の職は、在職僅か二ヶ月で十二年十月第十軍参謀長に転ずる。

第十軍は、折から上海周辺で苦戦中の上海派遣軍を救援の目的で新編成された軍で第六師団、第十八師団、第百四師団等を隷下に持ち、軍司令官は柳川平助中将であった。軍はその後上海派遣軍と合して中支那方面軍となり、上海派遣軍司令官の松井石根大将が方面軍司令官となる。

第十軍は海軍の護衛の下、十一月五日、杭州湾に上陸した。当時の戦場写真にある「日軍百万杭州湾上陸」のアドバルーンが掲げられたのはこの時である。

十一月七日、中支那方面軍の統帥が発動し、これにより上海方面の作戦目的が居留民の保護から「敵ノ戦争意志ヲ挫折セシメ、戦局終結ノ動機ヲ獲得」するという積極的なものに転換したが、この時期の中央の意図は「方面軍の戦闘区域は概ね蘇州・嘉興の線以東」という限定的なものであった。

しかし、上海周辺の戦闘での中国軍の旺盛な戦意はこのころには衰え、中国軍は一斉に撤退し始めたため、第一線の各師団は制令線を越えて追撃をはじめ、第十軍も、中支那方面軍も大本営（十一月二十日設置）に対し、南京攻撃を強硬に意見具申した。第十軍はこの時すでに、隷下師団に対し南京に向け追撃命令を発していた。

当時参謀本部の多田参謀次長は不拡大派で、制令線を越えての進撃、南京攻略には強く反対していたが、現地軍や部下の下村定（終戦後最後の陸相を務めた）作戦部長等の強硬方針を押さえきれず、十二月一日大本営は、遂に松井中支那方面軍司令官に対し「敵国首都南京ヲ攻略スベシ」との命令を発した。

南京事件

こうして南京一番乗りを目指す日本軍各部隊の進撃は急で、早くも十二月十三日には南京を攻略した。この時に発生した事件がいわゆる南京事件である。捕虜や住民殺害、略奪、放火、強姦などの忌まわしい不祥事の発生で、日本軍に大きな汚点を残した。今日こうした不祥事は、零だ！　幻だ！　との主張は少なくなったが、その数を巡り、あるいは殺害の正当性を巡って、今なお厳しい論争が続いている。

当時軍上層部は、将兵の軍紀・風紀の乱れに手を焼いており、二十万、三十万という数はともかくとしても、相当数の虐殺や不祥事があったことは、残念ながら事実であろう。

第十軍で南京攻略戦に直接参加した部隊は、第六師団（師団長谷寿夫中将）、第百十四師団（師団長末松茂治中将）、第五師団の一部を率いた国崎支隊（支隊長国崎登少将）であった。第六師団長の谷寿夫中将は、この南京事件の責任を問われ戦後絞首刑となったが、第十軍参謀長の田辺少将（当時）はその罪は問われていない（柳川平助軍司令官は二十年一月に死去している）。

戦車学校長　師団長

田辺は、南京攻略後の十三年二月、千葉の戦車学校長に転ずる。この学校は十一年十月に開設された我が国最初の戦車学校である。当初は、単に陸軍戦車学校と呼ばれたが後に満州国四平街に四平陸軍戦車学校が設置されてから千葉陸軍戦車学校と改称された。田辺は草創まもない戦車学校で一年八ヶ月戦車兵の教育に当たったが、十四年十月中将進級とともに第四十一師団長に親補された。田辺の進級は、大佐、少将、中将とも同期の第一選抜であった。

第四十一師団は、昭和十四年に拡大する中国戦線での占領地警備を目的に新編成された特設師団である。田辺はその初代師団長として着任、北支那方面軍隷下の第一軍（軍司令官篠塚義男中将）に所属して山西省に駐屯、治安警備に従事し、各種討伐作戦に参加した。

方面軍参謀長

次いで田辺は、十六年三月北支那方面軍参謀長に転じ、軍司令官多田駿中将（後岡村寧次中将）を補佐することとなった。前任者は陸士同期の笠原幸雄中将であった。

この時期の方面軍の基本目標は、共産軍（ゲリラ）の浸透著しい北支の画期的な治安回復であった。このため中原会戦、冀東作戦、北部冀中作戦等大規模な軍事作戦を積極的に行なう傍ら、政治、経済、社会全般について指導を強化した。この頃方面軍内部で田辺の指示により「粛正建設三ヶ年計画」が策定されたが、粛正（討伐）一本ではなく、地道な政治、経済等の建設を図り、民心を獲得しようとするものであった。

こうした検討に当たった参謀部内部では「異民族である日本がよく民衆の心を捉えて中共勢力の拡大を制し、これを撲滅出来るであろうか」という基本命題について楽観論、悲観論が対立したという。このため詳細に北支の治安状況を分析したところ、十六年七月現在で日本軍支配地域一割、中共支配地域一割、残りは彼我混交地域（ただし、このうち六割は日本優勢）であると認識された。そして十八年度末までに、日本側支配地域（治安地区といった）を七割に拡大しようという目標が立てられた。このため華北防共委員会を設置し、反共意識造成などの思想、政治教育の強化などを図ったが、異民族支配は、終始点と線を結んだだけで結局失敗に終わった。

参謀次長

昭和十六年十一月、田辺は二年に及ぶ中国戦線から離れて、参謀次長に栄転した。この時期日本は対米開戦を決定しており、南方作戦を受け持つ南方軍の総参謀長に転出した塚田攻中将（十九期）の後任であった。

なお、参謀次長は戦時にあっては兵站総監を兼ね、隷下に運輸通信長官、野戦兵器長官、野戦航空兵器長官、野戦経理長官、野戦衛生長官を置いて、これらの諸業務を統括した。運輸通信長官は参謀本部第三部長が、野戦兵器長官は兵器行政本部長が、野戦航空兵器長官は航空本部兵器部長が、野戦経理長官は陸軍省経理局長が、野戦衛生長官は陸軍省医務局長が兼務しており、参謀本部と陸軍省が一体となって作戦軍の後方業務を支援する仕組みであった。

田辺の参謀次長在任中の重要事件は、開戦第一期の南方作戦が成功裡に終わった中で、唯一齟齬を来した比島攻略戦におけるバターン半島攻略作戦（十七年一～四月）、「世界情勢判断」と「今後取るべき戦争指導の大綱」の策定（二～三月）、ミッドウェー海戦の敗北（六月）、ガダルカナル島攻防戦（八月

～十八年二月）等であった。

バターン半島攻略の齟齬は、そもそもマニラ攻略を優先させ、バターン半島に撤退した米比軍の撃滅を後順位とし、十分な戦力を与えなかった参謀本部にも大きな責任があったが、それは田辺の参謀次長就任以前の計画であった。その後十分な増援部隊を送り本格的な攻撃で四月九日、米比軍を降伏させたが、担任の第十四軍司令官本間雅晴中将が責任を取らされ、予備役に編入されることとなった。後のことであるが本間はバターン半島からあふれ出た米比軍の捕虜を移送中、虐待し多数死傷させたというバターン死の行進の責任者として処刑された。

「世界情勢の判断と今後取るべき戦争指導の大綱」の策定は、第一段作戦終了後の我が国の戦略を定める重要な施策の策定であったが、陸・海の戦略が大きく乖離したまま統合が出来ず、その後同床異夢のまま作戦が進められ、太平洋の島嶼に次々と陸兵を送り、悲惨な玉砕を繰り返すこととなった。

戦争指導の大綱の下となった「情勢判断」では米英軍の反攻は当面、奇襲的、ゲリラ的なもので、本格的な大規模攻勢は十八年度以降（それも後半）と見なしたことが、その後のガダルカナル戦で後手を踏むこととなった。

第一段作戦が成功し、東南アジアの米英勢力を駆逐した後は、長期不敗の持久戦体制を取り、南方には占領地の守備兵力だけを残し、他は北方（満州）に転用して来るべき対ソ戦に備えよう（これを当時「軍容刷新」といった）とする陸軍と、緒戦の勢いを持続させ、どこまでも攻勢を取ってオーストラリアやハワイの占領までも主張する海軍との対立は大きく、深かった。

陸軍は、海軍の主張はあまりに国力を無視した空想的作戦と考え、太平洋方面は海軍に任せるので、出撃してくる米艦隊をその都度撃破してくれれば良いと考え、海軍は戦勝のチャンスは敵をどこまでも追い詰める追撃戦以外にない、戦略持久は成り立たないと考えていた。また陸軍が緒戦の勢いを駆ってソ連攻撃に踏み切ることを恐れ、太平洋を中心とする米との戦いに陸軍も協力すべきと主張した。しかし、共に戦争終結の出口戦略は持っていなかった。田辺は陸海協議の場でこうした陸軍側の考えを強く主張した。

一ヶ月以上にわたる陸海協議は、三月四日の陸海軍局部長会議で漸くまとまり、「世界情勢判断」と「今後取るべき戦争指導の大綱」は、十七年三月七日大本営・政府連絡会議で最終決定された。天皇には十三日に上奏された。

しかし、決定された「戦争指導の大綱」は第一項に「英ヲ屈伏シ米ノ戦意ヲ喪失セシムル為引続キ既得ノ戦果ヲ整ノエッツ機ヲ見テ積極的ノ方策ヲ講ズ」という陸海妥協の産物で、守勢とも攻勢ともどちらにでも取れる玉虫色のものであった。

海軍は、陸軍の反対でオーストラリア攻略やハワイ攻略はあきらめたが、米・豪遮断作戦としてF（フィジー）・S（サモア）攻略作戦や、ミッドウェー攻略作戦を立案する。海軍がガダルカナル島に飛行場を設定しようとしたのはF・S作戦の前進基地を造ろうとしたものである。

ミッドウェー

ミッドウェー海戦の大敗北と、半年にわたるガダルカナル島攻防戦での陸海空戦力の消耗によって、それ以降日本が戦争の主導権を握ることは無くなった。ミッドウェー海戦の敗北について海軍は、陸軍にその実相を伝えなかったとの説があるが、それは事実に反する。海戦直後の六月六日、参謀本部の服部作戦課長以下が軍令部に呼ばれ、空母四隻全て撃沈されたとの報告を受けている。ただし、この情報は参謀本部作戦課と各部長、次長、総長及び陸軍省軍務局長、次官、大臣以外には厳秘とされた。この秘密は皮肉にもよく守られ、国民はもちろん、要路以外の高級軍人も全く知らず、連合艦隊健在を信じていた。

開戦劈頭マレー沖海戦で日本軍にプリンス・オブ・ウエールズとレパルスの二隻の戦艦を撃沈された事実を直ちに議会に報告し、この影響を過小評価してはならないと国民にさらなる結束を訴えたチャーチル首相とは大きな違いである。

一方我が国では、ミッドウェー海戦の戦果は「敵空母二隻撃沈（事実は一隻）、飛行機撃墜百五十機、中巡一、潜水艦一撃沈、我が損害―空母一隻沈没、一隻大破（事実は四隻沈没）、重巡一大破（事実は沈没一、大破一）、未帰還機三十五機（事実は二百八十五機）」と発表した。こうしたまるで勝ち戦の如き戦果の発表は、陸軍も眉をひそめたが、その後陸軍の大本営発表も同様なものとなっていく。

ミッドウェー海戦の敗北の報を聞いた杉山参謀総長は「永野君の二カ年（海軍は二年は十分戦い得ると開戦前主張した）は半年で終わった。これからは変った方法で戦いを続けなければならない」と言ったと伝えられている。

本来ミッドウェー海戦の敗北、あるいは遅くも米軍のガ島上陸の直後には今後の戦略（戦争指導の大綱）を見直す必要があったが、そのようなことは全く行われなかった。この見直しが行われたのは十七年十一月になってからのことであった。

ガダルカナル

昭和十七年八月七日、ガダルカナル島に突如米軍が上陸し、海軍が設営中の飛行場を占領した。飛行場はほぼ完成し、数日後には航空隊が派遣されるという絶妙のタイミングであった。この報を受けた大本営（陸軍部）はあわててガ島はどこだと地図で探したという話が残されている。これは海軍が陸軍にガ島に飛行場を設定していることを伝えていなかったとも言われているが海軍は事前に伝えている。しかしこの連絡はちょっとした立ち話程度のもので、聞いた陸軍も殆ど気にもとめていなかったのである。

ガ島上陸の米軍は一個師団規模で、本格的な反攻の始まりであったが、先に米軍の反攻は「十八年以降なるべし」と判定した世界情勢判断に引きずられ、米軍の上陸は威力偵察、あるいは飛行場破壊の短期的作戦で、その兵力も二千人程度と誤断した。このためミッドウェー上陸作戦用に準備された一木支隊二千人が帰還のためグアム島に待機していたものを急遽差し向けることになった。

一木支隊は二悌団に分かれ、ガ島に派遣されたが八月十八日、第一梯団一千人が上陸、支隊長一木大佐は後続を待つことなく行け行けどんどんで攻撃を開始し、二十一日、半日余りの戦闘で壊滅した。この頃には現地軍の一部には米軍兵力は一個師団程度、今後の補給を考えるとガ島深入りは得策でないとの意見も出されていたが、大本営はさらに旅団規模の川口支隊約五千人と一木支隊の残部千人を投入すれば奪回可能と判断し、川口清健少将指揮する川口支隊を投入した。

ちょうどこの時、九月四日から六日にかけて陸軍側田辺参謀次長と、海軍の伊藤整一軍令部次長が現地の実情把握と今後の対応協議のためラバウルに派遣された。日頃腰の重い大本営としては、時宜にかなった適切な対応であったが、ガ島までは行かなかった。田辺等は川口支隊による攻撃で奪還可能と判断し、基本的な戦略の見直しはしなかった。田辺が大本営に要請したのはガ島の状況把握が困難なため陸軍の司令部偵察機一個中隊の派遣のみであった。

川口支隊の攻撃は、九月十二〜十三日にかけて行われたが失敗に終わった。その後大本営はさらに十月に第二師団を投入し、総攻撃を敢行し奪還を図ったが、これも十月二十五日完敗した。

初期の情勢判断の誤りから兵力の逐次投入を繰り返し、失敗の上塗りを重ねて、さらに第三十八師団を投入したが、ガ島は武器弾薬、食料の補給も途絶え餓島と化していた。

海戦のターニングポイントとなったミッドウェー海戦の敗北と陸戦のターニングポイントとなったガ島攻防戦の失敗により、日本軍は国力の弾撥力を失い、これ以降戦場の主導権は米軍に移って、敗戦の道をひた走ることになるが、大本営はまだそのことに気づかなかった。

こうしてガ島を巡って消耗戦が繰り返されている中で「世界情勢判断」の見直しが行われ、十一月七日の大本営政府連絡会議に於いて、新しい情勢判断が決定された。しかし、その中でもガ島上陸の米軍を本格的反攻とは認識せず、「現に行われている南太平洋方面における反攻は重視する必要はあるが、本格的な反攻は十八年度後半以降」と判定した。恐るべき錯誤であった。またこれと併せて再検討されるべき「今後取るべき戦争指導の大綱」には手がつけられず、当面ガ島を奪回して自彊不敗の態勢を固めるという現実離れしたものであった。

とはいうものの杉山参謀総長も、田辺もこの頃にはガ島奪還の可能性については殆ど希望を失っていたと伝えられているが、部下の田中作戦部長や服部作戦課長等の強硬論に引きずられ、上司としてリーダーシップは発揮できなかった。

ガ島撤退が決定されたのは十二月三十一日の御前会議に於いてである。これが決定されたのは、日ごとに損耗する船舶の使用について作戦第一主義を主張する統帥部と国力培養のための輸送に使用すべきとの陸軍省との対立の過程に於いて、田中作戦部長が東條陸軍大臣（総理）を馬鹿野郎と罵倒したため南方軍総司令部付（後第十八師団長）に更迭され、次いで服部作戦課長が陸相秘書官に転出したことにより漸く戦略転換が図られたものである。

この間の「世界情勢判断」の見直しについても船舶の増徴（民需から作戦用に転用する）問題にしても、田辺は田中に引きずられ何らのリーダーシップも取れなかった。温厚な人柄だったと伝えられているが何ともやりきれない思いがする。

昭和十八年二月一日から、三次に分けてガ島の残存部隊が撤退した。これにより奇跡的に約一万人がボーゲンビル（ブーゲンビル、後にこの島も米軍が上陸し墓島と呼ばれた）島に生還した。約二万人がガ島で戦没した。うち一万五千人が餓死と報告されている。

田辺は二月五日ボーゲンビル島のエレベンタまで出向き撤収部隊を出迎え、百武第十七軍司令官と相抱して泣いたと伝えられている。

この時第十七軍参謀長の宮崎少将が田辺に作戦の失敗を詫び転役（予備役に編入）のうえこの方面の第一線部隊長として働かせてほしいと要望したのに対し、田辺は「このたびのことは全て中央の責任である。今後とも軍司令官を補佐して健闘してほしい」と慰留し、中央の責任を認めているが、帰京後の天皇に対する上奏（報告）ではそのような作戦失敗の分析はなく、また大本営に於いても真剣な検討反省は行われなかった。

死の状況

戦犯

田辺はガ島撤退二ヶ月後の十八年四月八日、第二十五軍司令官に転補された。軍の作戦中枢からは離れるが親補職であり、歴代参謀次長の次の補職から見ても左遷ではない。

第二十五軍は、南方軍隷下にあってスマトラ島中部のブキチンギに司令部を置いていた。

戦争末期「ジャワの極楽、ビルマの地獄、生きて帰らぬニューギニア」と言われたが、蘭印のスマトラ島には連合軍の上陸はなく、田辺以下将兵は平穏に終戦を迎えた。

しかし、二十一年十月三十日、帰国を足止めされていた田辺以下司令部の高級幹部将校や軍政要員などはオランダ軍に逮捕された。容疑は戦時中の連合軍捕虜、オランダ系抑留市民、現地住民等の殺害、虐待及びいわゆるスマトラ治安工作といわれたスパイ摘発作戦における虐待、致死事件であった。治安工作は連合軍の反攻前に敵の諜報組織を壊滅させようと約二千人を逮捕、拘禁し厳重な取り調べを行った過程で多数を殺害あるいは致死させたといわれている。

このオランダによって裁かれたメダン裁判では将官は、田辺軍司令官と参謀長の谷萩那華雄少将、軍経理部長の山本省三少将が死刑となった。田辺の処刑は二十四年七月十一日銃殺であった。田辺の最期の状況は管見の限り伝えられていない。

なお、田辺の陸士同期では、原田熊吉第五十五軍司令官、田中久一第二十三軍司令官、西村琢磨シャン州政庁長官（元近衛師団長）が戦犯として処刑されており、安達二十三第十八軍司令官、寺本熊市航空本部長（元第四航空軍司令官）が終戦後自決している。

参考文献

戦史叢書　支那事変陸軍作戦　1、2　防衛庁防衛研修所戦史室編　朝雲新聞社
戦史叢書　北支の治安戦　1　防衛庁防衛研修所戦史室編　朝雲新聞社
戦史叢書　大本営陸軍部　3、4、5、6　防衛庁防衛研修所戦史室編　朝雲新聞社
戦史叢書　大本営海軍部・連合艦隊2　防衛庁防衛研修所戦史室編　朝雲新聞社
作戦日誌で綴る大東亜戦争　井本熊男　芙蓉書房
田中作戦部長の証言　田中新一　芙蓉書房
孤島の土となるとも―BC級戦犯裁判　岩川隆　講談社
別冊歴史読本　戦記シリーズ32　太平洋戦争師団戦史　新人物往来社
日本陸軍歩兵連隊　新人物往来社
昭和の歴史5　日中全面戦争　藤原彰　小学館

谷　寿夫（岡山）

Tani Hisao

（写真　特別増刊歴史と旅　帝国陸軍将軍総覧　p382）

明治十五年十二月二十三日　生
昭和二十二年四月二十六日　没（銃殺）　六十四歳　中国（南京）
陸士十五期（歩）
陸大二十四期　恩賜
英駐在
功二級

主要軍歴

明治三十六年十一月三十日　陸軍士官学校卒業
大正元年十一月二十五日　陸軍大学校卒業
大正九年十月二十二日　印度駐劄武官
大正十一年十一月二十四日　歩兵第六連隊付
大正十三年二月四日　陸大教官兼参謀本部員
大正十四年三月十八日　大佐
昭和二年三月五日　歩兵第六十一連隊長
昭和三年五月十日　留守第三師団参謀長
昭和三年八月十日　第三師団参謀長
昭和四年八月一日　参謀本部第四部外国戦史課長
昭和四年八月二十九日　参謀本部第四部演習課長
昭和五年三月六日　参謀本部付（国際連盟派遣―陸海軍問題常設委員）
昭和五年八月一日　少将　国際連盟帝国陸軍兼空軍代表
昭和七年七月五日　参謀本部付
昭和八年八月八日　陸軍省軍事調査委員長
昭和八年八月一日　近衛歩兵第二旅団長
昭和九年八月一日　中将　東京湾要塞司令官
昭和十年六月二十日　第九師団留守司令官
昭和十二年十二月二日　第六師団長
昭和十二年十二月二十八日　中部防衛司令官
昭和十四年八月一日　待命
昭和十四年九月二日　予備役編入
昭和二十年八月十二日　召集　第五十九軍司令官兼中国軍管区司令官
昭和二十二年四月二十六日　処刑（銃殺）

プロフィール

陸大恩賜のエリート

谷は、東京府立四中から陸士に進み、明治三十六年十一月卒業、日露戦争に近衛歩兵第一連隊小隊長として従軍した古参将軍である。陸士は、十五期で東條大将の二期先輩である。陸大恩賜で卒業して軍歴も華やかではあるが、早くに予備役に編入されている。何があったか謎である。陸大卒業後英国大使館付武官補佐官として大正四年から七年まで駐英、第一次大戦にも観戦武官として従軍している。帰国後参謀本部員兼陸大兵学教官として勤務するが、さらに九年から十一年まで駐印度武官として印度に駐在、帰国後は再び陸大兵学教官、兼海大教官等を務め、大正十四年三月大佐に進級後は、歩兵第六十一連隊長、第三師団参謀長、参謀本部第四部外国戦史課長、演習課長等の要職を務めた。

演習課長のあと、昭和五年ジュネーブの国際連盟に派遣され、国際連盟陸海空軍問題常設委員や帝国陸空軍代表を務めた。この間ジュネーブ一般軍縮会議にも随員として参加している。この一般軍縮会議は、昭和五年のロンドン海軍軍縮会議の後を受け、その他全般の軍縮を協議しようとしたものであるが、何らの成果もなくうやむやのうちに終わっている。

谷はジュネーブ在勤中の五年八月少将に進級し、昭和七年七月帰国後は、陸軍省軍事調査委員長を一年ほど務め、その後八年八月近衛歩兵第二旅団長に補職された。久しぶりの野戦指揮官であった。しかし、旅団長一年で、九年八月中将に進級したが、進級後の補職は東京湾要塞司令官であり、次のポストも第九師団留守司令官という閑職で、本人にとってはいささか不満な人事ではなかったろうか。このころから谷の軍歴は軍の中枢からはずれていく。

谷は昭和十四年に出版された『陸海軍人国記』でも荒武者と評されており、また後に述べる南京事件で戦犯として処刑されたため武断派のイメージが強いが、日本軍でも有数の国際派であり、陸大教官を二度にわたり務めるなど知性派でもある。

谷が陸大教官時代、陸大のいわば大学院過程としての専攻科が新設され（大正十二年）、陸大卒業者のさらなる高等教育が図られることとなった。その講義用テキストとして谷は『機密日露戦史』をまとめ、講述している。日露戦争については、参謀本部が編纂した『明治参七八年日露戦史』が公刊戦史としてまとめられているが、全量本編十巻、別冊付図十巻という大部でありながら、単なる自画自賛の成功物語で司馬遼太郎が内容空疎と称しているが、谷の『機密日露戦史』は、政戦略の統合戦史を目指したものであり、日本軍の失敗や恥部にも触れている。この戦史は戦前には極秘扱いで、一般の目に触れることはなかったし、本人も開講にあたり「筆記は自由であるが講義録は配布しない。またこれを世上に論及してはならない」と注意している。また一方、「本講義は諸先輩に対し不敬にわたることもあろうが、戦争の裏面史を知ることは諸官が将来最高統帥者、あるいはその幕僚となった場合に参考となろう」と述べ、諸将星の失敗を厳しく批判したという。

本来この講義の内容は、広く軍上層部や政府要路者に伝えておくべきもので、もし、日露戦争勝利の実態（成功と失敗の真実）が理解されていれば、大東亜戦争の無様な失敗はもう少し減っていたのではあるまいか。

なお、この講義録は昭和四十一年、日露戦争六十周年を記念して原書房より同名で出版されている。

谷は、昭和十年十二月、遂に軍人として念願の師団長（第六師団）に親補された。谷の野戦指揮官としての経歴は歩兵第六十一連隊長、近衛歩兵第二旅団長等があるが、いずれも内地にあって実戦は体験していない。第三師団参謀長時代は、第三次山東出兵で中国に動員され青島や済南地区警備にあたったがここでも本格的な戦闘は経験していない。

谷の日露戦争以来の実戦体験は、南九州の兵を率いて第六師団長になってからである。師団は支那事変勃発と共に中国に出動、華北を転戦していたが、十二年十月第十軍（軍司令官柳川平助中将）に編入され、上海で苦戦中の海軍陸戦隊や上海派遣軍救援のため杭州湾に上陸して南京攻略戦に参加した。第六師団長としては二年在任したが、戦闘は師団長として最後の段階の十二年七月から十二月までの半年であった。南京攻略直後の十二月二十八日、中部防衛司令官を命じられ内地に帰還した。

防衛司令官は防空、警備に関し管区内の軍隊を指揮し、官衙、学校を区処するとされ、東部、中部、西部の三司令部があった。師団長より上位の軍司令官に準ずるポストであるが、親補職でもなく、実質的な権限は殆どなく閑職であった。戦地の野戦軍司令官を期待していたであろう谷にとっては不本意なポストであったに違いない。谷はこのポストを二年務めた後、昭和十四年八月一日待命となり、翌九月、予備役に編入された。

陸大恩賜で卒業し、進級も同期の一選抜であった谷の経歴からすればいささか早すぎる転役であった。谷の陸士十五期からは、梅津美治郎（参謀総長）、蓮沼蕃（侍従武官長）、多田駿（北支那方面軍司令官）の三名が大将に進級した。

谷は予備役編入六年後の二十年八月、召集されて第五十九軍司令官兼中国軍管区司令官に親補された。前任の藤井洋治中将（十九期）が広島に投下された原爆により爆死した補充であった。藤井も召集組であった。

死の状況

南京事件

昭和二十一年二月二日、谷は戦犯容疑で逮捕され巣鴨プリズンに収容された。その後上海に移送され、十月三日南京戦犯拘禁所に拘禁された。九年前の十二年十二月、南京占領時に発生したいわゆる南京事件の容疑者としてであった。

南京攻略戦に参加した部隊は、松井石根大将率いる中支那方面軍隷下の上海派遣軍（司令官朝香宮鳩彦王中将）と第十軍（軍司令官柳川平助中将）で、上海派遣軍には第九師団（師団長吉住良輔中将）、第十六師団（師団長中島今朝吾中将）、第十三師団の山田支隊（山田栴二少将）等が所属し、第十軍には谷の第六師団、第百十第四師団、第五師団の国崎支隊（支隊長国崎登少将）等が所属していた。

こうした参加部隊のうち戦後南京事件の関係者として処刑された将軍は、方面軍司令官の松井石根大将と第六師団長の谷中将の二名のみであった。このほか現場実行者として田中軍吉大尉（第六師団中隊長）、野田毅少尉（第十六師団大隊副官）、向井利明少尉（第十六師団歩兵砲小隊長）の三名のみであった。

南京事件の被害者については、中国側主張の三十万人、極東軍事裁判での判決二十万以上から、南京事件はねつ造であり「まぼろし」と主張するいわゆるまぼろし派まである。さらにその中間に、二〜三十万は多すぎるがある程度は殺害があった（人によって数千から数万人まで幅がある）とする中間派が存在する。

零だ！　幻だ！　と主張するまぼろし派も、殺害がなかったと主張しているわけではない。あくまでも殺害は、戦闘に伴う正当なもので、不法な殺害は殆ど零で、略奪や放火、強姦なども中国側が行ったとの主張である。

不法な殺害があったとする者の中でも、殺害の人数、殺害の正当性等を巡って厳しい論争が続いている。

ここでは南京事件について論証する紙幅はないが、結論的に言えば、二十～三十万はともかくとして、当時の日本軍の体質や証拠から見て残念ながらかなりの数の殺害、放火、略奪、強姦などの不祥事があったことは疑えない。数万人なら中虐殺、数千人なら小虐殺というわけにはいくまい。立派な大虐殺であろう。第二次大戦中ポーランドのカチンの森で、ソ連軍によって殺害されたポーランド軍将校は、三千人（五千人～一万人説もある）と伝えられているし、ベトナム戦争で大問題となったソンミ村事件は五百人規模であった。谷と南京事件との関わりについては、谷の第六師団は、南京攻略戦参加部隊の中では他師団に比べて殆ど資料が残されておらず、今日でも事件にどの程度関与したかはっきりしていない部分がある。

松井中支那方面軍司令官は、南京事件の最高責任者として断罪されたが、上海派遣軍司令官の朝香宮中将は、皇族が故に責任を問われていない。谷の上司である柳川平助第十軍司令官は昭和二十年一月に亡くなっている。また他の師団長やその所属の旅団長、連隊長等の責任は一切問われていない（中島今朝吾第十六師団長は昭和二十年十月に亡くなっている）。他の地域の戦犯裁判では、参謀長など幕僚の責任も問われているというのに。

南京裁判では、南京での不法行為は、主として谷率いる第六師団が、城外南部の雨花台から中華門に突入、城内の掃討戦の段階に於いて多数発生したと認定された。しかし、谷は「南京大虐殺は南京攻略軍の中島部隊（第十六師団）の属せる南京攻略の主力方面の出来事であって、中華門付近に於いては絶対に無かりしことを天地神明に誓い断言す」と主張したが認められなかった。

谷自身は南京事件の存在は認めており、その中心は中島今朝吾中将率いる第十六師団と主張したのであった。さらに「南京事件は世界的大事件であり、これをうやむやにしておくことは中日両国の親善関係に一大暗影を残すので、東京で裁判を行えば必ず真犯人は明瞭となるべし」とまで述べている。しかしこの時中島はすでに病死していた。

他にも多数の関係者がいる中で、谷の訴追は事件後九年も経っており、実行犯の特定が困難なため、不特定多数を代表して象徴的に断罪されたきらいがあるが、谷が全く事件と無関係であったかというと、海軍大学で谷の講義を受けた実松譲海軍大佐は「谷大佐の陸戦術は、興味と教訓の多い名講義であったが、ただ一つ私の心にかかったのは『勝ち戦の後や追撃戦時の略奪、強盗、強姦はかえって志気を旺盛にする』という所見だった」と書き残しており（『海軍大学教育』実松譲）、谷も旧日本軍の体質を色濃く持っていたことが伺われる。

また、谷の後任師団長の稲葉四郎中将は「私の師団の将兵は戦闘第一主義に徹し、勇剛絶倫なるも略奪、強姦などの非行を軽視し、団結心強きも排他心も強い。南京事件は前師団長時代のことであるが相当暴行したことは確実である」と上司の岡村寧次軍司令官に語った（『南京の日本軍』藤原彰）と伝えられている。

谷は二十二年四月二十六日、南京郊外の雨花台に於いて銃殺された。南京に収容中自殺を図ったとも言われているが（『戦地憲兵』井上源吉）詳細は不詳である。

参考文献

陸海軍人国記　伊藤金次郎　芙蓉書房
陸軍省人事局長の回想　額田坦　芙蓉書房
戦史叢書　支那事変陸軍作戦1　防衛庁防衛研修所戦史室編　朝雲新聞社
孤島の土となるとも―BC級戦犯裁判　岩川隆　講談社
南京戦史・同資料集　偕行社
南京の日本軍　藤原彰　大月書店
南京虐殺の徹底検証　東中野修道　展転社
本当はこうだった南京事件　板倉由明　日本図書刊行会
南京事件　秦郁彦　中公新書
南京事件　笠原十九司　岩波新書
別冊歴史読本　戦記シリーズ32　太平洋戦争師団戦史　新人物往来社
海軍大学教育　実松譲　光人社
戦地憲兵　井上源吉　図書出版社
南京事件論争史　笠原十九司　平凡社
南京事件を調査せよ　清水潔　文春文庫

中将

田上八郎（鹿児島）

Tanoue Hachirou

（写真　戦史叢書　豪北方面陸軍作戦　p198）

明治二十四年二月十七日　生
昭和二十三年十月六日 没（銃殺）　ニューギニア（ホーランディア）　五十七歳
陸士二十五期（歩）
陸大三十八期
功三級

主要軍歴

大正二年五月二十六日　陸軍士官学校卒業
大正十五年十二月七日　陸軍大学校卒業
昭和十二年八月二日　大佐
昭和十二年八月十四日　歩兵第三十四連隊長
昭和十三年七月十五日　第一師団参謀長
昭和十五年三月九日　少将　第二十師団司令部付
昭和十五年八月十五日　歩兵第四十旅団長
昭和十六年七月二十七日　第二十歩兵団長
昭和十六年十二月二十四日　独立混成第十七旅団長
昭和十七年九月十四日　公主嶺学校幹事兼教導団長
昭和十八年六月十日　中将
昭和十八年十月一日　第三十六師団長
昭和二十三年十月六日　処刑（銃殺）

プロフィール

野戦型将軍

田上は、陸士、陸大出のエリート軍人であるが、省・部の勤務は殆どなく野戦型の将軍である。戦後いわゆるBC級戦犯として処刑されたが一般には無名の人であろう。逸話なども殆ど残されていない。

軍歴は、歩兵第三十四連隊長、第一師団参謀長、歩兵第四十旅団長、第二十歩兵団長、独立混成第十七旅団長等を務めた後、満州国吉林省公主嶺にあった陸軍公主嶺学校の幹事（副校長）兼教導団長を経て、第三十八師団長に親補されている。

連隊長非難さる

昭和十二年八月田上は、大佐に進級すると共に歩兵第三十四連隊長を命じられた。同連隊は名古屋の第三師団所属で、十二年七月支那事変勃発にともない、翌八月居留民保護の目的で上海に派遣された。上海では予想外の中国軍の抵抗に遭い多大の損害を受けた。連隊の損失は中隊長七名を含め死者一千二百四十八名、負傷者二千百四十六名、戦病死（コレラ）六十二名に上ったと記録されている。十月に大場鎮を攻略した際は、連隊の衛戍地静岡では盛大な提灯行列等が行われたが、十一月から遺骨が帰還し始め次第にその損害が明らかになるにつれ、連隊長の指揮が拙劣だからだとの批難が続出し、留守宅に投書や投石が相次ぐようになった。慰霊祭に出席した連隊長夫人にも罵声が浴びせられるほどであったという。このため連隊長の留守宅には憲兵が張り付けられたが、非難の声は鎮まらず、翌年四月連隊長夫人は自殺した。夫人はこの時三十九歳で、夫の任地である静岡に東京から移り住んで半年余りのことであった。

これまで出征中の部隊の幹部の家族は夫の部隊の衛戍地に移り留守宅を守るのが通例であったが、この事件以降そうした例はなくなったという（『日本陸軍歩兵連隊』新人物往来社）。

支那事変初期は、まだ日本陸軍の総動員前で各連隊は、同じ地域から徴募された兵士から成り、郷土色が最も強い時期で、愛郷心も強く、また郷土の子弟の死を悼む念も格別に深かったことが、こうしたいわばよそ者の部隊長や夫人に対する非難が昂じた結果であった。

この事件に対する軍部のショックは大きく、軍国主義教育の一層の強化や思想的締め付けによって、支那事変の泥沼化や大東亜戦争による多数の戦死者の続出にもかかわらず、その後こうした声が表面化することはなくなった。

上海戦のあと連隊は、南京攻略戦の後詰めの部隊として無錫付近の警備に従事し、次いで十三年には徐州作戦に参加した。田上は十三年七月第一師団参謀長に転じ、関東軍隷下に入り満州に駐屯した。ノモンハン事件には師団の野砲兵第一連隊等が出動したが師団主力が出動することはなく参謀長として指導することもなかった。

十五年三月、少将に進級したが、次の補職待ちのため一時第二十師団付となるが、同年八月歩兵第四十旅団長に昇進する。少将進級は第三選抜組であった。

第四十旅団は第二十師団所属の部隊である。十六年七月同師団が、二個旅団、四個歩兵連隊編成から三個歩兵連隊、いわゆる三単位制に改編されるに当たり、三個連隊を指揮する同師団の歩兵団長となった。第二十師団は支那事変初期には華北に出動したが、田上が在任中は、師団の衛戍地である朝鮮（龍山）に戻っていた。

その後、十六年十二月独混第十七旅団長に転じる。同旅団は支那派遣軍隷下の第十三軍に所属して、浙江省の航空基地覆滅を目的とする浙贛作戦（十七年五月～九月）に参加したと記録されているが、公刊戦史（『戦史叢書』）にはその活躍振りは一切触れられていない。助攻、あるいは後詰めの部隊として占領地の警備などに当たったのであろうか。

十七年九月、同旅団長九ヶ月で公主嶺学校幹事兼教導団長として満州に転任する。後任旅団長は後にグアム島で戦死する同期の高品彪であった。

公主嶺学校は、満州国吉林省公主嶺に位置し、我が国唯一の歩兵、戦車、砲兵等の教導教育を目的とする総合学校であった。幹事は教頭あるいは副校長に相当する職位である。

公主嶺学校には、通常の学校の研究部、教育部と併せて教導団を有していた。教導団は歩兵一個連隊、戦車一個大隊、砲兵一個大隊、工兵一個中隊及び制毒隊からなる教育・訓練の実戦即応部隊であった。この教導団は昭和十九年に第六十八旅団に改編されてレイテ島に派遣された。

第三十六師団長

田上は公主嶺学校在任中の十八年六月中将に進級し、同年十月第三十六師団長に親補された。中将進級は、トップに一年八ヶ月遅れの第五選抜組であった。

第三十六師団は、昭和十四年二月に編成された師団で、中国占領地の警備や治安作戦を任務とする乙師団であり、従来の四個歩兵連隊を基幹とした甲師団に対し、三個歩兵連隊を基幹とするいわゆる三単位制の師団であった。同師団は編成以来中国に派遣され、山西省にあって警備や治安作戦に従事していた。

日本軍は十八年二月、半年にわたるガダルカナル島攻防戦の結果、遂にガ島を放棄した。また四月には前線視察中の山本五十六連合艦隊司令長官が米軍機の待ち伏せ攻撃を受け、乗機が撃墜され戦死した。さらに東部ニューギニア戦も米豪軍の攻勢で南東方面の戦局が急を告げてきた。このため大本営は豪州からチモール島、セレベス島を経ての比島への連合軍の進攻を阻止するため、これら諸島や西部ニューギニア防衛（これらの諸地域を当時豪北と呼称した）のための一方面軍を設置することを決めた。

昭和十八年十月、満州にあった阿南大将指揮下の第二方面軍及び第二軍が豪北に進出することとなり、豪北地区防衛の任を担うこととなった。この中で中国戦線にあった第三十六師団は、第二方面軍の戦闘序列に入り、豪北への進出が命令された。

師団は、この時従来の乙師団編成から海洋編成に改編された。これにより同師団は、所属三個連隊のうち一個連隊が海上機動反撃連隊、他の二個連隊は、要地確保攻防連隊と称されるようになった。しかし、その反撃連隊の実態は国軍屈指の優良装備の連隊とはいうものの、大発や駆逐艇等を装備した師団海上輸送隊が設けられたり、従来配備されていた自動車にかわって水陸両用自動車や軽戦車九両が配備されたり、多少の火力が強化された程度であった。

なお第三十六師団には兵力増強のためインドネシア人を中心とする兵補三千人が配属されていたことが、後に田上の運命を決することになる。

ニューギニア派遣

第三十六師団主力は、十八年十一月二十七日上海（呉松）を出発、マニラ経由、十二月二十五日西部ニューギニアのサルミに安着した。しかし師団の海上機動反撃連隊（連隊長葛目直幸大佐）は、ビアク島に葛目支隊として派遣され、さらに海上遥か百五十キロ離れた孤島マピア島にも一個中隊を分派し、師団主力も北岸のサルミからソロン間約千キロの防衛が担当させられた。

第三十六師団が戦闘に入ったのは十九年五月二日、十八軍担任地域のホーランジア救援を命じられたことに始まるが、ホーランジアはまもなく失陥し、次いで米軍が師団司令部の置かれたサルミに進攻してきたことにより本格化した。師団は米軍に対しよく反撃し、六月八日、七月二十一日の二度にわたり天皇から嘉賞されている。

また五月二十七日、ビアク島にも米軍一個師団が上陸。同師団所属の葛目支隊も海軍の特別根拠地隊と協同して敢闘し、米軍の猛攻を三十七日にわたって凌いだが、遂に十九年七月二日、支隊長葛目大佐は自決して果てた。葛目支隊に対しても二度にわたる天皇の嘉賞の御詞が与えられた。葛目大佐は二階級特進し中将に進級した。

ビアク島戦は一般にはあまり知られていないが、東條参謀総長（総理大臣、陸軍大臣兼務）が難攻不落と豪語したサイパン島やグアム島があっけなく陥落したのに比較して善戦しており、ペリリュー島や硫黄島戦に匹敵する善戦敢闘振りである。なお、葛目大佐は田上師団長と陸士同期であるが陸大卒ではなかった。アッツ島で玉砕した山崎保代大佐（死後中将）も非陸大卒の同期である。

陸士同期の青木重誠第二十師団長、その後任の片桐茂もニューギニアで戦死（青木は戦病死）している。さらに戦犯として処刑されたものに武藤章元軍務局長、立花芳夫第百九師団長（非陸大卒）、斎俊男独立混成第三十六旅団長（非陸大卒）がいる。

死の状況

戦犯

終戦後田上は、復帰してきたオランダ軍（西部ニューギニアから西、いわゆる豪北地帯は主としてオランダ領であった）によって戦犯として逮捕された。その容疑は、第三十六師団に多数配属されていたインドネシア人兵補に対する虐待、殺害、サルミ地区で捕虜となった米軍飛行士二名の殺害、及び原住民の殺害などであった。

インドネシア人兵補とは、インドネシア占領中の日本軍が人手不足のため治安や労力を補完するため現地で募集、採用した軍属扱いの兵員であった。当初はジャワの治安確保の補助要員や飛行場設営などの労力として使われたが、次第に第一線にまで使用することとなった。第三十六師団には、こうした兵補が三千名配属されたと記録されている。戦犯容疑は、これら兵補に対する虐待や殺害に対するものが主であった。

当時の豪北地区も補給は途絶し、東部ニューギニアと同様な飢餓地獄の中にあり、人肉嗜食も発生する極限状況の中で軍は「軍糧秣ヲ窃取シタル者ハ何人ヲ問ハズ銃殺ニ処ス」との軍律を定め、中隊長以上の指揮官に対し審問処罰の権限を与えていた。このため食料を盗んだり、逃亡を図ったインドネシア人兵補（日本兵も同様）が処刑された。戦後、このことの是非が問われたのである。

日本側は、この軍律は陸軍刑法二十二条の「多数共同ノ暴行ヲ鎮圧スル為又ハ敵前ニ在ル部隊ノ急迫ニ臨ミ軍紀ヲ維持スル為已ムコトヲ得ザルニ出デタル行為ハ之ヲ罰セズ（以下略）」の敵前にある部隊が急迫に臨んで軍紀維持のためやむを得ず行った行為であり、また陸戦の法規慣例に関する条約（ハーグ条約）等国際法規にも違反していないと主張したが、オランダ側は処刑は何らの訴訟手続き（裁判）のない執行であり、また兵補は、日本軍組織内とはいえども日本国籍を有せず、日本法によってではなく国際法によって裁かれるべきであるとして、日本側の主張を退けた。また裁判に於いてもインドネシア人兵補は、戦時中に受けた虐待や処遇の過酷さを次々に告発し証言したため、その責任者として田上と兵補部隊を直接使役・監督していた師団経理部長の国分繁彦中佐が死刑となった。

田上は処刑前、家族に宛てた手紙（遺書）を残しているが、それには「拝啓　愈々昭和二十三年十月六日午前九時ホーランジャニ於テ敗戦ノ犠牲トナリ、亡キ多数戦友ノ後ヲ追ウ。茲ニ五十七年ノ一生ヲ了ルモ、軍人生活三十有八年完全ニ其ノ任ヲ果シ得タルヲ満足トシ、何等思ヒ残スコト更ニ無シ。堅ク神州ノ不滅ヲ信ジ霊トナリテ皇国ヲ守護セン。最後迄罪ハ自覚セズ。其点満足」とある。

処刑は銃殺刑であったが、田上は処刑前「北はどちらか」と尋ね、その北に向かって天皇陛下万歳を三唱し、処刑に立ち会った日本人弁護人に対し「ご苦労様でした。では参ります」といって処刑台に向かったという。

国際法の無知

田上弁護人は、青木祐吉といい元裁判官であったが、復員局の外地戦犯裁判の弁護人募集に自ら志願して、弁護を買って出たという。

青木は、裁判後「日本軍の一人一人が国際法に無知であったことが残念だ。上層部が多少でも国際法規について関心を払い、これを部下軍隊に示達していたならば、戦争犯罪や戦犯裁判での醜態を演じなくてもすんだのではないかと思う。俘虜に対する軽蔑の念を日本人に植え付けたことが俘虜虐待事件の原因をなしたのではないか。（捕虜は）国際法では義務を果たした名誉ある軍人として相対し、彼らに対し侮辱的な言動はいっさい加えてはならぬという思想であったと思う。関与した多くの兵補処刑事件にしても、国際法は知らずとも日本の陸海軍刑法を心得ていて、刑法に則して行動し処置したことが説明できれば弁護ももっと楽にすんだと思うのだが、被告人たちはオランダ側の取り調べの際に行った応答でも全然このことについての認識、感覚がなかった。結果的には私がこじつけで、弁護によって補うようなかたちとなった。俘虜や兵補たちの処刑に際して、被疑者の権利を擁護したことに触れていればどれだけ弁論が容易になったことかと思うが、これらの点について、日本軍人の間には殆ど知識理解がなかった」と慨嘆している（『孤島の土となるとも』岩川隆）。

田上を初め日本人戦犯にほぼ共通した「罪の自覚のなさ」は、国際基準からはずれた内輪の日本軍の常識に基づくものであった。日本軍では命令は絶対である。どんな命令でも背くことは出来ない。ビンタなどは虐待ではないという教育である。戦地では裁判など開く余裕はない。日本兵も即決で処刑した。兵補も日本人と同じように取り扱ったといった主張は、理解されなかった。ジャパニーズ・スタンダードがグローバル・スタンダードに裁かれたといっても良い。このことは今日なお形を変えて様々な分野で繰り返されている。

ホーランディア（ニューギニア）でのオランダ裁判はインドネシア人兵補殺害という特異な事件であったが、青木が言う国際法に対する無知は全てのBC級裁判に共通するものであった。日清、日露戦争における開戦詔書には共に「苟モ国際法ニ悖ラサル限リ各々権能ニ応シテ一切ノ手段ヲ尽スニ於テ必ス遺漏ナカラムコトヲ期セヨ（日清戦争）」、「凡ソ国際法規ノ範囲ニ於テ一切ノ手段ヲ尽シ違算ナカランコトヲ期セヨ（日露戦争）」と国際法の遵守を内外に宣命し、国際法学者まで従軍させた明治の指導者に比べて、この落差をどう理解すればよいのだろうか。

中　将

参考文献

戦史叢書　支那事変陸軍作戦1、2、3　防衛庁防衛研修所戦史室編　朝雲新聞社
戦史叢書　昭和十七、八年の支那派遣軍　防衛庁防衛研修所戦史室編　朝雲新聞社
日本陸軍歩兵連隊　新人物往来社
丸別冊　戦争と人物8　陸海軍学校と教育　潮書房
別冊歴史読本　戦記シリーズ42　日本陸軍部隊総覧　新人物往来社
別冊歴史読本　戦記シリーズ32　太平洋戦争師団戦史　新人物往来社
戦史叢書　豪北方面陸軍作戦　防衛庁防衛研修所戦史室編　朝雲新聞社
孤島の土となるとも―BC級戦犯裁判　岩川隆　講談社

中将

西村琢磨（福岡）

Nishimura Takuma

（写真　戦史叢書　マレー進攻作戦　p356）

明治二十二年九月十二日　生

昭和二十六年六月十一日（絞首）マヌス島　六十一歳

陸士二十二期（砲）

陸大三十二期

功三級

主要軍歴

明治四十三年五月二十八日　陸軍士官学校卒業
大正九年十一月二十二日　陸軍大学校卒業
昭和九年八月一日　大佐　参謀本部第一部防衛課長
昭和十年十月十一日　陸軍省軍務局兵務課長
昭和十一年八月一日　野戦重砲兵第九連隊長
昭和十三年三月一日　少将　野戦重砲兵第一旅団長
昭和十四年三月九日　東部防衛司令部参謀長
昭和十五年九月七日　仏印派遣軍司令官
昭和十五年十二月二日　中将
昭和十六年六月二十四日　独立混成第二十一旅団長
昭和十六年六月二十八日　近衛師団長
昭和十七年四月二十日　兵器本廠付
昭和十七年七月十五日　予備役編入
昭和十八年四月十五日　陸軍司政長官
昭和十八年六月二十日　シャン州政庁長官
昭和十九年二月八日　マドラ州長官
昭和二十六年六月十一日　処刑（絞首）

プロフィール

悲運の将軍

西村は熊本地方幼年学校を経て、陸士、陸大に進んだエリート軍人である。その軍歴も華麗で、参謀本部や、陸軍省の要職も経験し、野戦指揮官としての経験も豊富である。しかし、マレー攻略戦での師団長としての指揮振りが、軍上層部の不興を買い、突如として予備役に編入され華やかな軍歴を終わる。

陸士卒業後の西村は、砲兵将校として陸軍砲工学校（のちの科学学校）に進み、成績優秀者として高等科を卒業している。陸大卒業時の成績は中以下であるが、省・部での勤務も多く参謀本部第一部防衛課長を務め、また陸軍省軍務局にも都合四回籍を置いて、兵務課長を務めている。参謀本部防衛課は、元要塞課と呼ばれていたように全国の要塞の築城、防衛などを所管していた。陸軍省兵務課は軍人、軍属の軍紀・風紀の維持、取り締まりや、典範令改廃等が任務であった。

兵務課長のあと、昭和十一年八月野戦重砲兵第九連隊長に転出する。野戦重砲兵は、通常の野砲兵が口径七五ミリや一〇五ミリ砲を主として使用するのに対して一〇五ミリ以上の重砲(一〇五ミリ加農砲、一五五ミリ榴弾砲、加農砲等)を主砲として使用した。師団等に所属の野戦砲兵と違って野戦重砲兵は、大規模作戦の際、軍や師団に配属されて重点方面で使用されることが多かった。野重砲第九連隊は関東軍隷下で対ソ戦に備えていた。

次いで十三年三月、西村は少将進級とともに野戦重砲兵第一旅団長に昇進する。野重砲第一旅団は、支那事変発生以来北支那方面軍隷下の第二軍に配属されていたが、西村は傘下の野戦重砲兵第二連隊、第三連隊を指揮して、台児庄攻略作戦や徐州会戦等で活躍した。

十四年三月、西村は旅団長一年にして東部防衛司令部参謀長に転じる。東部防衛司令部は十二年八月に編成され、のち十五年に東部軍に改編されたが、西村の参謀長時代は、防空に関してのみ内地師団を指揮する権限を有するだけの、あまり実態のない司令部であった。

次いで十五年九月、仏印派遣軍司令官に栄転する。当時日本は、泥沼化した支那事変に手を焼いていたが、中国の抵抗は、仏印を経由する中国支援ルート(いわゆる援蒋ルート)の存在が大きいと見て、これを封鎖し国境線を監視するための部隊進駐を仏印当局(対独協力のビシー政権下)と協議していた。仏印派遣軍はそのための部隊である。ただし、軍といっても兵力は進駐後の飛行場警備のための部隊で、近衛第二連隊基幹の小規模なものであったが、対外関係上の配慮から軍の呼称をつけたものであった。参謀長は蛮勇で高名な長勇大佐（のち中将、第三十二軍参謀長として沖縄で自決）であった。

北部仏印への進駐は、西原一策少将を長とする交渉団が、平和進駐を協議して仏印当局と基本合意に達していたが、現地指導に派遣された富永恭次参謀本部作戦部長と南支那方面軍の佐藤賢了参謀副長等の策謀により、同方面軍の第五師団の一部が独断越境、仏印軍と武力衝突した。また陸軍機がハイフォンを爆撃する一幕もあった。

西村兵団（と呼ばれた）は海上にあって待機しており、武力衝突には責任がないが、西村部隊も上陸を強行し、結果として武力進駐の一翼を担った。

この北部仏印進駐は、日本軍の統帥の乱れを物語るもので、交渉団長の西原少将は大本営宛「統帥乱れて信を中外に失う」と打電（それも海軍の通信網を使って）するほどであり、西村の部隊を護衛してきた海軍も、陸軍の横暴に抗議して、途中で護衛を中止して引き上げるという陸海の軋轢もあった。

進駐後、西村の派遣軍はハノイに司令部を置き、海軍航空隊がハノイ飛行場に進駐して昆明（中国）爆撃を開始した。進駐後は仏印当局とも格別のトラブルもなく、西村は十五年十二月、中将に進級した。進級は第三選抜組であった。

近衛師団長

西村は十六年六月二十四日、独立混成第二十一旅団長に補せられた。中将進級後（それも陸大卒のエリートが）旅団長への転任は異例であるが、これは仏印派遣軍を野戦部隊に強化改編することに伴うもので、西村は改編完了を見ることなく同月二十八日、近衛師団長に栄転する。

近衛師団は、皇居守護が使命であるが、中国戦線の兵力不足から十五年六月、中国に動員され、漢口、広東などを転戦していたが、十六年七月、南部仏印進駐部隊に予定され海南島に待機していた。同師団は新師団長西村中将指揮の下、七月三十日サイゴン（現ホーチミン市）に上陸した。西村は北部仏印進駐、南部仏印進駐とも経験した唯一の将軍となった。南部仏印進駐は北部進駐と異なり、仏印当局の了解の下（武力を背景にしての交渉であったが）、平和的に進駐した。

南部仏印進駐は、来るべき南進（南方攻略作戦）のための航空基地確保が目的で、進駐そのものは武力発動なく行われたが、アメリカはこれに激しく反発し、直ちに対日石油の禁止を発動、折から交渉中の日米交渉に大きな悪影響を与えた。一方日本側は、アメリカの石油禁止は全く予想しておらず、アメリカの措置に大きな衝撃を受けた。

マレー・シンガポール攻略

昭和十六年十二月八日、日本軍は海軍が真珠湾を奇襲攻撃するとともに、陸軍は同日一斉に南方作戦を発動した。西村の近衛師団は、山下奉文中将率いる第二十五軍の隷下にあって、マレー・シンガポール進攻作戦に参加した。同師団は南仏印進駐後、一時第十五軍に配属となりタイに駐屯していたが、十二月十一日二十五軍復帰が命じられ、次いで陸路国境線を越えて英領マレーに進入した。

マレー進攻作戦は、すでに先遣の第五師団が十二月八日にシンゴラに上陸、半島を横断して西海岸周りで進撃していた。近衛師団は第五師団の後を追って進撃、時には第五師団と交替して前進したが、マレー作戦の主役は第五師団であった。

昭和十七年二月八日深更、マレー半島を縦断し、半島南端ジョホールバルに集結した第二十五軍の三個師団（第五、近衛、第十八）は、一斉にジョホール水道を渡河してシンガポール島に上陸を開始した。

近衛師団は、もともと皇居守護が任務であり、野戦向きの編制ではなかったことや、兵力（一個連隊欠）等を考慮して、西村師団長は軍司令部に第二線兵力としての使用を希望して、第五師団の後方を進むよう区処されていたが、その後西村は、第一線での使用を改めて要望した。このため作戦は三個師団並列しての上陸に変更された。ただし、近衛師団はウビン島へ陽動作戦実施のため、渡河は他師団に一日遅れて九日深夜となった。

師団が渡河を始めると、水道に重油が流され一面火の海となった。火はまもなく沈静化したが、恐慌を来した一小隊長が「上陸部隊全滅」と報告したため西村は、参謀長と共に軍司令部に師団の窮状を訴え、上陸地点を変更して、当初案のとおり第五師団の後方から前進したいと要望した。この時要望だけではなく、これまでの軍の処置を種々非難したと伝えられている。この報告を受けた山下軍司令官は、近衛師団の参謀に対して「近衛師団は好きなように、勝手に行動せよ」と言ったと伝えられている。

その後、師団第一線からの報告は誤りで、損害も軽微、上陸は順調に進展していることが判明したが、この一件で山下の西村に対する評価は決定的に悪化したという。

これまでのマレー戦についても、軍司令部内で西村の師団司令部の位置が後方すぎる、行動に積極性がないとの評価があり、これに対して師団側が反発するなど軍と師団の関係は円滑を欠いていたことも影響したし、また、かねてから山下と西村は相容れないものがあり、不仲であったという。もともと皇道派に属し、二・二六事件の際反乱軍に理解を示した山下に対して、兵務課長として軍人・軍属の軍紀・風紀維持の責任者であった西村は山下を強く非難した経緯があった。

シンガポールは、昭和十七年二月十五日突然の英軍の降伏申し入れにより陥落した。この交渉で山下軍司令官が、イギリスの最高指揮官パーシバル中将に向かって「イエスかノーか」と強圧的に迫ったとの話が有名であるが、山下は全くの誤解であると終生気にしていたという。

シンガポール戦での第二十五軍の損害は、死者一千七百十三名。負傷者三千三百七十八で、うち近衛師団は死者二百十一名、負傷者四百六十六名で、参加三師団中、最も軽微であった。

マレー作戦、及びシンガポール攻略戦の功績により第二十五軍司令官名で第五師団(師団長松井太久郎中将)、第十八師団(牟田口廉也中将)に対しては感状が授与されたが、一人近衛師団に対しては与えられなかった。

それればかりか、西村は四月二十日兵器本廠付を命じられ、失意のうちに帰国、七月十五日には予備役に編入された。一方、山下も上部軍の南方総軍や東條首相との関係は円滑を欠き、同年七月十七日、満州の関東防衛軍司令官に更迭された。途中東京に立ち寄っての天皇に対する軍状奏上も認められず、覆面将軍として隠密裡に任地への直行が命じられた。

陸軍司政長官

長い軍歴を去った西村は、翌十八年四月、陸軍司政長官に任命された。司政長官は、南方占領地の行政官で、各軍の軍政監部の下で占領地行政を司った。司政長官は、勅任官でその下に奏任官の司政官や理事官、書記、技師、警部などがいた。十八年十月には陸軍司政長官が一四七名、海軍司政長官が十八名任命されており、司政官その他の行政要員を併せて二万名以上が南方各地で任務に就いていた。

西村は当初ビルマ（現ミャンマー）のシャン州政務長官として赴任したが、十九年二月ジャワ島東部のマドラ州（マドラ島）長官に転じ、ここで終戦を迎えた。司政長官時代の西村の事績や日本の南方軍政の実態は殆ど解明されておらず、全く不詳である。

死の状況

戦犯

シンガポール攻略後、同市（昭南特別市と改称された）の治安維持のため、第五師団の河村参郎少将（当時）を長とするシンガポール警備隊が設立され、治安の任に当たったが、昭南市を除くシンガポール島の治安は近衛師団が担当した。この時発生したのが、第二十五軍の暗部といわれるシンガポール華僑虐殺事件である。

マレー半島進攻中及びシンガポール攻略後、治安維持を名目に中国系住民を反日、あるいは抗日分子として多数殺害した事件である。詳細は河村参郎中将の項に譲るが、その数は六千人とも数万人ともいわれている。

この事件の首謀者は、第二十五軍の辻政信参謀といわれているが、山下軍司令官や鈴木宗作軍参謀長も承認して軍命令として実行されている。戦後この事件が英軍によって裁かれた際、山下は米軍によって別件ですでにマニラで処刑されており、鈴木は第三十五軍司令官としてレイテ島で戦死、また辻は逃亡して行方不明であったため、実行責任者として河村参郎元警備隊司令官と大石正幸野戦憲兵隊長（大佐）が死刑となった。

西村の近衛師団もシンガポール市外での殺害に関与したとされ二十二年四月、終身刑が言い渡された。この件については西村は死刑を免れシンガポールで服役中であったが、新たにオーストラリア側から戦犯の訴追を受け、ニューギニア東北洋上のマヌス島に移送された。容疑はマレー進攻作戦中、バクリの戦闘で捕らえた豪州兵や印度兵約二百人を殺害したというものであった。

西村は裁判では「捕虜の処刑等は全て自分の命令である。自分が処分せよと命じたことは間違いない。部下に責任はない」と主張、多くの部下の命を救ったという。命令を出したことを否定し、部下が勝手にやったことと部下に責任を押しつけて（このため命令の実行者が多数処刑された）生き延びた上級者が多かったといわれる中で、こうした西村の態度は豪州側も高く評価したという。このため、この事件では西村一人が絞首刑を宣告され、二十六年六月十一日執行された。最後の戦犯処刑であった。

西村の辞世は次のように伝えられている。

責めに生き　責めに死するは　長たらむ　人の途なり　憾みはせず

多くの自決者や、刑死者の辞世の中でも心打たれる辞世である。

西村の同期は、戦犯として責任を問われた者が多く、原田熊吉第五十五軍司令官、田辺盛武第二十五軍司令官、田中久一第二十三軍司令官等が刑死している。また安達二十三第十八軍司令官、寺本熊市第四航空軍司令官が戦後自決している。死んではいないが、インパール作戦で大敗した牟田口廉也第十五軍司令官も同期である。

参考文献

戦史叢書　支那事変陸軍作戦2　防衛庁防衛研修所戦史室編　朝雲新聞社
戦史叢書　大本営陸軍部2　防衛庁防衛研修所戦史室編　朝雲新聞社
統帥乱れて　北部仏印進駐事件の回想　大井篤　毎日新聞社
戦史叢書　マレー進攻作戦　防衛庁防衛研修所戦史室編　朝雲新聞社
丸別冊　太平洋戦争証言シリーズ8　戦勝の日々　潮書房
実録太平洋戦争1　「シンガポール攻略　岩畔豪雄」　中央公論社
日本軍政下のアジア　小林英夫　岩波新書
南方軍政論集　岩竹照彦　巌南堂書店
孤島の土となるとも—BC級戦犯裁判　岩川隆　講談社

馬場正郎（熊本）

Baba Masao

（写真　丸別冊　太平洋戦争証言シリーズ3　静かなる戦場　p267）

明治二十五年一月七日　生
昭和二十二年　八月七日　没（絞首）　ラバール　五十五歳
陸士二十四期（騎）
陸大三十三期
功四級

主要軍歴

明治四十五年五月二十八日　陸軍士官学校卒業
大正十年十一月二十八日　陸軍大学校卒業
昭和八年四月二十一日　教育総監部騎兵監部員
昭和十年八月一日　大佐
昭和十二年八月二日　騎兵第二十四連隊長
昭和十三年七月十五日　少将　騎兵第三旅団長
昭和十四年八月一日　騎兵監部付
昭和十五年十二月二日　騎兵集団長
昭和十六年八月二十五日　中将
昭和十六年十月一日　第五十三師団長
昭和十八年九月二十五日　第四師団長
昭和十九年十二月二十六日　第三十七軍司令官
昭和二十二年八月七日　処刑（絞首）

プロフィール

騎兵科のエリート

馬場は一般にはあまり知られた将軍ではないが、陸士、陸大を出て、騎兵将校としてエリートコースを進む。

昭和八年四月、教育総監部騎兵監部員となる。騎兵監部は、騎兵部隊の利益代表であり、全軍の騎兵科教育の元締めで、陸軍騎兵学校を所管した。騎兵はかって軍の耳目といわれたが、自動車や戦車の発達により騎兵の地位は低下し、騎兵連隊の多くは、自動車化された捜索連隊や戦車連隊などに変わり、騎兵監部も十六年に陸軍省機甲本部に吸収された。

馬場は、騎兵監部員を四年四ヶ月にわたって務めているが、具体的な職務は不明である。在任中の十年八月大佐に進級している。同期の第一選抜組であった。

十二年八月馬場は、騎兵将校待望の騎兵二十四連隊長に昇進した。騎兵第二十四連隊は、騎兵第四旅団所属で、関東軍隷下の騎兵集団に所属していた。騎兵集団は二個騎兵旅団を基幹に、騎砲兵連隊、装甲車隊、自動車化歩兵大隊、輜重隊等から成り、集団長は中将で、騎兵師団に相当したが、騎兵集団は騎兵師団になることはなく十七年に戦車師団に改編される。

十三年七月馬場は少将に進級し、騎兵第三旅団長となる。少将進級も第一選抜組である。騎兵第三旅団も騎兵集団所属であった。騎兵集団は、創設（昭和八年）以来関東軍隷下にあったが、対ソ戦想定の下では使い道がなく、十三年七月北支に転用され、北支那方面軍隷下に転属となった（ただし、馬場の騎兵第三旅団は関東軍に残った）。北支那方面軍は、兵力の増強は喜んだが、馬糧の確保に苦しみ、集団で自給してくれと言ったという話が残されている（『帝国陸軍機甲部隊』加登川幸太郎）。また、騎兵は大量の水が必要であった。この時期既に騎兵は、一種の厄介者になりつつあったが、軍の機甲化、機動化は遅々として進んでいなかった。

騎兵集団長

馬場は十四年八月、騎兵監部付となり帰還する。次いで十五年十二月、騎兵集団長に昇進。騎兵集団は、当時我が国最大の騎兵部隊で、集団長は騎兵将校にとってはあこがれのポストであった。馬場は、騎兵連隊長、騎兵旅団長、騎兵集団長と騎兵ポストを順調に上りつめた。集団も中国戦線に移ってからは、中国軍相手では、その機動力や打撃力もそれなりに有効で武漢攻略戦等で活躍している。しかし、軍としては騎兵の運用に苦慮しており、十七年には騎兵集団は戦車第三師団に改編された。最後まで乗馬騎兵として残ったのは騎兵第四旅団のみであった。

師団長

馬場は騎兵集団長在職中の十六年八月中将に進級し、間なしの十月歩兵第五十三師団長に親補された。中将進級は、同期トップに五ヶ月遅れの第二選抜組であった。

五十三師団は、十六年九月に編成された師団で、馬場が初代師団長である。同師団が戦地に動員されたのは十八年十一月、ビルマ派遣が命じられてからのことで、馬場が師団長当時は編成地京都にあって、教育訓練に明け暮れていた。およそ二年後の十八年十月第四師団長に転じる。

第四師団は、明治二十一年編成の古い師団で、日清戦争、日露戦争、支那事変、比島のバターン半島攻略戦に動員された歴戦の師団である。比島戦後、一時内地に帰還していたが、馬場の師団長就任と同時に蘭印のスマトラ島に動員された。スマトラ島の戦闘は緒戦の進攻時だけで、馬場の任期中は平穏であった。

軍司令官

昭和十九年十二月、馬場は第三十七軍司令官に昇進した。師団長になって三年が経っていた。師団長を二回務め軍司令官に昇進した例はかなり珍しい（軍司令官になる者は概ね一度で昇進）が、順調な昇進といって良いであろう。軍司令官就任はトップクラスであった。

もっとも、軍司令官といっても第三十七軍は元ボルネオ守備軍として編成された軍で、作戦軍ではなく軍政を主体とし、ボルネオの治安維持、石油を初めとする資源の開発、生産、内地への還送を目的とする軍であった。

こうした中、戦局は風雲急を告げ、ボルネオ守備軍は、十九年九月作戦軍として改編され、三十七軍が編成されたが、僅か二個旅団基幹の弱少の軍であった。馬場の発令は十二月二十六日であったが、当時既にボルネオへの交通路は空海とも寸断され、いわば隣組のスマトラ島からの着任もままならず、やっと到着したのは一ヶ月後の翌年一月二十五日のことであった。

馬場の前任軍司令官山脇正隆大将（十八期）は、温厚な人柄で部下に慕われていたが、馬場は何かにつけ型破りで、着任早々参謀長室に自分の机を運び込み、参謀長の机に山積みにされた起案を後先の順序もかまわず片っ端から決裁したり、突き返したりして部下を驚かせたという。

死の状況

戦犯　サンダカン死の行進

ボルネオの守備は乏しい兵力ながら、比島寄りの北及び東海岸を重点に配備していたが、南方総軍は、敵の侵攻はインド洋側の、西ないしは南方面からとみて配備変更の命令を下した。東海岸に布陣中の部隊に対してジャングルを踏破し、キナバル山（四千百メートル）を擁する背梁山脈を越えて西海岸への転進が指示された。途なき途の四百～六百キロ（部隊による）の行程であった。在留邦人及び捕虜も含めての転進命令であった。

馬場はこの異動は、戦闘以上の犠牲が発生すると反対したが、総軍命令には抗し得なかった。これがいわゆる「サンダカン死の行進」である。転進したのは独立混成第五十六旅団及び独立混成第二十五連隊の約四千名、及び在留邦人五百人（概数）、マレー・シンガポール戦での英豪軍捕虜二千人（一千五百人余りとの記録もある）であった。

こうしたおよそ六千五百人の人員のうち東海岸に辿り着いたのは将兵約二千人にすぎなかったという。老人婦女子連れの在留邦人の消息は全く不明で、また捕虜は七名（六名説もある）しか生き残らなかったという。そのほか途中で四名が脱走し生還したが、その他は途中で、餓死ないし足手まといとなって処置（殺害）されたと見られている。

戦後、馬場は豪州軍に戦犯訴追され、サンダカン死の行進の管理責任を問われ豪州ラバウル法廷に於いて死刑の判決を受け、絞首刑となった。

馬場の同期には、レイテ戦で戦死した鈴木宗作第三十五軍司令官、戦後ハバロフスクで自決した上村幹男第四軍司令官、中国で戦死した中薗盛孝第三飛行師団長、サイパンで戦死した斎藤義次第四十三師団長、沖縄戦で自決した中島徳太郎歩兵第六十三旅団長等がいる。

参考文献

日本騎兵史　原書房
帝国陸軍機甲部隊　加登川幸太郎　白銀書房

馬場 正郎

別冊歴史読本 戦記シリーズ32 太平洋戦争師団戦史 新人物往来社

丸 太平洋戦争証言シリーズ3 静かなる戦場「ボルネオ軍かく戦えり」 山田誠 潮書房

中将

原田　熊吉（大阪）

Harada Kumakichi

（写真　ウィキペディア）

明治二十一年八月八日　生
昭和二十二年五月二十八日　没（絞首）　シンガポール（チャンギー）　五十八歳
陸士二十二期（歩）
陸大二十八期
支那駐在
功四級

原田 熊吉

主要軍歴

明治四十三年五月二十八日　陸軍士官学校卒業
大正五年十一月二十五日　陸軍大学校卒業
昭和四年一月十二日　陸軍省軍事課支那班長
昭和六年八月一日　南京駐在武官
昭和七年二月二十六日　上海駐在武官代理
昭和七年八月八日　関東軍第三課長
昭和八年八月一日　大佐
昭和十年八月一日　近衛歩兵第四連隊長
昭和十二年八月二日　少将
昭和十二年八月十三日　駐支武官
昭和十三年二月十八日　中支那派遣軍特務部長
昭和十四年一月一日　中支那維新政府顧問
昭和十四年十月二日　中将
昭和十五年五月二十五日　第三十五師団長
昭和十七年三月二日　第二十七師団長
昭和十七年十一月九日　第十六軍司令官
昭和二十年四月七日　第五十五軍司令官
昭和二十年六月十五日　兼四国軍管区司令官
昭和二十二年五月二十八日　処刑（絞首）

プロフィール

中国通

原田は陸士、陸大、さらに陸大専攻科を出たエリート軍人である。

陸大専攻科は、大正十三年に設立された。その目的は「各兵科（憲兵を除く）の中・少佐にして高等用兵に関する学術の深厚なる研究を行う」こととされ、いわば陸大の大学院ともいうべきコースであった。

原田は陸士卒業後六年（普通は十年前後かかった）にして陸大を卒業、その成績も上位であった。専攻科での研究テーマは「支那戦史ヲ究メ国軍将来ノ作戦ニ鑑ミ統帥上ノ重要事項」であり、その後の経歴の中心も、中国勤務でいわゆる支那通の範疇に入る。

陸大卒業後、参謀本部第二部支那課に配属され、次いで支那駐在を命じられ、その後陸大教官、混成第一旅団参謀などを経て大正十五年陸大専攻科に進む。専攻科卒業後支那公使館付武官補佐官として中国に駐在、昭和四年帰国後は、陸軍省軍務局軍事課支那班長となる。

昭和七年上海駐在武官代理として三度中国に駐在する。駐在武官は当初北京に置かれていたが、国民党の南京政府樹立により、上海に移った。昭和七年関東軍参謀（第三課長）となり満州に赴任した。第三課は後方、兵站担当課である。

昭和十年八月一日、近衛歩兵第四連隊長に補任され内地に帰還する。原田にとっては殆ど初めての実兵指揮官であるが、近衛歩兵第四連隊は甲府編成で近衛師団に所属、二年の在任中出征することはなかった。

昭和十二年八月、原田は少将に進級する。進級は同期のトップ第一選抜組であった。進級とともに、中国大使館付武官として再び（四度目の勤務）中国に渡る。武官としては三度目の勤務である。三度の勤務は他に殆ど例を見ない。

しかし、半年で中支那派遣軍特務部長に転ずる。特務部は、後方地域で政治工作を行う機関で、占領地に於ける親日政権の擁立、育成などの工作を行った。これらの工作によって作られた傀儡、地方政権に華北の中華民国臨時政府、華中の中華民国維新政府等がある。原田は十四年一月には、こうして自ら設立させた維新政府顧問に就任している。これらは後に汪兆銘の中華民国（南京政権）に統一される。

師団長二回、軍司令官二回

昭和十四年十月、原田は中将に進級し、十五年五月、第三十五師団長に親補される。中将進級も同期のトップ、第一選抜組である。第三十五師団は、昭和十四年旭川で編成された師団で、原田は二代目の師団長であった。師団は中国に動員され、北支那方面軍（のち中支那方面軍と統合され支那派遣軍となる）直轄兵団として、華北の治安警備作戦に従事した。

十七年三月、第二十七師団長に転じる。二十七師団は、昭和十三年華北で北支那駐屯混成旅団を母体に編成された師団で、原田が師団長に就任したときは、支那派遣軍の直轄兵団として治安警備に従事していた。しかし、二十七師団長在職八ヶ月で十七年十一月第十六軍司令官に栄転となる。同期でトップクラスの軍司令官昇進である。

インパール作戦で有名な牟田口廉也第十五軍司令官、ニューギニアで悪戦苦闘し戦後自決した安達二十三第十八軍司令官、同じくニューギニアで戦い戦後自決した寺本熊市第四航空軍司令官、戦犯として処刑された田中久一第二十三軍司令官、同じく戦犯として処刑された田辺盛武第二十五軍司令官、シベリアに抑留中死亡した村上啓作第三軍司令官等が同期である。

死の状況

戦犯

第十六軍司令官となった原田はジャワ島ジャカルタに赴任した。ジャワの極楽、ビルマの地獄、生きて帰れぬニューギニアとうたわれたように、開戦初期の上陸戦を除いて戦闘はなく、前任の今村均第十六軍司令官の穏健統治が成功し、治安もよく保たれていた。原田は第十六軍司令官としてジャワで二年五ヶ月の平穏な時を過ごした。原田も基本的には今村の穏健統治策を踏襲したが、中央の指導もあり、その色合いは多少異なるものがあった。

原田の軍司令官就任直前の十七年十月、中央では軍政会議を開催し占領地行政のあり方について「南方占領地各地域別統治要綱」を示達した。その中でジャワについては蘭人の政治的勢力の一掃、華僑に対する政治的圧力の強化、重要国防資源の補給源としての機能確保などが指示されていた。原田の治世は、その要綱にもとづき、強圧策をとらざるを得なかったであろう。

原田は、二十年四月、本土決戦に備えて四国地区防衛の第五十五軍司令官に転補され帰国した。この時期すでに比島は殆ど占領され、沖縄にも米軍が上陸して、本土と南方要域との連絡手段は途絶えつつあり、僅かに仏印から大陸経由の航空路が残されているのみであった。原田の内地帰還も米機の跳梁の合間を縫っての飛行で内地着任は難航を究め、一ヶ月近くを要した。

その後原田は、四国軍管区司令官を兼ね（二十年六月）、本土決戦準備に当たっていたが、二十年八月十五日の終戦を迎えた。

しかし、原田は戦犯容疑で逮捕され、シンガポールに送られた。容疑は二十年三月ジャワ島沿岸に不時着した豪州軍爆撃機の搭乗員三名を不法に処刑したというものであった。

このことは事実であったが、原田が命令を下したものであったかどうかは、はっきりしていない。捕虜の尋問終了後「処分しろ」と現場に連れてきたのはある軍医少佐だったと伝えられているが、その時、その少佐は「軍司令官の命令」だと言ったという。

原田は処刑確定後その事実を報告され、裁判では軍司令官命令だと供述したといわれている。

命令していても知らぬ存ぜぬを通して責任を回避した高級将校が少なくない中で自分の命令だと主張することは誰にでも出来ることではない。

事実は、情報参謀の馬杉一雄中佐が自分が命じたと裁判途中で告白したが、原田も監督責任を問われ馬杉と共に絞首刑が宣告された。二十二年五月二十八日シンガポールで執行された。

終戦時、同期で師団長二回、軍司令官二回を経験しているのはタイの第十八方面軍司令官の中村明人中将のみで、原田もいずれは方面軍司令官となり、大将進級も夢ではなかったであろう。

参考文献

日本陸軍と中国　戸部良一　講談社選書メチエ
別冊歴史読本　戦記シリーズ32　太平洋戦争師団戦史　新人物往来社
戦史叢書　北支の治安戦1　防衛庁防衛研修所戦史室編　朝雲新聞社
戦史叢書　支那事変陸軍作戦2、3　防衛庁防衛研修所戦史室編　朝雲新聞社

戦犯　新聞記者が語り継ぐ戦争　読売新聞大阪社会部編　読売新聞社

福栄 真平（東京）

Fukue Shinpei

（写真　特別増刊歴史と旅　帝国陸軍将軍総覧　p410）

明治二十三年一月十四日　生
昭和二十一年四月二十七日　没（銃殺）シンガポール　五十六歳
陸士二十三期（歩）
陸大三十五期
功四級

主要軍歴

明治四十四年五月二十七日　陸軍士官学校卒業
大正十二年十一月二十九日　陸軍大学校卒業
昭和十年三月十五日　関東軍交通監督部員
昭和十一年八月一日　大佐
昭和十二年十月五日　歩兵第六十三連隊長
昭和十四年三月九日　少将　留守第十六師団司令部付

昭和十五年二月十日　歩兵第十五旅団長
昭和十七年七月一日　マレー俘虜収容所長
昭和十七年十二月一日　中将　下関要塞司令官
昭和十八年三月二十五日　第六十六独立歩兵団長
昭和十八年六月十日　東京湾要塞司令官
昭和十九年六月二十一日　第百二師団長
昭和二十一年四月二十七日　処刑（銃殺）

プロフィール

不遇の将軍

福栄は、陸士、陸大卒のキャリア組軍人であるが、陸大入学もかなり遅く、その成績も芳しくない。軍歴も省・部での華々しい勤務は殆どなく、現場回りが中心でいささか寂しいものである。進級も同期のトップは、昭和九年八月に大佐、十三年三月に少将、十五年十二月に中将に進級しており、相当遅れた。

福栄は昭和十二年十月、歩兵第六十三連隊長に補せられた。第六十三連隊は、明治三十八年松江編成の連隊で第十師団所属である。日露戦争、満州事変にも出征、福栄が連隊長となった十二年には、支那事変の勃発により北支に応急派兵された。

第六十三連隊は黄河渡河作戦、済南攻略作戦、台児庄の戦いなどに参加した。台児庄の戦いでは、瀬谷歩兵第三十三旅団長率いる瀬谷支隊に属し、台児庄攻略の主力部隊として戦ったが、頑強な中国軍の抵抗にあって連隊は大きな損害を受け、攻撃は不成功に終わった。その後支隊長の命により連隊は戦場から後退したが、中国軍はこれを台児庄の大勝利と宣伝した。この台児庄の戦いの際、福栄は支隊長の命ずる線まで前進せず不興を買ったとの話が残されている。その後連隊は、さらに徐州会戦等にも参加している。

昭和十四年三月、福栄は少将進級とともに留守第十六師団司令部付となって内地に帰還する。留守師団司令部付は一年近くに及んだが、その間の動向はよくわからない。進級の後、退役の可能性もあったが、十五年二月歩兵第十五旅団長に補せられた。栄転であった。

第十五旅団は、高田編成で仙台の第二師団所属である。福栄は、旅団長として隷下の歩兵第十六連隊と三十連隊を指揮した。しかし、第二師団は十五年八月、歩兵四個連隊制から歩兵三個連隊制に改編され、第三十連隊は第二十八師団に編入された。これに伴い旅団は廃止され、歩兵三個連隊を指揮する第二歩兵団が置かれた。この時福栄は、歩兵団長となったか、別の師団に移ったかしたはずであるが、その動静が不明である。十五年十一月には、第二歩兵団長として那須弓雄少将が任命されている。那須はのちガダルカナルで戦死する。

福栄は、十七年七月、マレー俘虜収容所長に任じられシンガポールに赴任した。マレー俘虜収容所はマレーだけではなく、スマトラやジャワ等にも分遣所が置かれ、軍人だけではなく、敵性民間人（主としてオランダ系住民）も多数収容されていた。福栄の俘虜収容所長は、僅か五ヶ月で、十七年十二月漸く中将に進級し、下関要塞司令官に転任となり帰国した。この僅か半年弱の俘虜収容所長の経験が後に福栄の命取りとなる。
収容所長のあとの下関要塞司令官も僅か三ヶ月で、小倉の第六十六独立歩兵団長に転任し、さらに三ヶ月後の十八年六月には、東京湾要塞司令官に転じた。目まぐるしい転勤である。東京湾要塞司令官には一年在任し、十九年六月、第百二師団長に親補された。待望の親補職であり、これまであまり恵まれた職につけなかった福栄には大きな喜びであったであろう。

師団長

第百二師団は、比島中部のビサヤ地区と呼ばれたネグロス、セブ、パナイ島などの警備に当たっていた独立混成第三十一旅団を改編、拡充して師団に昇格させたもので、福栄が初代師団長となった。第三十五軍の隷下にあって、いずれ来たるべき米軍の進攻に対し、ビサヤ地区防衛がその任であった。当初司令部はパナイ島に置かれていたが、のちセブ島に移る。第三十五軍司令官鈴木宗作中将は福栄の一期後輩であった。陸大卒業者が、後輩の下に就くことは極めて異例の人事である。

レイテ戦

昭和十九年十月十八日、レイテ湾口に米軍の大輸送船団が現われた。直ちに湾内の掃海を始めると共に、随伴の艦隊からの艦砲射撃や爆撃が始まり、次いで二十日午前、米軍が上陸を開始した。上陸兵力はその日のうちに四個師団十万四千人に達し、強力な橋頭堡を築いた。

レイテ島には、十九年四月以来第十六師団が配備されていたが、上陸前の猛烈な艦砲射撃や爆撃で水際主体の陣地は徹底的に破壊され、部隊は四散して、以後師団とセブ島にあった第三十五軍との通信は殆ど通じなくなってしまった。

当初大本営は、米軍が比島に進攻してきた場合、比島最大の島ルソン島で決戦を行う計画でルソン島に戦力を増強しつつあった。

第十四方面軍司令官山下大将もその指示を受けていた。ところが、十月十二日から始まった沖縄・台湾空襲に来寇した米艦隊を海軍航空隊が攻撃した、いわゆる台湾沖航空戦で、米空母十一隻撃沈、八隻撃破したと海軍は発表した。これを信じた陸軍は、米軍のレイテ上陸は台湾沖航空戦の敗北を粉塗する苦し紛れの政治的作戦と誤断して、急遽ルソン決戦をレイテ決戦に変更し、山下大将の反対を押し切り、ルソン島向けの兵力を次々とレイテ島に投入していく。第一師団、第二十六師団、第六十八旅団、高階支隊（第八師団）等である。一方、第三十五軍も隷下の百二師団、第三十師団の一部を増援部隊として送った。福栄は、師団の二個大隊他を率いてレイテ島に渡った。福栄のレイテ上陸は、十九年十一月十八日と伝えられている。このころレイテの戦線は海岸部から山中に移り、リモン峠を挟んで満州から派遣された第一師団が米軍と激闘を繰り返していた。

福栄の百二師団は、リモン峠から十数キロ東南方のピナ山付近に布陣を命じられた。以降、百二師団の動向、活躍振りは、主戦線から離れていたこともあるが『戦史叢書』にも、その他の戦記書にも殆ど現われてこない。僅かにピナ山麓から西海岸に向かっての撤退時の状況が『戦史叢書』や『レイテ戦記』（大岡昇平）に記録されているくらいである。

五十日にわたってリモン峠で米軍を拒止してきた第一師団も戦力衰耗し、十二月二十一日、遂に軍命令により撤退を開始した。

第一師団一万三千人の兵力は、三千人に擦り減っていた。このころ第三十五軍司令部が二度にわたり米軍の奇襲を受け、司令部要員が四散して指揮機能を失い、鈴木軍司令官も一時行方不明となる事態が生じている。

レイテ脱出

こうした中、福栄の百二師団も海岸目指して撤退を始めたが、福栄の奇怪な行動が記録されている。福栄は二十年一月五日、レイテを離島しセブ島に転進したが、軍命令に反し護衛部隊を引き連れて脱出し、これに激怒した鈴木軍司令官が方面軍や大本営に福栄の軍法会議送りと師団長解任を求めている。

この福栄の命令違反は伏線があり、ピナ山中から歓喜峰周辺への集結を命じられながら、近くの軍司令部に連絡の必要性を説く参謀長の進言を退け、独断で海岸線にまで後退し、残された師団のセブ島留守部隊に対し、配船の手配などを命じている。この時師団参謀長は、軍参謀副長宛「師団はセブ、ネグロス島に転進し、レイテへの補給とバコロド航空基地強化に任ずべく既に司令部と西村大隊は乗船準備中である。了承されて軍司令官によろしく取り計らわれたい」と私信を送って了承を求めている。

これを聞いた鈴木軍司令官は激昂したが、百二師団はもともとパナイ島、セブ島、ネグロス島等が担任地区であったので、軍命令として原駐地復帰を追認したが、西村大隊の随行は認めなかった。しかし、福栄はこれを無視して司令部員約五十名の他西村大隊約六十名を護衛として引き連れ、セブ島へ脱出した。しかし、セブ島に到着したのは福栄以下三十五名にすぎなかったと記録されている。また温情的な追認命令に拘わらず福栄は、軍司令部には現状の報告も挨拶もすることなく忽然とレイテから消えてしまった。

二十年一月七日に軍参謀長友近少将が師団司令部に赴いたところ、既にもぬけの殻だったという。敵前逃亡罪に問われてもおかしくない行為である。『戦史叢書』は旧軍人（特に高級軍人）の非違行為にはあまり触れない傾向があるが、この件については経緯を細かく記録している。

一方、福栄に対する処罰要請に対して、上部軍の第十四方面軍も中央もこれを放置し、何の指示も与えなかったため、鈴木軍司令官は自己の権限で、福栄を三十日間の指揮権停止にした。中央も第十四方面軍も、一月九日ルソン島に米軍が上陸してきたためその対応に追われており、また、ルソン島でも第四航空軍司令官富永中将の独断台湾脱出（一月十五日）問題が発生するなど、それどころではない状況にあり、福栄の処罰問題はうやむやとなってしまった。

福栄の評価

こうした福栄に対する評価は、軍紀違反も含めて極めて厳しいものがある。当時の第三十五軍参謀長友近美晴少将は、戦後収容所で書いたといわれる『軍参謀長の手記』の中で「師団長福栄中将は、陣中に於いても私生活に関心が深かった。住と食とはなかなか、きちんとやかましくせられ、部下、殊に配属部隊に対する指揮冷厳にして、そのやや卑俗を思わせる人格も手伝い、部下の信頼を博するに至らず」と酷評し、「百二師団は参謀長で保てた」と記録している。

その後レイテ戦は最終段階に入り、二十年一月十二日から第一師団が撤退を開始し、三月十七日鈴木第三十五軍司令官以下軍司令部が島を離れた。この頃既に輸送力もなく第一師団は、生き残り三千人のうち脱出できたのは僅かに八百一名であったし、第十六師団、二十六師団、六十八旅団等の残余の人員はレイテでの自活自戦が命じられ、遂にはそのほぼ全員がレイテの土となった。レイテ残留の第一師団将兵のうち、生き残ったのは餓死寸前に捕虜となった一名のみと伝えられている。

セブ島に脱出した鈴木もミンダナオ島目指して丸木船に乗って進転中、四月十九日海上で米軍機の攻撃を受け戦死した。

福栄はレイテを無事脱出できたが、脱出したセブ島にも三月二十六日米軍が上陸してきた。以降終戦まで山にこもって八月十五日を迎えた。『戦史叢書』は、百二師団はもっぱら密林に入り、行動の秘匿に務めたため、殆ど敵の攻撃を受けなかったと記録している。

師団は八月十六日終戦を知り、八月二十四日セブ島バランバンに於いて正式に降伏した。

福栄は、セブ島に於いても、あまりいい話は残していない。福栄の師団司令部は女を囲っているとか、福栄も狂っているとかいった話である。女を囲っているというのはセブの陸軍病院の看護婦を当番として高級幹部にあてがっていたらしい。また海軍部隊からは、福栄の海軍部隊に対する仕打ちをなじる声も大きい。陸戦の経験のない海軍を第一線に出し、自分達だけが後方に下がったり、食料を独り占めにしたといった話である。海軍側の評価は、第一師団が圧倒的に高い。

死の状況

戦犯

米軍に降伏した福栄は、まもなく英軍から戦犯容疑者として引き渡し要求を受け、シンガポールに移送された。マレー俘虜収容所長時代の捕虜殺害及び捕虜の宣誓解放違反容疑であった。事実関係は必ずしもはっきりしないが、捕虜の殺害は、福栄が赴任したときにはすでに実行されていたものを事後承認したといわれる。

捕虜の宣誓解放違反とは、あまり聞き慣れない用語であるがヨーロッパではかなり古くから行なわれた制度で、捕虜が解放されても一定期間（通常終戦まで）抑留国に対し敵対行為を取らないことを誓約して解放することをいう。日本も日露戦争の旅順戦で四万人以上の捕虜を得たが、そのうち千四百人が宣誓、これらを帰国させている。全くの紳士協約であるが、通常は将校が対象だったという。なぜなら将校＝騎士であり、騎士は紳士と考えられていたからである。この宣誓解放はジュネーブ条約で強制してはならないとされていた。

日本軍はマレー戦で大量の捕虜を得たが、これら捕虜のうちマレー人、インドネシア人、などを宣誓解放させ、兵補として日本軍に組み入れ労役（一部は戦闘）に従事させていた。ガダルカナル戦やニューギニア戦でもこれら兵補が従軍している。これらは抑留国に敵対しないばかりでなく、むしろ積極的に抑留国に協力し、本国に敵対（反乱）したことになるが、植民地軍の捕虜の場合、チャンドラ・ボースに率いられた印度国民軍に参加して植民地からの独立闘争のため戦った者も多数いる。ジュネーブ条約との関係は微妙なものがある。

福栄は、前任者の捕虜殺害について事後承認を与えた。捕虜に逃亡しないことの宣誓を強要したという理由で死刑が判決され、昭和二十一年四月二十七日銃殺刑に処せられた。福栄の銃殺の瞬間が写真に残されている。福栄の量刑は過酷に過ぎ、不当である。

福栄の同期では、岡田資第十三方面軍司令官、河野毅歩兵第七十七旅団長、佐々木誠タイ俘虜収容所長、河野良賢北支那野戦自動車廠長が戦犯として処刑されている。

参考文献

日本陸軍歩兵連隊　新人物往来社編
別冊歴史読本　戦記シリーズ32　太平洋戦争師団戦史　新人物往来社
戦史叢書　支那事変陸軍作戦1、2　防衛庁防衛研修所戦史室編　朝雲新聞社
戦史叢書　捷号陸軍作戦1　レイテ決戦　防衛庁防衛研修所戦史室編　朝雲新聞社
戦史叢書　捷号陸軍作戦2　ルソン決戦　防衛庁防衛研修所戦史室編　朝雲新聞社
レイテ戦記3　大岡昇平　中公文庫
別冊丸　太平洋戦争証言シリーズ11　大いなるなる戦場　比島陸海決戦記　潮書房
第一師団レイテ決戦の真相　冨田清之助　朝雲新聞社
回想レイテ作戦　海軍参謀のレイテ戦記　志柿謙吉　光人社
孤島の土となるとも―BC級戦犯裁判　岩川隆　講談社
捕虜の文明史　吹浦忠正　新潮社

中将

本間 雅晴（新潟）

Honma Masaharu

（写真　秘録　東京裁判の100人　p22）

明治二十年十一月二十七日　生
昭和二十一年四月三日　没（銃殺）フィリピン（マニラ）五十八歳
陸士十九期　恩賜
陸大二十七期　恩賜
英駐在　インド駐在
功三級

主要軍歴

明治四十年五月三十一日　陸軍士官学校卒業
大正四年十二月十一日　陸軍大学校失業
昭和二年一月十九日　秩父宮雍仁親王附武官
昭和五年六月三日　駐英武官
昭和五年八月一日　大佐
昭和七年五月二十八日　参謀本部付
昭和七年八月八日　陸軍省新聞班長
昭和八年八月一日　歩兵第一連隊長
昭和十年八月一日　少将　歩兵第三十二旅団長
昭和十一年十二月一日　参謀本部付（欧州出張）
昭和十二年七月二十一日　参謀本部第二部長
昭和十三年七月十五日　中将　第二十七師団長
昭和十五年十二月二日　台湾軍司令官
昭和十六年十一月六日　第十四軍司令官
昭和十七年八月一日　参謀本部付
昭和十七年八月三十一日　予備役編入
昭和二十一年四月三日　処刑（銃殺）

プロフィール

悲運の将軍

本間は新潟県佐渡の生まれで出生日は明治二十年十一月二十七日となっているが、実際は二十一年一月二十七日生まれで、陸軍士官学校入学のため年をごまかしたという。佐渡中学から陸軍士官学校に入り、陸軍大学校を卒業したエリート軍人である。陸士、陸大ともに恩賜で卒業。駐英武官も経験し、軍歴も華麗である。しかし、大東亜戦争緒戦の比島攻略戦での蹉跌により軍を追われ、戦後「バターン死の行進」の責任を取らされ、戦犯として処刑された。

本間の同期十九期は、陸士の歴史上唯一、全員が中学出身者の特異な期であるが、第八方面軍司令官の今村均、第十二方面軍司令官の田中静壱、航空総軍司令官の河辺正三、第一方面軍司令官の喜多誠一の四名の大将を出している。比島での躓きがなければ、本間も大将になってもおかしくなかったであろう。台湾軍司令官を務めて大将になれなかった者は、本間を含め十九代中四名しかいない。

もっとも本間には、親英派のレッテルが貼られており、また私生活での問題もあったし、軍人らしからぬ文人的な素養が、軍中央には疎まれていたので大将は難しかったかもしれない。

本間は、陸大卒業後しばらく参謀本部員として勤務したが、大正七年、同期の今村均とともに軍事研究のためイギリス駐在を命じられる。第一次世界大戦も後期である。その年の七月から、終戦の八年十一月まで、従軍武官としてイギリス軍に従い大戦を実見している。

軍人としては順風満帆の本間も家庭生活には恵まれず、日本に残してきた妻の不倫の連絡を受け、自殺しようとして今村に引き留められている。本間の妻は、日露戦争前の参謀次長田村怡与造中将の娘で、結婚前からその自由奔放さが評判になっていたという。本間はその妻を溺愛しており、離婚を求める妻に復縁を求めているが結局は離婚し、のちに再婚している。

帰国後本間は、陸大の兵学教官に任じられるが、離婚のいきさつは広まっており、陰では軍人の風上にも置けぬ腰抜けと噂されていたという。陸大教官を一年五ヶ月務めた後、大正十一年十一月、印度駐在武官を命じられ、印度で約三年を過ごす。本間の一代後が同期の今村である。今村の家計の困窮を見かねた本間が手当の多い海外勤務を推薦してくれたと今村は書き残している（『私記　一軍人六十年の哀歓』　今村均）。今村と本間の友情は生涯続く。

大正十四年八月帰国した本間は、参謀本部第二部欧米課に配属される。中佐で欧米班長であった。この時期本間は、同期の河辺正三（のち大将）の世話で再婚する。富士子である。後の第十四方面軍参謀長武藤章の縁続きという。

昭和二年一月本間は、秩父宮雍仁親王附武官を命じられる。本間にとっては気の進まない任務であったといわれているが、その勤務は五年五月まで三年四ヶ月に及んだ。貞明皇太后に気に入られての長期勤務となったという。秩父宮とはその後永い濃密な関係が続く。

昭和五年六月、駐英大使館付武官を命じられロンドンへ渡る。二度目のロンドン勤務である。赴任後まもなく大佐に進級する。同期の一選抜組であった。武官時代ジュネーブ軍縮会議の随員に任命されジュネーブに長期出張する。この時留守を守っていたのが辰巳栄一武官補佐官（のち中将）で、その後武官となって日米開戦不可を打電し続けた人物である。

昭和七年八月帰国し、陸軍省新聞班長となる。臨時軍事調査委員長（のちの軍事調査部長）の下に新聞班と調査班が有り、新聞班は軍関係事項の内外への宣伝、報道検閲、軍部内での報道宣伝が任務であった。昭和十二年に大本営が設置された際、大本営報道部が設けられたが、人員は新聞班員の兼務であった。

本間の新聞班長就任前の二月、満州事変に関するリットン調査団が来日して現地調査等を行なっており、その報告書が十月に日本政府に手渡されたが、七百頁に及ぶ報告書を本間が徹夜で読み上げ翌日その要旨を翻訳して発表している。本間の英語は陸軍随一といわれ、日本人離れした英語であったらしい。

新聞班長を一年務めた後の八年八月、歩兵第一連隊長に補職される。中尉時代に中隊長を務めて以来およそ二十年ぶりの隊付勤務である。第一連隊は第一師団に属し、頭号師団の頭号連隊として連隊長の地位は高かった。本間の前任連隊長は東條英機であった。乃木大将も連隊長を務めたことがある。本間の在任中、連隊は衛戍地東京に駐屯していた。

後にこの連隊は、二・二六事件に関係者を多数出すが、連隊長時代の本間の官舎には多くの青年将校が集まり、後に事件に関係した栗原中尉や丹生中尉等も来て、深夜まで話し込んでいたと伝えられている。

昭和十年八月、本間は少将に進級する。同期トップの今村に比べて五ヶ月遅れたが、進級と同時に第三十二旅団長に補職される。第三十二旅団は大阪の第四師団所属で、編成地は和歌山であった。本間の旅団長時代は和歌山にあって平穏に過ごしているが、翌年二・二六事件が発生して、本間がかって率いた第一連隊も参加した。本間は事件に対しては直ちに討伐すべきとの意見だったという。同じく第一師団の第三連隊長を務めたことのある山下奉文が決起将校に同情的であったのとは対照的である。

昭和十一年十二月、本間は参謀本部付を命じられる。これは英国のジョージ六世の戴冠式に出席する秩父宮の随員として参加するためであった。

参謀本部第二部長

帰国後、本間は参謀本部第二部長に任命される。十二年七月のことである。第二部は情報部とも言われ、主として海外の軍事情報を収集して、国策や作戦の決定に関与する部門であったが、我が国では作戦を担当する第一部の力が圧倒的に強く、その地位はあまり高くなかった。このころの第一部長は石原莞爾少将（二十一期）であった。

本間の第二部長就任直前、支那事変が勃発する。石原も本間も不拡大派であったが、石原はまもなく関東軍参謀副長に追われてしまう。しかし、参謀次長の多田駿中将（十五期）も不拡大派で、二人は秘密裡に中国との和平工作を行い、それがドイツの中国大使トラウトマンの和平斡旋に繋がっているという説（『いっさい夢にござ候』角田房子）がある。このトラウトマンによる斡旋は、中国も乗りかかってきたもので、多くの和平工作の中で唯一実現可能性があったといわれているが、日本側の態度硬化によって破綻した。十二年十二月の南京陥落によって日本は武力による中国の全面屈伏を目指したのである。

この南京攻略時に於いていわゆる南京事件が発生したが、外務省の指摘や外国新聞の報道によって参謀本部もこれを放置しておけず本間を調査に派遣している。その報告の内容は伝えられていない。

本間は一年で参謀本部を去るが、交替に当たって、後任の樋口季一郎少将に対し「軍首脳部は反米感情深く、ドイツ一辺倒で、日独防共協定がこれ以上進んで軍事同盟にでもなれば、それこそ日本将来の命取りになる。英米軽視の風潮を改め、ヒトラーの政策に巻き込まれないように努めなければならない」と申し送り、欧米経験のない新部長の補佐のため欧米課長に武官時代の補佐官辰巳栄一大佐を推薦したという（『情報なき戦争指導』杉田一次）。

師団長

昭和十三年七月、本間は中将に進級し、第二十七師団長に親補された。トップの今村などに遅れること四ヶ月であった。

第二十七師団は、この時華北で編成された師団で、本間が初代師団長であった。この師団は占領地の警備、治安維持が主任務であったが、武漢攻略作戦などの大作戦にも参加している。本間にとっては初めての実戦体験であった。作戦中本間は「味方の死体を見ると、気の毒で気の毒で、心が痛む。思い切った作戦を敢行しようという時も、またたくさんの犠牲者が出るかと思うと決断が鈍ってくる。だが戦闘中は作戦第一主義で行かねばならん。決心が鈍らないようになるべく味方の戦死者を私に見せないでくれ」と言ったという（前掲『いっさい夢にござ候』）。また、慰霊祭で弔辞を読む本間はいつも声をつまらせ立往生したと伝えられている。こうしたことが本間を文人派将軍としての評価に繋がっているが、第二十七師団の戦い振りは果敢でその評価は決して低くない。

作戦終了後師団は北支に復帰、天津に司令部を置いた本間は、国際都市天津防衛司令官として治安維持と諸外国の権益の複雑な利害の調整に当たったが、親日派政権の要人が英国租界の中で暗殺される事件が発生し、その犯人の引渡しを巡って、親英派の本間の交渉が手ぬるいと批判がわき起こっている。

しかし、この時は本間の軍歴には傷は付かず、十五年十二月、台湾軍司令官に栄転する。台湾軍司令官は関東軍司令官や朝鮮軍司令官に比べれば、多少格が落ちるが、歴代司令官の殆どは大将に進級しており、本間も大将コースに乗ったといえる。

第十四軍司令官

台湾での約一年の勤務に格別のことはなく、十六年十一月、日本の南方進出のための南方軍の戦闘序列が発令され、本間は比島攻略の第十四軍司令官に親補された。この時蘭印攻略の第十六軍司令官に今村均中将、マレー・シンガポール攻略の第二十五軍司令官に山下奉文中将、ビルマ攻略の第十五軍司令官に飯田祥二郎中将が親補された。総司令官は寺内寿一大将であった。

十四軍司令官に親補され、杉山参謀総長から作戦の指示を受けた本間は、杉山に「作戦後四十五日でマニラを占領せよといわれても、敵情をつぶさに承知していない今、責任のある答えは致しかねます」と答え、杉山から「今は皆が無理を承知でそれを克服すべき時だ。貴官は十四軍司令官に親補されたことが不服なのか」と叱責を受けている。

これは日本的感覚では、叱責されるのが当然の発言であるが、なぜ本間このようなことを言ったのであろうか。軍人として野戦軍司令官に任命されたことを喜ばないはずはないが、三国同盟反対派で、日中早期和平、日米避戦論者としての日頃の思いが出たのであろうか。それとも精神主義とは無縁の合理主義者としての性格が現われたのであろうか。同席していた今村や山下もあとで本間に「いいことを言ってくれた」と言ったと伝えられている。

比島攻略とバターン戦

昭和十六年十二月八日、日本軍は一斉に行動を開始した。海軍は真珠湾を、陸軍は南方に出撃した。本間の第十四軍は、第四十八師団と第十六師団の僅か二個師団基幹の軍であったが、第四十八師団はルソン島北西部のリンガエン湾に、第十六師団は東南部のラモン湾に上陸。南北からマニラを目指した。

米比軍の抵抗は軽微で、主力の四十八師団の上陸（十二月二十二日）から僅か十日あまりの一月二日、マニラを占領した。大本営から受けた四十五日での占領を遙かに上回る迅速な占領であった。

しかし、これはマッカーサーがマニラの無防備都市を宣言し、戦わずしてマニラを放棄し、主力をバターン半島に退避せしめたためであった。この主力を取り逃がしたことがのちに大問題となるが、本間は大本営の指示に忠実に従ったまでであった。このことは開戦前の大本営との打ち合わせの際に第十四軍参謀長の前田正実中将が、米比軍のバターン撤退を予想して大本営に対し「マニラ攻略を主とするか敵軍の殲滅を主とするか」を問うたところ、大本営は「マニラ攻略を優先」との回答を得ていたのである。

このため本間は、マニラ攻略を最優先に作戦を実行し早期占領に成功したが、敵主力は、予定通りバターン半島に籠もって盛んに比島未だ陥落せずと対外放送で宣伝した。その後本間も遅まきながら第四十八師団に追撃を命じたが、米比軍の防衛準備は完了しており、残敵掃蕩のつもりの攻撃は予期に反し、頑強な敵の抵抗にあって順調には進展しなかった。

そうした中で、大本営は攻撃中の第四十八師団を、ジャワ作戦に転用するため同師団を今村の第十六軍に転属を命じた。ジャワ作戦への転用は当初からの計画であったが、南方作戦が予想外に順調に進展したため、当初予定より一ヶ月早くジャワへの移動を命じたのである。また同時に十四軍に協力中の第五飛行集団もタイへの移動が命じられた。これにより十四軍の基幹部隊は十六師団一個となり、バターンの敵攻撃は、追送されてきた第六十五旅団が当たることとなった。しかしこの旅団は、もともと占領地の治安警備を目的としており、装備資質とも二線級の兵団であった。

奈良晃中将指揮する第六十五旅団のバターン攻撃は、一月九日から始まったが、ジャングルに覆われた山岳地帯の複郭陣地に阻まれ、一個大隊が全滅するなど大損害を受け、十六師団から増援部隊を投入したが、これも一個大隊が全滅、第九連隊の上島連隊長も戦死した。二月二十日、十四軍は遂に攻撃を中止、封鎖に切り替えることを決定、これを南方軍に報告した。本間は、自力でのバターン攻略をあきらめたのである。これをバターン第一次攻撃と言うが、一次攻撃は惨憺たる失敗に終わった。そしてこの時早くも補給が続かず、餓死者が出ていることは注意を要する。後のガダルカナルやニューギニア、インパール、レイテ戦の芽が早くも現われている。

第十四軍も南方軍も大本営も、バターンに退避した米比軍の戦力を過小評価していた。残敵で、せいぜい二〜三万、多くとも四万程度で、戦意も旺盛ならずと判断していたが、後でわかったことであるが避難民を含め九万人以上もおり、天然の要害を盾に重砲、戦車までそろえて待ちかまえていたのである。

第二次バターン戦

順調に進展したマレー作戦に比較して、頓挫した比島戦に大本営も急遽第四師団を十四軍の戦闘序列に入れ、砲兵部隊や航空部隊も増加させ、これまでの第十六師団、第六十五旅団と合わせ、四月三日から第二次バターン攻略戦が開始された。この時準備された火砲は二百六十五門に及び、日本軍始まって以来の大砲撃を加え、新鋭の第四師団を先頭に歩兵部隊が進撃、また航空部隊もこれに協力した。日本軍は攻略に一ヶ月を見込んでいたが、四月九日米比軍は突如降伏した。予想外の進展であった。食糧不足によるものであった。

しかし、本間はそのことを喜べなかった。第一次バターン戦終了後、参謀長の前田正実や作戦主任、後方主任参謀などが責任を取らされ更迭されていたからである。また、本間の統帥を巡って批判が巻き起こっていた。

第一次バターン戦の蹉跌は、本間が大本営の指示に忠実に従ってマニラ攻略を優先したものであったが、マニラは無防備都市として放棄されていたので、マニラ占領後は、臨機応変に撤退する米比軍を直ちに追撃していれば、これほど手間取ることはなかったとの批判である。本間の優柔不断と戦略眼のなさをなじる声が高まった。

確かに、こうした批判は一理あるし、十四軍内部にも追撃論があったが、大本営も、南方軍も当初バターンへ撤退した米比軍の兵力や戦意を過小評価して、まず首都マニラを攻略すれば、バターンの残敵は容易に掃蕩出来ると考えており、第一次バターン戦の蹉跌を本間一人に追わせることは酷である。旧軍人の中でも本間に同情的な声もある。

バターン半島の米比軍の降伏の後も比島の戦闘は続いており、マニラ湾口のコレヒドール島が陥落したのは五月七日であった。これより先の三月十二日、大統領の命令によりマッカーサー将軍はコレヒドール島を脱出しており、後任となったウエンライト中将は比島全軍の降伏を命じ、比島戦は漸く終わった。しかし、比島各地に残存した米比軍は、終戦までゲリラとなって日本軍を苦しめた。

予備役編入

昭和十七年七月二十日、本間は八月一日付で参謀本部付、その後予備役編入の内報を受けた。第一次バターン戦の失敗の責任を問われたものである。この時同時に第十六師団の森岡皐中将、同師団の歩兵団長木村直樹少将も予備役に追われ、程なくして奈良晃第六十五旅団長も予備役となった。もし、本間が精神主義の猪突猛進型の将軍であったなら、バターン戦で同様に失敗しても、左遷程度で済んだであろうし、出征の時、杉山参謀総長に不興を買っていなければこれほどの処分とはならなかったであろう。また親英派、文人将軍等のレッテルも処分を重くする要因となったであろう。

本間は内報を受けたとき妻に「大将の夢は斯くて果敢なく破れたりと雖も　心境水の如く　予期したほどの動揺を感ぜず。～腹が立たぬこともなけれどもこれも運命　亡岳父に申し訳なし」と書き送っている（前掲『いっさい夢にござ候』）。

予備役となった本間は、静かな生活に入ったが、退役からおよそ二年後の十九年七月、サイパン島失陥に伴う政変により東條内閣が崩壊、小磯国昭大将が組閣、請われて内閣顧問に就任している。顧問時代も中国との和平交渉に熱意を燃やし「繆斌(ミョウヒン)和平工作」に関わった。これには緒方竹虎国務大臣や朝香宮等も関与したが失敗に終わっている。繆斌和平工作は、重慶と結びついていたのか繆斌の一人芝居であったのか今なお謎の残る事件である。

繆斌は、汪精衛の南京政府の高官であったが、蒋介石との直通ルートを持っており、日中和平の斡旋をするという触込みで来日、小磯首相がこれに熱中、天皇にまで上奏したが、陸海軍とも不賛成で、外務省や支那派遣軍などの大反対で潰えた。繆斌の来日に当たっては、重慶政府と直接交信出来る無線機、暗号手などを帯同することになっていたが、来日したのは繆斌一人で、無線機などは飛行場で憲兵から搭載を拒まれたからだと言ったという。この繆斌は戦後漢奸一号として処刑された。

死の状況

バターン死の行進

昭和二十年九月十五日、本間は戦犯容疑で米軍に拘束された。拘束の前日、米人記者から聞かされたバターン死の行進の容疑については、本間には全く寝耳に水のことであった。

バターン死の行進とは、バターン陥落後捕虜となった米兵一万五百人と比島兵七万五千人（避難民を含む）をバターンからサンフェルナンドまでの約六十キロ〜百キロを歩かせ、満足な食糧も与えず、傷病者の治療もせず虐待して多数を死に至らしめたばかりでなく、斬首、生き埋め、銃撃などで残忍に殺害したというものであった。その死者、行方不明者は米兵約千二百人、比島人約一万六千人という。

歩かせたことは事実であり、多くの死者が出たことも間違いないが、それは本間が命じたことでもなく、本間は戦後まで全く与り知らぬことであった。しかし、アメリカはのちに収容所を脱走してゲリラに保護され、潜水艦で救出された三人の捕虜からこうした事件を知り、昭和十九年二月、中立国スイス公使を通じて外務省宛抗議をしているが、日本側は殆ど注意を払わなかった。

輸送については、日本軍は、米比軍の兵力を下算していたため、これほど多数の捕虜が発生することは予想しておらず、また一ヶ月の攻略予定が、僅か一週間足らずで降伏してきたため輸送の手配も、食糧等の備蓄も出来ていなかった。輸送用のトラックなども殆ど無かった。また、日本軍にとって移動は徒歩が常識で、虐待のため歩かせたものではなかった。あるいは、ビンタや拳での殴打も教育的指導で虐待とは考えていなかった。

裁判では、こうした日本側の主張や事情は一斉考慮されることなく、これらは全て本間の責任であると断罪され、銃殺刑が宣告された。本間は裁判の過程で「この裁判はマッカーサーが自分のために苦杯をなめた。その復讐的観念が裁判を支配している」と妻に書き送っている。その一方、弁護団が真剣に公正な裁判を行わせようと努力してくれたことに感謝し、日本人には出来ないことだ、米国の長所だと評価している。

裁判中、本間がかって英国で勤務中親交を結んだイギリス陸軍のピゴット少将から、本間の人柄や国際協調派としての努力等について長文の証言が寄せられている。また妻富士子がマニラの証言台に立って、本間のために弁護し、本間のこれまでの軍部に対する批判や東條との確執、和平努力等について述べ、「本間の妻であることを誇りに思う」と言い切って深い感銘を与えた。本間はこの時、肩をふるわせて泣いたと伝えられている。

本間は全軍叱咤の猛将ではなく、生涯を通じてあまり武張ったところのない文人型の情の人であった。中学時代から小説を書き、真剣に恋をし、家庭でもパパ、ママと呼ばせた当時の日本では異質の人でもあった。

処刑

本間は二十一年四月三日、マニラ郊外のロス・パニオスで銃殺に処せられたが、最後の夕食にビーフステーキとサンドウイッチを注文し、一緒に処刑される田島彦太郎独立混成第六十一旅団長（パダン島でのゲリラや米軍飛行士の処刑の罪を問われた）とともにビールを呑んで談笑、食後にコーヒーを頼み、処刑直前に用を足し、これでアメリカのビールとコーヒーは全部返上してきたぞと冗談を言ったという。そして最後に天皇陛下万歳と大日本帝国万歳を唱え、銃殺隊に向かって「さあ来い」と叫んだと伝えられている（前掲『いっさい夢にござ候』）。当時としては、時に女々しささを感じさせられる本間の生涯の中で、最後に輝いた雄々しさであった。

本間に対する裁判はマッカーサーの報復裁判であり、バターン死の行進はでっち上げだとの主張もあるが、必ずしもそうは言い切れないものがある。確かに日本軍が組織的、意図的に行ったものではなかろうが、当時大本営から作戦指導に来ていた辻政信中佐が、「米軍は降伏を申し出たが、日本軍はまだこれを認めていない。従って投降者はまだ捕虜ではない。投降者は直ちに射殺せよ。これは大本営命令である」と各部隊に命じてまわっている。これを受けた第六十五旅団の今井武夫一四一連隊長（のち少将、支那派遣軍総参謀副長）は命令に驚き「ことは重大で口頭命令では実行しかねる。正規の筆記命令を出されたい」と反論、直ちに自隊で護送中の全捕虜を解放したという。その後筆記命令は来ず、辻の私物（勝手に出した）命令であったことが判明した。この捕虜殺害命令は、他の部隊にも伝わっており、逡巡しているうち私物命令であることが判明し未遂に終わった部隊もあったが、一部には辻の言うがままに実行した部隊もあったとみられている（中央公論　歴史と人物　昭和五十二年八月号　バターン死の行進の真相）。

こうした不法行為を知らなかったが故に、止めなかった本間の不作為が監督不十分として断罪された。組織の長としての責任が何処まで問われるべきかは、今日でも重要な問題である。たしかに知らなかったでは済まない問題も多い。相当の責任を問われてしかるべきであろうが、本間の場合それが死刑に当たるものであろうか。

もしそうなら、ベトナム戦争で発生したソンミ村虐殺事件では、ベトナム派遣軍総司令官のウエストモーランド大将も死刑に相当しよう。しかし彼は何の罪にも問われなかった。もし問うていればアメリカの正義は一貫しており、本間や山下の裁判はマッカーサーの報復との批判は解消されたであろう。こうしたダブルスタンダードは、アメリカの正義のためにも惜しまれる。

本間はこうしてアメリカの正義によって裁かれたが、実は日本側によっても裁かれている。終戦後あまりにアメリカが「バターン、バターン」と言うのに驚いた日本軍が、その矛先が天皇に及ぶことを恐れて、本間を処分したのである。拘禁中の本間に対し礼遇停止処分を課した。これにより本間は、勲章や軍服の着用が許されなかった。陸軍中将としての名誉や特権を剥奪したのである。このため裁判中の本間は、軍服を着て階級章や略綬を佩用して出廷した山下等と異なり、背広姿で法廷に臨んでいる。

軍としてみればバターンの件は、すでに処分済みであると主張して本間の罪を軽くしてやりたいとの思惑であったが、全くの逆効果で、日本でも問題にしていたと反って有罪の根拠の一つにされてしまった。あまりに日本的で浅はかな措置が本間を苦しめた。

本間の辞世はいくつか残されているが、次の辞世が一番本間の本心に近いであろう。

甦る　皇御国の　祭壇に　生贄として　命捧げむ

マッカーサーは、判決の最終決定の中で「これほど公正に行われた裁判はなく、これほど被告に弁護の機会が与えられた裁判はなく、またこれほど偏見をともなわない審理が行なわれた例もない」と自画自賛している。

参考文献

いっさい夢にござ候　本間雅晴中将伝　角田房子　中公文庫
私記　一軍人六十年の哀歓　今村均　芙蓉書房
続　一軍人六十年の哀歓　今村均　芙蓉書房
情報なき戦争指導　杉田一次　原書房
戦史叢書　比島攻略作戦　防衛庁防衛研修所戦史室編　朝雲新聞社
戦史叢書　支那事変陸軍作戦2、3　防衛庁防衛研修所戦史室編　朝雲新聞社
昭和史の天皇1、10　読売新聞社
昭和の謀略　今井武夫　朝日ソノラマ
大本営報道部　平櫛孝　図書出版社
防人の詩　比島編　京都新聞社
別冊丸　太平洋戦争証言シリーズ8　戦勝の日々「第十四軍と比島攻略戦」　潮書房
孤島の土となるとも―BC級戦犯裁判　岩川隆　講談社
歴史と人物　昭和五十二年八月号　特集　実録太平洋戦争「バターン死の行進の真相　関耕太」　中央公論社

中将

武藤　章（熊本）

Mutou Akira

（写真　秘録　東京裁判の100人　p113）

明治二十五年十二月十五日　生
昭和二十三年十二月二十三日　没（絞首）　東京　五十六歳
陸士二十五期（歩）
陸大三十二期　恩賜
ドイツ駐在
功三級

主要軍歴

大正二年五月二十六日　陸軍士官学校卒業
大正九年十一月二十二日　陸軍大学校卒業
昭和十年三月十五日　陸軍省軍事課高級課員
昭和十一年六月十九日　関東軍第二課長
昭和十一年八月一日　大佐
昭和十二年三月一日　参謀本部作戦課長
昭和十二年十一月一日　中支那方面軍参謀副長
昭和十三年七月三十一日　北支那方面軍参謀副長
昭和十四年三月九日　少将
昭和十四年九月三十日　陸軍省軍務局長兼調査部長
昭和十六年六月十四日　免兼
昭和十六年十月十五日　中将
昭和十七年四月二十日　近衛師団長
昭和十八年六月一日　近衛第二師団長
昭和十九年十月五日　第十四方面軍参謀長
昭和二十一年十二月二十三日　処刑（絞首）

プロフィール

異色の経歴

武藤は熊本の出身、斉々黌（中学）から熊本地方幼年学校を経て陸士、陸大に進み、陸大を恩賜の成績で卒業。さらにドイツに駐在した文字通りのエリート軍人である。進級も常に同期の第一選抜組であった。しかし、軍人としての経歴は極めて偏っている。即ち、隊付勤務は陸士卒業直後の歩兵第七十二連隊付を経験したのみで、その後は兵隊と苦楽を共にする隊付勤務はしていない。連隊長、旅団長の経験もなく師団長になっている。

実戦経験は、参謀（長）時代のみである。参謀も師団参謀の経験はなく、務めたのは軍（関東軍）や方面軍（北、中支那、第十四）の参謀であった。尉官時代までの勤務の中心は、教育総監部で都合四回籍を置いている。またこの間ドイツに三年駐在している。陸軍本流のドイツ組であったが、あまりドイツかぶれはなく、三国同盟にも批判的であったという。

少佐に進級してからは、陸大専攻科に学びクラウゼヴィッツ及び孫子の比較研究を行っている。陸大専攻科は、佐官クラスを対象に「高等用兵に関する学術の深厚なる研究」を行うことを目的として大正十三年に設立された、いわば陸大の大学院に相当するものであったが、昭和七年に廃止されてしまった。

陸大専攻科卒業後は、参謀本部に勤務し、第一部（作戦部）作戦課で兵站班長や第二部（情報部）総合班長等を務めた。参謀本部には四回籍を置いている。

昭和七年中佐に進級後、一年間に渡り中国や欧州に出張し、帰国後、一時歩兵第一連隊に席を置き、十年三月初めて軍務局に栄転するが、まもなく十一年六月関東軍参謀に転じた。武藤にとって初めての参謀勤務である。関東軍では第二課長となって情報を担当する。その年八月、大佐に進級。

昭和十一年十一月、綏遠事件が起こった。これは武藤の部下の田中隆吉中佐参謀（のち少将）の主導（武藤も了解）により中国からの内蒙古独立を策す内蒙古王族の有力者徳王を支援して、徳王軍を中国の綏遠省に侵攻させたが百霊廟で中国軍に破れた。さらに内蒙軍が反乱を起こし、軍事顧問の小浜予備役大佐等が殺害されるなどして、内蒙古独立の謀略は失敗した。中国側は、日本軍を撃破したと大々的に宣伝したため関東軍はその対応に苦慮した。

こうした失敗はあったが、その責めを問われることはなく十二年三月、参謀本部第一部作戦課長に栄転する。時の第一部長は石原莞爾少将（二十一期）であった。石原は九月には部長在任九ヶ月で関東軍参謀副長に追われ、武藤も作戦課長八ヶ月で中支那方面軍参謀副長に転出する。

石原作戦部長と対立

この更迭は、同年七月に発生した蘆溝橋事件の処理を巡る対立によるものであった。蘆溝橋事件は、七月七日蘆溝橋のかかっている永定河岸で一木清直少佐（のちガダルカナルで戦死）の指揮する支那駐屯歩兵旅団第三大隊の一個中隊が夜間演習中、何者かに銃撃を受け、中隊を集結させたところ兵一名が行方不明となっていた（二十分後に戻ってきた）。この報告を受けた連隊長の牟田口大佐（のちインパール作戦を強行し大敗する）は、敵に撃たれたら撃ち返せと命令し、八日早暁、日本軍は対岸の中国軍に向け攻撃を開始し、中国軍もこれに反撃して双方に相当の死傷者が出た。闇夜に突然の射撃は、日本軍から見れば中国軍からの不法射撃とし、中国側は日本軍の挑発だと主張し相譲らなかったが、戦後の調査では中国共産党の陰謀によるとの見方が強い。

この日中両軍の武力衝突に対して現地では、駐屯軍の橋本群参謀長が河辺旅団長（のちビルマでまた牟田口とコンビを組む）に対し攻撃中止を命じ、中国大使館付武官補佐官今井武夫少佐などを中心に事件不拡大の努力が続けられていた。

一方、中央では八日早朝に日中両軍の武力衝突発生の報告を受けたが、その受け止め方は二様に分かれた。陸軍省軍務局軍務課長の柴山兼四郎大佐は「やっかいな事が起こったな」と言い、参謀本部作戦課長の武藤は「愉快なことが起こった」と言い、後に大東亜戦争開戦を巡り衝突した陸軍省軍事課長の田中新一大佐も武藤と同意見で互いに電話で「田中か、おもしろくなったね。ウン、大変おもしろい。大いにやらにゃいかん。しっかりやろう」と課員に聞こえよがしに話したという（作戦日誌で綴る支那事変　井本熊男）。しかし、二人はのちに大東亜戦争開戦を巡って激しく対立することになる。

一方、作戦部長の石原莞爾少将は、かねて持論の満州国の建設と対ソ軍備の充実が先決で、広大な中国に手を出すことはナポレオンのスペイン侵入のように泥沼化する、事件を平和的に解決しようと懸命の努力をしていたが、その部下たる作戦課長の武藤は中国を軽視し、この際武力で断固たる一撃を加え（そうすれば中国も反省して言うことを聞くので）、これまでの懸案を一挙に解決すべきと、いわゆる一撃膺懲論で激しく対立していた。

この時期参謀総長は、七十三歳の閑院宮戴仁親王で名目的な存在にすぎず、実務は参謀次長が握っていたが、次長の今井清中将は重病中で会議に担架で運ばれてくるような状態であり、石原が最右翼の部長として事件不拡大に奔走していた。しかし、その方針を支持する省部の幹部は少なく、部課長クラスでは参謀本部総務部長の中島鉄蔵少将、戦争指導課長の河辺虎四郎大佐、陸軍省軍事課長の柴山兼四郎大佐、現地では支那派遣軍参謀長の橋本群少将、北京特務機関長松井久太郎大佐等にすぎなかった。

これに対し、拡大派の中心は、参謀本部作戦課長の武藤や支那課長永津比佐重大佐、陸軍省軍事課長の田中新一大佐で、これを陸軍大臣杉山元大将、次官の梅津美治郎中将が支持し、参謀本部の本間雅晴第二部長、塚田攻第三部長、下村定第四部長なども一撃論に同調していた。

現地では関東軍司令官植田謙吉大将、東條英機参謀長以下強烈な一撃派であった。当事者たる支那派遣軍司令官の田代皖一郎中将は不拡大派であったが、重病で事件発生後まもなく病没した。後任の香月清司中将も一撃派で参謀の多くもそうであった。

こうした中、参謀本部と陸軍省の間で事件を北京、天津地域に限定し、速やかに同地方の安定を図る事を目的（口実）として、内地から三個師団、朝鮮軍から一個師団、関東軍から二個混成旅団、その他航空部隊の派遣が決定された。これは作戦課長の武藤と軍事課長の田中の意向に沿ったものであった。当初反対していた石原も、最後にはこれに賛成したが、その後石原は、参謀本部を追われ関東軍参謀副長に左遷された。一方武藤も喧嘩両成敗的に十一月に新編成の中支那方面軍参謀副長に転出した。

しかし、その後事件は、一旦は現地協定が成立しながらも日本側のさらなる強硬姿勢で北支事変から、上海事変、支那事変と拡大の一途を辿り、一撃膺懲論は破綻し、石原が予見したように八年に及ぶ大戦争となって泥沼化し、さらに英米等を相手の大東亜戦争にまで拡大して日本を破滅に追い込んだ。

こうして日本の覇道は、石原等の努力に拘わらず行き着くところまで突き進んだが、元はといえば石原にもその責任があり、石原が首謀者となって進めた満州建国に原因があった。

話は遡るが、石原が作戦部長時代、綏遠事件など関東軍の独走を戒めるため関東軍を訪れた石原に対し、武藤は「私はあなたが、満州事変で大活躍されました時分、この席におられる今村副長（今村均、後の大将）と一緒に、参謀本部の作戦課に勤務し、よくあなたの行動を見ており、大いに感心したものです。そのあなたのされた行動を見習い、その通りを内蒙で実行しているのです」と言い放ち、哄笑したという（『私記　一軍人六十年の哀歓』　今村均）。

その数ヶ月後の十二年三月、武藤は石原の下で、作戦課長を務めることとなり悉く対立した。その武藤が、四年後大東亜戦争開戦を巡り、主戦派の田中新一作戦部長と対立し避戦を主張し、陸軍良識派（『陸軍良識派の研究』　保阪正康）の一人に数えられているが、同意しがたい。支那事変を巡る己の軌跡に対する自省は、あったのであろうか。

支那方面軍参謀副長

武藤の中支那方面軍参謀副長時代、南京事件が発生する。この中支那方面軍は昭和十二年十一月、中支にあった上海派遣軍と第十軍を併せ指揮し、南京を攻略することを任務として編成された軍である。まさにこれまで武藤等が主張した中国に対する一撃膺懲の実行部隊であった。参謀本部は当初、戦線を上海周辺に限定して中国軍を掃滅して敵の戦争意志を挫折させ、戦局終結の動機を獲得しようとする限定的なものであったが、現地軍の独走に追随して目的を首都南京攻略にまで押し広げた。

方面軍司令官松井石根大将初め、中央の指示した制令線を守ろうとせず南京攻撃に逸っていた。この時期の武藤の事績は伝えられていないが、戦場を上海周辺に限定しようとした中央の意向に柔順であったとは思えない。

昭和十三年七月、武藤は北支那方面軍参謀副長に転じる。軍司令官は寺内寿一大将（のち杉山元大将）で、参謀長は後に比島でコンビを組む山下奉文中将であった。山下と武藤は同時期に着任し、同時（十四年九月）に離任する。従来山下と武藤はあまり接点がなく且つ皇道派の山下と統制派の武藤は相容れないものがあったとされるが、この時両者は肝胆相照らしたといわれる。

この時期、北支では正規軍同士の本格的戦闘は殆どなく、北支那方面軍の主たる任務は、占領地域の治安確保であった。山西省は、既に中国共産党の大根拠地となっており、さらに山東省を中心に共産党軍の第八路軍の浸透がしきりで、各部隊は討伐に明け暮れていた。参謀副長の武藤は、北支の治安状況について次のように述べている。「わが占領地域における部隊の警備配置は、単に鉄道や主要道路に沿う地区だけの、いわゆる点と線の支配であった。従って一歩奥地に入ると蒋系軍のゲリラや共産軍の勢力下にあり、日本軍の勢力は面的に北支を制しているわけではなかった。治安は悪く、鉄道の爆破は日々伝えられ、北京でさえ脅かされていた。ことに共産軍は山西省の山岳地帯に根拠を占め、京漢線と津浦線の中間地区、山東省の山地、さらに冀東地区に組織を拡大し、巧妙な遊撃戦をもって日本軍の間隙を縫い治安の擾乱に狂奔していた（『戦史叢書』北支の治安戦1）」と。日本軍の最も勢力の及んだ北支に於いても、支配地は点と線であったことが分かる。

武藤軍務局長登場

武藤は、北支那方面軍参謀副長時代の十四年三月、少将に進級し、その半年後の九月、陸軍省軍務局長兼調査部長に栄転した。三年三ヶ月ぶりの軍務局であったが、武藤は、軍事課高級課員時代（中佐）すでに軍務局の実権を握っていた。

十一年二月の二・二・六事件後、前外相広田弘毅に組閣の大命が下った際、陸軍大臣寺内寿一と共に組閣本部に乗り込み、閣僚の人選にクレームをつけ、閣僚名簿にあった下村宏（拓相）、小原直（法務）、吉田茂（外務）を自由主義的であると非難して、これを変更させた。

また対外政策、対内政策について各種の軍の要望を押しつけ、飲まなければクーデターが起きると恫喝し認めさせた。この時、広田に直接申し入れをしたのは陸相の寺内であったが、寺内は広田から反駁されるたびに別室の武藤に相談に行き、ネジを巻かれている。さらに、大臣をさて於いての行動も多かったと伝えられている。こうした軍の横車により広田内閣は、軍部のロボットと化してしまった。陸海軍大臣の現役武官制を復活させたのも、この時期であった。

軍務局の構成には変遷があるが、武藤が局長に就任した時期は、軍事課、軍務課の二課編成となっていた。軍事課は、陸軍軍備その他一般陸軍軍政に関する事項、陸軍建制並びに平時戦時の編制及び装備に関する事項、陸軍予算の一般統制に関する事項等を所管し、軍務課は、国防政策に関する事項、各国の軍事に関する事項、帝国議会との交渉に関する事項、国防思想の普及及び思想対策に関する事項等を所管し、陸軍を代表して議会や政界、産業界等とも接点を有していた。

このため軍務局長は、陸軍省所管事務政府委員とされ、議会答弁にも当たり、政府内にあっては大本営・政府連絡会議や御前会議にも事務局（幹事）として出席した。さらに、武藤は、企画院参与、対満事務局参与、拓務省拓務局参与、軍事参議院幹事長、国家総動員審議会幹事、大東亜建設審議会幹事、内閣情報部委員、電気通信委員会臨時委員を務めており、これらを通じて多くの国策に関与した。

武藤が軍務局長となった昭和十四年九月以降、十七年四月に転任するまで首相は、阿部信行、米内光政、近衛文麿（第二次、三次）、東條英機と変わったが、武藤は陸軍の総意を代表する形で、内閣を時に脅し、時に懐柔し、時に協力した。その力は、近衛が首相時代「日本を治めているのは、内閣総理大臣の私ではなく、陸海軍とくに陸軍軍務局長だよ」と周囲に語るほどであった（『れいめい―日米交渉回顧録』寺崎太郎）。

この間、議会での斎藤隆夫代議士の反軍演説（昭和十五年二月）、米内内閣倒閣（七月）、北部仏印進駐（九月）日独伊三国同盟締結（九月）、日ソ中立条約成立（十六年四月）、独ソ開戦（六月）、南部仏印進駐（七月）、関東軍特別演習（七月）、十六年四月から十一月まで続いた日米交渉、大東亜戦争開戦（十二月）と、我が国未曾有の、おそらく幕末、明治維新に匹敵する以上の激動の時代であり、我が国の慎重な舵取りが問われた時代であった。

日米交渉

武藤が軍務局長に就任した昭和十四年九月以降、汪兆銘傀儡政権の樹立（十四年九月）、北部仏印進駐（十五年九月）、日独伊三国同盟締結（九月）、南部仏印進駐（十六年七月）が発生し、これに対抗してアメリカは日米通商友好条約の更新拒否（十五年一月）、対日本資産凍結（十六年七月）、石油輸出の禁止（八月）等の対抗措置を講じ、日米関係は悪化の一途を辿っていた。特に石油の輸出禁止は、我が国の死活問題であるとして軍部は衝撃を受けた。

こうした中、関係改善のための日米交渉が続けられていた。これは十六年四月、駐米野村大使から日米民間人によって作成された「了解案」をもとに交渉を始めたいとの請訓があり、始まったものであった。「了解案」はアメリカ側のウオルシュとドラウトの両神父と日本側井川忠雄産業組合中央金庫理事（大蔵省出身）との間で検討されたもので、米政府も目を通しており、ハル国務長官が野村大使にこれをベースに交渉してはどうかと打診してきたものであった。

ここではその内容には立ち入らないが、この請訓電を大本営政府連絡会議（懇談会）で知らされた東條も武藤も、岡海軍軍務局長も「大変なはしゃぎ方の歓びであった」と伝えられているように、日本側も受入可能なものであった。

しかし、「了解案」には大きな〝落とし穴〟があった。それは野村が故意か誤解か、この了解案が、アメリカ政府の案ではないということを政府に伝えておらず、日本側は、アメリカ政府の正式提案と受け止めてしまったことである。アメリカにとっては、飲めるものもあれば飲めないものもあるが、「とりあえずこれで議論してみよう」という程度のものであった。

また、当時ドイツを訪問し、帰途モスクワで日ソ中立条約を締結、意気揚々として帰国した松岡洋右外相は、この報告を聞き自分の与り知らぬ二重外交であると激怒して、そっぽを向き、この提案をしばらく店ざらしにしてしまった。その後松岡も機嫌を直し、交渉に取り組もうとしたが「了解案」を軍部以上に日本側有利に改訂した上で、アメリカと交渉するよう野村に命じた。野村の請訓があってからおよそ一ヶ月が過ぎていた。

それに対し、米側も六月二十一日米案を提案してきたが、それは「了解案」に比し遙かに日本側に厳しいもので日本に衝撃を与えた。また翌二十二日ドイツがソ連に侵攻し、日本側はその対応に追われ、日米交渉は一時休止状態となった。その後日本の南部仏印進駐（武藤も積極論者）、アメリカの対日石油輸出禁止で日米関係はさらに悪化した。

ドイツのソ連侵攻は、前年の独ソ不可侵条約の締結とともに、日独伊三国同盟に対する背信行為であり、三国同盟破棄の声も一部に出たが、主流にはならなかった。またソ連侵攻に対して「ヒトラー誤てり」と叫んだ参謀もいたが、大勢はドイツべったりで「痛飲し独ソ開戦を祝しつつ血湧き肉躍る（機密戦争日誌）」という状況であった。松岡外相は、単独上奏して「日本は直ちにドイツに協力してソ連を撃つべき」と述べて天皇を驚かせた。天皇は戦後「松岡はヒトラーに買収されていたのではないか」とまで述べている（『昭和天皇独白録』）。

陸軍は、独ソ開戦を期にソ連に隙あらばと満州に関東軍特別演習（関特演）の名目で八十五万人の大兵力を動員したが、ソ連軍の西方移転も少なく、また、海軍の反対などもあり、さすがに侵攻には踏み切れなかった。この動員には、武藤始め軍務局はこぞって反対したが、参謀本部の突き上げに東條が負けた。

松岡外相は、ある時はソ連を撃てと言い、ある時はシンガポールを攻撃しろと言い、さすがの軍部や近衛もてあまし、十六年七月、第二次近衛内閣は辞職し、松岡をはずして（大蔵大臣、厚生大臣、鉄道大臣等も交替した）第三次近衛内閣を組閣した。外相には海軍大将の豊田貞次郎が就任した。

第二次近衛内閣の末期、七月二日の御前会議で「情勢の推移にともなう帝国国策要綱」が決定された。この要綱の中で我が国の最高国策レベルとして初めて「対米英戦を辞せず」の文言が入れられた。ここではまだ本気で戦うつもりで書いたわけではなかったが、九月六日の帝国国策遂行要綱に関する御前会議では、「外交交渉で十月上旬頃に至るも尚我が要求を貫徹しうる目途なき場合に於いては直ちに対米（英蘭）開戦を決意す」とさらに踏み込んだ。

御前会議の席上天皇は、明治天皇の御製、

四方の海　皆同胞と　思う代に　などあだ波の　立騒ぐらん

を二度読み上げ「私は常に、この御製を拝誦している。どうか」と平和への思いを込めて質問した。

このため永野軍令部長と杉山参謀総長がこもごも外交を主とすることを奉答し、御前会議は終わった。

東條陸相も武藤も帰庁して、部下に「聖慮は平和にあらせられるぞ。戦争はだめだ。陛下はお許しにならない」と語っているが、その後杉山参謀総長は、二度にわたり南方作戦構想やその動員について上奏し天皇の承認を得た。既に歯車は、日米開戦に向けて動き始めていた。この時武藤は軍務局員に「俺は情勢を達観している。これは結局戦争になるよりほかはない。どうせ戦争だ。だが、大臣や総長が天子様に押しつけて戦争にもっていったのではいけない。天子様がご自分から、お心の底から、これはどうしてもやむを得ぬとお諦めになって戦争のご決心をなさるよう、御納得のいくまで手を打たねばならぬ。だから外交を一生懸命やって、これでもいけないというところまでもっていかなければならぬ。おれは大臣へもこの旨言うとく」と語っている（『大本営陸軍部開戦経緯４』）。職を賭して避戦に賭けたわけではない。

この頃も、日米交渉の糸は細々と続いていた。南部仏印進駐に対抗した米国の対日石油輸出禁止措置の衝撃から、近衛はルーズベルト大統領との太平洋上での首脳会談を計画し大統領にメッセージを送ったが「事前に基本問題で合意しない限り首脳会談は出来ない」と拒否された。近衛は首脳会談には参謀総長や、軍令部総長も連れて行き、交渉結果を直接天皇に連絡して聖断を仰いでまとめようと考えたと言われる。実現していればどのような結果になっていたであろうか。

近衛は、その後も陸・海・外・企画院総裁による五相会議などを開き対米戦回避に努めたが、中国からの撤兵不可を唱える東條の主戦論を押さえることが出来ず、十月十六日政権を投げ出した。

東條内閣誕生

次の政権は、木戸内相の推輓により東條英機陸軍大臣が指名された。毒を以て毒を制するように、主戦派であるが尊皇の念厚い東條をして軍部を押さえようとしたという。天皇は「虎穴に入らば虎児を得んだね」と言ったと伝えられている（『昭和天皇発言集成録』　芙蓉書房出版）。

東條に大命が下った際、木戸は天皇の意向として九月六日の御前会議の決定を白紙に戻して再検討するよう伝えた。大命降下を全く予期していなかった東條は、顔面蒼白になって陸軍省に戻ってきた。組閣も武藤等の意向は聞かず、避戦派の東郷茂徳や賀屋興宣を外務大臣、大蔵大臣に選んだ。

和か戦か

その後東條は、律儀に国策の再検討を始めた。しかし、白紙還元の御錠には大きな落とし穴があった。すなわちその指示は、政府にはあったが、大元帥として統帥部に対しては何の指示もなされなかった事である。そのため統帥部は、白紙還元の指示には拘束されないと考えた。木戸は、陸海両統帥部に天皇の意向を伝えるべきであったし、東條は、統帥部がこれに従わない場合、陸軍大臣としての人事権を発動し、主戦派を更迭すべきであった。武藤は東條に主戦派の中心人物である田中新一作戦部長の更迭を進言しているが、東條は聞かなかった（『陸軍省軍務局』　保阪正康）という。

また、武藤は冨田内閣書記官長に対し「海軍が戦争をするのが嫌なら、はっきりそれを海軍の口から言ってもらいたい。そしたら陸軍部内の主戦論を押さえる（『大東亜戦争開戦経緯５』）」とまで言って海軍への伝達を密かに頼んでいる。冨田はこれを海軍の岡軍務局長に伝えたが、岡は総理一任が精一杯だと答えたという。開戦には海軍の責任も大きい。

和戦の再検討を行う大本営・政府連絡会議は、十月二十三日から開始された。再検討項目には、①欧州戦局の見通し、②初期及び数年にわたる作戦的見通し、③対米英蘭戦争に於ける開戦後三年に亘る船舶徴傭量及び損耗見込み、④国内民需船舶輸送力並びに主要物資の受給見込み、⑤対米英蘭戦争に伴う帝国予算の規模、金融的持久力、⑥対米交渉を続行して我が最小限度要求を短期間に貫徹しうる見込み、等十数項目が検討された。

こうした項目は、武藤の軍務局で選定された。しかし、その中身の多くは統帥部や企画院が作成し、希望的、楽観的見通しの下に議論された。欧州戦局の見通し、船舶損耗量の見通しなどすべてはずれた。参謀本部では、こうした項目について一々議論することに対する反発が強まり、東條や武藤に対して批判が続出し、また右翼や青年将校からの反発も高まって、このころから東條や武藤には憲兵の護衛がつけられるようになった。

十一月一日、連絡会議の最終日、東條はこれまでの議論を踏まえて今後、取るべき方策として、①戦争することなく臥薪嘗胆す、②直ちに開戦を決意し戦争により解決す、③戦争決意の下に作戦準備と外交を併行せしむ、の三案を提出した。東郷外務、賀屋大蔵の両大臣は①をにおわせたが、陸海両統帥部長は②を強力に主張した。③案は武藤等の案であったが、東條も今一度外交にかけてみたいと主張し、会議は③案に決した。しかし交渉期限は十一月三十日深夜までと区切られた。この時すでに統帥部は、開戦日は十二月八日と決定していた。

その後も米国との再交渉の内容（主として中国、仏印からの撤兵問題）を巡って、甲案。乙案が示され一悶着あったが、最初甲案を示し、それでだめならやや譲歩した乙案を提示することとなった。武藤は、会議の最中甲案を強硬に主張する杉山参謀総長を呼び出し、外務大臣が交渉しやすいよう乙案で行くべきと説得している。こうした連絡会議の結果は十一月五日の御前会議で承認されたが、開戦まで僅かに三十三日しかなかった。

この間も、陸海両軍の作戦準備は着々と進められていた。武藤は南方軍参謀副長に発令された青木重誠中将（のちニューギニアで戦病死）、比島攻略の第十四軍参謀長発令の前田正実中将の二人に「外交交渉が成功すれば軍隊は直ちに撤去させねばならない。万一その時一兵一機の過失でも重大な事態を惹起するから、厳にこれが励行を監督してもらいたい。僕の考えは消極的と非難されているが、自分では正しいと思っている。同期生として一生の頼みだ」と密かに依頼している。両中将はこれを了解したが、武藤は「外交交渉が成功して一切の戦争準備を撤去する場合は死あるのみだ」と覚悟していたと書き残している（『比島から巣鴨へ』　武藤章）。武藤の避戦の思いは、このころはかなり本気になっていたようである。

武藤は、大本営・政府連絡会議の前後には、即開戦を迫る主戦派の作戦部長田中新一と「おまえはそんなに戦争が好きか。俺は嫌いだ」と怒鳴りあっていたとも伝えられている。この田中も同期であった。この時期陸軍省人事局長であった富永恭次も主戦派で、これも同期であった。のちインパール作戦で戦意不足を理由に牟田口軍司令官に解任され戦病死した山内正文も同期でアメリカの陸大を卒業し、駐米武官を経験した知米派であったが、親米派として中央で用いられることはなかった。

開戦

乙案に対する米側の回答は、十一月二十六日、ハル国務長官から野村、来栖両大使に手交された。いわゆるハルノートである。現在これを冷静に見れば最後通牒でもなく、我が国として受け入れ可能な項目もかなりあり、乙案に対する対案として検討に値するものであったが、東郷外相を始めこれを最後通牒と受け止め、田中作戦部部長など主戦派は天佑と見なした。遂に十二月一日、御前会議により開戦が最終的に決定された。

この日以降、軍務局長としての武藤の存在は薄れ、統帥一色となった。開戦以降、緒戦の大勝の報を聞きながら武藤はどのような想いで過ごしていたであろうか。伝えるものは殆どない。

近衛師団長

軍務局長として二年七ヶ月にわたって権勢をふるった武藤は昭和十七年四月、在スマトラの近衛師団長（十八年六月近衛第二師団に改編）に親補され、軍中央を去った。武藤は十六年十月、東條内閣発足まもなく、東條に軍務局長辞任を申し入れているが、東條からは適当な後任者が見つかるまではと引き延ばされていた。東條は首相になってからは武藤にいろいろ相談することは殆どなくなっていたという。

武藤の師団長転出は、武藤が開戦後重臣の岡田啓介海軍大将（予備役）の所に行き「戦を始めたのは東條内閣だが、戦争終末は一つ他の人でやってもらわなければならん」と言ったということが東條の怒りを買ったとも伝えられている（『陸軍省軍務局』　上法快男）。

武藤は、スマトラで十九年十月まで二年半にわたって師団長を務めたが、スマトラは、太平洋戦線からも、中国戦線からもビルマ戦線からも遠く隔絶しており、国軍きっての切れ者、実力者といわれた武藤が座るポストとしては、全くの閑職であった。スマトラでは師団の訓練に精魂を傾け、兵の精強に自信を持って、この戦争には負ける、しかしスマトラでは決して負けないと言っていたという。

第十四方面軍参謀長

昭和十九年十月五日、武藤は第十四方面軍参謀長に任命された。近衛第二師団長を二年半務め、方面軍参謀長になることは左遷ではないが、この時期、軍司令官に親補されていた同期生もいるので栄転ともいえない。役不足である。もっと使い道があったであろう。

十四方面軍は、比島防衛の軍で、武藤に先立つ十日ほど前、かって北支那方面軍時代、参謀長、参謀副長として仕え、肝胆相照らした山下奉文大将が、軍司令官として発令されていた。武藤の参謀長就任は山下の強い希望によるものとされているが、陸軍省最後の人事局長を務めた額田坦中将（当時少将）の『陸軍省人事局長の回想』（芙蓉書房）によれば、最初山下から指名されたのは額田だという。どういう経緯で武藤に変ったのか本人も不明とのことであるが、山下はこのほか沼田多稼蔵第二方面軍参謀長（当時）、飯村穣南方軍総参謀長（当時）等の名前も挙げていたと伝えられている（回想の山下裁判宇都宮直賢）。

山下は十月六日マニラに到着。武藤の着任は二十日、米軍がレイテ島に上陸を開始したその日であった。武藤は、赴任途中給油に立ち寄ったパラワン島で米機の空襲を受け乗機が炎上、私物一切を焼失して身一つで着任した。

山下は、東京を去るに当たって大本営から、米軍が比島に来寇した場合は、ルソン島で決戦と聞かされそのつもりで着任し、レイテ島などビサヤ地区担任の第三十五軍もいずれルソン島に集結させる心つもりでその旨鈴木宗作軍司令官にも内意を伝えていた。

台湾沖航空戦

ところが十月上旬、台湾、沖縄に来襲した米機動部隊を十二日から十六日にかけて海軍航空隊が全力を挙げて反撃（陸軍機も協力）、海軍はその戦果を空母十一隻撃沈、八隻を撃破、戦艦四隻を含む四十五隻を撃沈したと発表した。これは全くの虚報であったが、海軍側はこれを修正しなかったため、陸軍はレイテに来寇した米軍は台湾沖航空戦の残敵で、ルーズベルト大統領が敗北を糊塗するための政治的な上陸と思いこみ、レイテ決戦に方針を変更した。この命を受けた南方軍もこれを信じ、第十四方面軍に十月二十二日「驕敵撃滅の神機到来せり」としてレイテ決戦を命じた。

レイテ決戦

これに対し山下も武藤も激しく抵抗した。これは、大本営から十四方面軍に派遣される途中聞いた台湾沖航空戦の戦果に疑問を持った堀栄三少佐参謀の大戦果は、幻だとの報告に信頼を置いたものであった。しかし、大本営も南方軍もこれを聞かず、レイテ決戦を命令し、八万人の将兵がレイテ島に没した。

レイテ島の戦況は、米軍上陸時から悲惨であった。レイテ守備の第十六師団は数日にして壊滅し、上部軍の第三十五軍司令部との連絡も途絶した。増援の第一師団は、奇跡的に満州からほぼフル装備で上陸したがリモン峠で米軍と激突、拒止されて身動きできなくなった。一方、マニラや比島各地を襲う米艦載機の数は、空母十一隻撃沈の報にも関わらず日ごとに増加し、レイテへの増援部隊も多くが途中で撃沈され、増援もままならなくなっていった。

こうした状況を受け、十一月九日の陸海軍主要指揮官幕僚会議の席上、武藤と山下はこもごもレイテ決戦の中止を訴え、山下は南方軍の飯村総参謀長に「レイテ戦の続行は後世史家の非難の的となるぞ、すぐやめろ」とまで言い、武藤は南方軍は動脈硬化に陥っている非難した。と伝えられている。しかし、寺内総司令官は山下、武藤に「レイテ作戦続行」を命じた。山下は承詔必謹、「御意図を奉じ全力を尽くしてレイテ作戦を遂行します」と答えたという。このころすでにレイテ島は深刻な飢餓に陥っていた。

作戦続行を命令した南方軍は、十一月十七日寺内以下蒼惶としてマニラからサイゴン（現ホーチミン）に移転した。将兵からは総司令部は逃亡したと噂された。大本営の命令でシンガポールから渋々マニラに移動（五月二十一日）してから半年の滞在であった。

ルソン決戦

レイテ決戦が実質中止されたのは、第十四方面軍がレイテの第三十五軍に自活自戦を命じた十二月二十五日のことであった。奇しくもこの日はレイテのマッカサー元帥がレイテ戦の終結を宣言した日でもあった。

大本営や南方軍は、十四方面軍の方針を承認したが、レイテ決戦の中止は発令せず、決戦場をレイテのみに限定せず、比島全域で決戦するのだと失敗を粉塗した。二十七日の天皇に対する上奏文にも「作戦は予期の如くには進展していないが、敵に与えた物心両面の損害は甚大で相当の成果を上げた」と誇り、勝っているのか負けているのか分からない作文をでっち上げ、さらに「これまではレイテを重点としたが、今後は比島全域を決戦場として敵を撃滅する」と天皇を安心させた。そのうえ、十四方面軍が米軍の来寇は十九年末、遅くても翌一月と見ているのに対し、大本営は早くて明春早期と天皇に報告、誤判断を重ねた。

このため武藤は、山下と相談して大本営派遣参謀の目を盗んで、密かにルソン守備作戦を幕僚に検討させていた。

武藤、山下のルソン防衛構想は、マニラは放棄し、北方山岳地帯に籠もり徹底抗戦しようとするものであったが、この構想には、海軍と第四航空軍の富永恭次軍司令官が強硬に反対した。富永は依然としてレイテ決戦を主張し、ルソンに米軍が上陸してもマニラで決戦すべきと山下、武藤の構想に従おうとしなかった。このため、マニラの膨大な軍需品の搬出が遅れ、北方拠点の防衛準備も遅れに遅れた。またこのことがのちにマニラで壮烈な市街戦が惹起し、多くの市民を巻き込んだばかりでなく、日本軍による市民の虐殺事件等が発生する元となった。

大本営は、方面軍と航空軍の対立に手を焼き、航空軍を方面軍の指揮下に移したが、これに反発した富永は、軍司令官辞任を大本営に上申する始末であった。そのうえ、度々の上申が拒否されるや、遂に米軍上陸（一月九日）間もない十六日、部下を置き去りにして単身台湾に脱出した。もちろん上司の許可もなく、国軍史上例のない軍司令官の逃亡であった。

この前後、富永は厳しい戦場統帥に神経をすり減らし、精神の平衡を欠いていたと言われている。武藤と富永は幼年学校以来の同期生で、武藤は富永を見舞い、台湾に脱出した後も、軍法会議にかけろと激怒した山下に、それでは反って方面軍の統帥を問われると取りなし、台湾移転を追認させている。

米軍は上陸後一ヶ月半でマニラを攻略。十四方面軍は米軍の攻撃に押されて司令部をマニラ郊外のマッキンレーから、東北方山地のイポに、さらに中部の要衝バギオへと移動し、さらにバンバン、キャンガン、パクダン、ハバンガンと中部山岳地帯を彷徨し、終戦はハバンガンから南南西七キロの第三レストハウスと称した地点で迎えた。

終戦

この間、第一線将兵の敢闘により米軍上陸以来七ヶ月にわたり抵抗を続けたが、武藤や山下が統帥に腕を振るう余地は最早なかったであろう。山下と武藤の関係は終始円滑で笑い声が絶えなかったという。武藤は俳句に趣味が深かったが、ある時武藤が山下の姿を見て「老将の　蝿叩きをり　卓一つ」と詠んで山下に見せたところ、山下は「これは誰のことか」と言い、武藤が「閣下のことです」と言うと「ここには老将はおらんよ」と笑いあったという。この時山下、五十九歳であった。

終戦の報は、まだ健在の通信機で八月十五日に傍受している。七月上旬、司令部では軍の命脈は八月いっぱいで尽きると予想し、最後の手順を検討した。玉砕は行なわず、餓死線に達する以前に部隊を北部ルソンに脱出させ、爾後ゲリラ戦に移行することとし、軍司令官、参謀長は統一指揮の終末とともに自決することとされていた（『運命の山下兵団　栗原賀久』）。

しかし、終戦が決定してから、武藤が山下の自決を心配し、山下に不寝番をつけると山下は笑って「心配するな、俺は決して自分一人だけで行きやせんよ。ルソンにいる兵隊を一人でも多く内地に帰す大任がまだ残っているんだ。今更俺一人が死んだってどうにもならんよ。いいから、安心して寝ろ寝ろ」と言って副官を下がらせている。また、自決を勧めた若手参謀に対しても「俺はこのルソンで敵味方を問わず多くの人間を殺している。この罪の償いをしなければならんだろう。日本へ帰ることなど夢にも思っていないよ。ただ、俺が一人で先へ行っては、責任をとるものがいなくて、残ったものに迷惑がかかるだろう。だから俺はあくまで生きて責任をとるつもりだ。俺が一人で責任を負うつもりだよ」と言ったと伝えられている（前掲　運命の山下兵団）。一方の武藤も自決の気配はなかった。

比島の日本軍が、山を下り正式に米軍に降伏したのは九月三日のことであった。一時司令部を置いたバギオで調印式が行われた。

戦闘が最後の瞬間になると、最高指揮官やその参謀長は玉砕突撃を命じて自決することが日本軍人の美学となっていたし、また終戦時でも多くの指揮官が自決したが、山下や武藤はそれをしなかった。責任をとるため生きる。一人でも多くの部下を生還させる事に全力を尽くすため生きる。これも立派な責任の取り方であろう。しかし、山下と違って武藤のこの後の言動には、次章で示すように許しがたいものがある。

死の状況

戦犯

降伏した山下や武藤は、調印式後直ちに身柄を拘束され、戦犯容疑者としてマニラに送られた。山下は二十年十月、比島に於ける日本軍の最高指揮官として隷下部隊将兵の残虐行為についての責任を問われ、起訴された。

収容中、武藤は収容所の戦犯容疑者を集めて「諸子は特攻隊員となり裁判の被害を最小限に止めよ。日本陸軍ないし日本の名誉のためにも部隊長や兵団長が現地人捕虜の殺害命令をだしたというようなことは絶対にいってはならない。祖国は諸子や諸子の家族を決して見捨てない」と訓示したと日本憲兵正史（研文書院）が記録している。このため上級指揮官が命令を否定し、下級将兵が実行者として処刑されたケースも多いとも憲兵正史は書いている。こうした事例は。比島にとどまらず各地で生じている。

武藤に対しては戦犯訴追はなく、武藤は山下の特別弁護人として証言に立った。

しかしその武藤も二十一年一月、突如極東国際軍事裁判（東京裁判）A級戦犯容疑者として東京に移送された。武藤は東京裁判のことは承知していたが、自分が被告になることは予想せず、東條大将の証人として呼ばれると思っていたという。

武藤に対する容疑は、①平和に対する罪（侵略戦争の計画準備、遂行等）、②殺人及び共同謀議の罪（宣戦布告前の攻撃による殺人、捕虜及び一般人の殺害）、③通例の戦争犯罪及び人道に対する罪など五十五項目に及ぶ訴因のうち四十八項目に該当するとされた。

武藤等A級戦犯容疑者二十八名は、二十一年四月二十九日起訴された。局長クラスは武藤の他岡敬純（元海軍省軍務局長）、佐藤賢了（元陸軍省軍務局長）の三名であった。

裁判は二十一年五月三日から始まり、二十三年十一月十二日に終わった。全員有罪判決で、武藤を始め七名が絞首刑であった。岡敬純や佐藤賢了は終身禁固であった。

武藤の罪は、軍務局長として侵略戦争の計画・準備・遂行の共同謀議に参画し、主導的役割を果たし、またフィリピンに於いて山下の参謀長として日本軍の行なった捕虜や一般住民に対する虐殺、拷問、強姦等多くの戦争法規違反に対して責任があるというものであった。

絞首刑

武藤の処刑は、二十三年十二月二十二日深夜に執行されたが、執行は土肥原、松井、東條、武藤の第一班と板垣、広田、木村の二班に分かれて行われた。全員執行直前、手錠をかけられた不自由な手で署名をしているが、いずれも震えもなく落ち着いた見事な書である（教誨師として最後に接見した花山信勝の『平和の発見』に写真が残されている）。武藤等は天皇陛下万歳と大日本帝国万歳を三唱した後、花山と別れにこにこ微笑みながら刑場に牽かれていったと花山は書き残している。武藤の絶命は昭和二十三年十二月二十三日午前零時一分と記録されている。

極東軍事裁判（東京裁判）について、これを勝者による報復裁判であり、事後法による処罰であるとしてこれを認めない論がある。これらの批判は確かに一理あるが、筆者は必ずしもこれに与しない。なぜなら筆者が連合国側の一員であったとするならば、こうした裁判を行ったであろうし、まして日本が勝者の立場であったなら当然、連合国の指導者を厳しく裁いていたに違いないからである。

しかし、それにしても、武藤の死刑はあまりに酷だとの感がぬぐえない。近年の日本が歩んだ覇道について、武藤の責任はもちろん軽くはないが、大東亜戦争については、武藤は少なくとも避戦の道を探っており、主戦派ではなかった。田中新一作戦部長や服部卓四郎作戦課長、辻政信参謀など主戦派の責任の方が遙かに大きく罪も重い。武藤はせいぜい有禁固刑程度ではなかったろうか。量刑不当と思われる。ついでに書けば、唯一の文官として処刑された広田弘毅元首相も量刑不当である。その広田は一言も弁明せずに死んだ。

参考文献

戦史叢書　関東軍1　防衛庁防衛研修所戦史室編　朝雲新聞社
戦史叢書　支那事変陸軍作戦1　防衛庁防衛研修所戦史室編　朝雲新聞社
戦史叢書　北支の治安戦1　防衛庁防衛研修所戦史室編　朝雲新聞社
昭和の歴史4　十五年戦争の開幕　江口圭一　小学館
昭和の歴史5　日中全面戦争　藤原彰　小学館
作戦日誌で綴る支那事変　井本熊男　芙蓉書房
私記　一軍人六十年の哀感　今村均　芙蓉書房
陸軍良識派の研究　保阪正康　光人社
陸軍省軍務局　上法快男　芙蓉書房
陸軍省軍務局　保坂正康　朝日ソノラマ

れいめい―日米交渉回顧録　寺崎太郎　中央公論事業出版
戦史叢書　大本営陸軍部２　防衛庁防衛研修所戦史室編　朝雲新聞社
戦史叢書　大本営陸軍部大東亜戦争開戦経緯４、５　防衛庁防衛研修所戦史室編　朝雲新聞社
真珠湾への道　大杉一雄　講談社
大東亜戦争への道　中村粲　展転社
陸軍省人事局長の回想　額田坦　芙蓉書房
戦史叢書　捷号陸軍作戦１　レイテ決戦　防衛庁防衛研修所戦史室編　朝雲新聞社
戦史叢書　捷号陸軍作戦２　ルソン決戦　防衛庁防衛研修所戦史室編　朝雲新聞社
回想の山下裁判　宇都宮直賢　白銀書房
東京裁判　上下　朝日新聞東京裁判記者団　講談社
実録　東京裁判と太平洋戦争　檜山良昭　講談社
日本憲兵正史　全国憲友会連合会編纂委員会編　研文社
比島から巣鴨へ　武藤章　実業之日本社
平和の発見　巣鴨の生と死の記録　花山信勝　朝日新聞社

少将

齋 俊男（福島）

Itsuki Toshio

（写真　特別増刊歴史と旅　帝国陸軍将軍総覧　p 453）

明治二十五年十一月五日　生
昭和二十一年五月三日　没（銃殺）　シンガポール　五十三歳
陸士二十五期（歩）

主要軍歴
大正二年五月二十六日　陸軍士官学校卒業
昭和十四年三月九日　大佐
昭和十四年八月一日　歩兵第五十七連隊長
昭和十六年十二月一日　和歌山連隊区司令官

昭和十八年三月一日　少将
昭和十八年三月十三日　北千島守備隊司令官
昭和十八年十月一日　第二歩兵団長
昭和十九年二月十四日　独立混成第三十六旅団長
昭和二十一年五月三日　処刑（銃殺）

プロフィール

無天の将軍

斎は、陸士卒業のみで将官に進級した無天の将軍である。無天とは、陸軍大学校卒業者が卒業時に授与され、胸に飾った徽章の形が江戸時代の通貨「天保通宝」に似ていたことから、陸大卒業者を天保銭（組）、陸士卒業のみの軍人を無天（組）と呼んだ。

天保銭（組）と無天（組）の人事上の差別は極めて大きく、天保銭組が陸軍省、参謀本部等の中央官衙と師団や軍の参謀等の要職を駆け足で走り抜け、参謀長、師団長、軍司令官等に上りつめていくのに対し、無天組は、現場の部隊で中隊長、大隊長等、兵と苦楽を共にする隊付勤務に終始した。その進級も天保銭組の凡そ九割が将官に進級したのに対し、無天は、大東亜戦争の軍備大膨張の中でやっと一割程度であり、平時は一パーセント程度であったという。

無天組を一段下に見て、肩で風を切って歩く天保銭組に対する無天組の反発は大きく、軍団結の障害ともなって、昭和九年に陸大徽章は廃止された。徽章は廃止されたが、それ以前の保持者は着用が禁止されたわけではなく、また、人事上の処遇の実態は変わらなかった。陸士卒業二十五年で少将と中佐の差があった。

そうした中で軍備大膨張中とはいえ、無天で少将に進級することは容易ではなかったであろう。軍人として相当優秀であったに違いない。こうした無天組は実兵指揮に優れたものが多く、無天の少将は天保の大将に勝るという言葉もあったが、反面、中央での勤務や参謀経験がなく大局観や視野の狭さが指摘されるのもやむを得ないことであったであろう。

連隊長

斎は、昭和十四年三月に大佐に進級した。天保銭組の第一陣は、既に十一年八月に大佐になっており、斎が大佐に進級した時は少将に進級した。無天組の第一陣は、十三年七月に大佐に進級している。斎の進級は、第二陣組であった。しかし、大佐進級の翌八月歩兵第五十七連隊長に栄転する。

第五十七連隊は、明治三十八年佐倉で編成された連隊で、第一師団所属であった。天皇の軍旗（連隊旗）を親授された連隊長職も、天保銭組にとっては一つの通過ポストにすぎなかったが、無天組にとっては最終ポストともいうべき、憬れのポストであった。技術系を除き連隊長を経ないで将官に昇進することは殆ど不可能であった。

当時第五十七連隊は、師団とともに満州に派遣されており、師団は関東軍隷下にあって孫呉に司令部を置いていた。斎が赴任した頃はノモンハン事件の真っ最中で、連隊の速射砲中隊が出動している。しかし、ノモンハン事件は九月に停戦となり、以降は対ソ警戒の日常に戻った。

連隊区司令官

斎は連隊長を二年四ヶ月務め、十六年十二月大東亜戦争開戦の直前、和歌山連隊区司令官として内地に帰還した。

連隊区司令部は、概ね歩兵連隊所在地ごとに置かれ、徴兵、動員、召集、在郷軍人の指導等を行う事務機関であったが、昭和十六年に北海道を除き一府県一連隊区制となって、各県庁所在地に置かれた。司令官は古参の大佐クラスで、在任中少将に進級することも多かった。閑職ではあったが、地域の名士でもあり、無天組にとって将官への登竜門の一つでもあった。

斎も十八年三月少将に進級した。天保銭組トップは十四年三月に少将に進級しており、十六年十月には中将になっていた。無天トップの少将進級は十六年八月であった。最後の少将進級は二十年六月で、斎の進級は、比較的早い方であった。

北千島守備隊司令官

斎は、少将進級（十八年三月一日）直後の同月十三日、北千島守備隊司令官に任命され、千島列島の最北端幌筵（ほろむしろ）島に赴任した。同守備隊は、アリューシャン方面からの米軍来寇に備えて新たに編成された部隊である。アリューシャン列島のキスカ島守備隊（北海守備隊第一地区隊）は撤収したが、十八年五月アッツ島守備隊（第二地区隊）山崎部隊は玉砕、北辺も風雲急を告げつつあった。

北千島守備隊は、同年八月には北千島第一守備隊に改編され、松輪島に第二守備隊、幌筵島に第三守備隊が置かれた。幌筵島は占守島を挟んでカムチャッカ半島と指呼の間にあった。

歩兵団長

しかし、斎は同年十月、守備隊司令官在任僅か七ヶ月で第二師団の第二歩兵団長に転任になった。第二師団は十七年十月ガダルカナル島奪回のため派遣されたが、上陸早々の十月攻勢で第二歩兵団長那須弓雄少将や隷下の歩兵第十六連隊の広安連隊長、第二十九連隊の古宮連隊長が戦死するなど壊滅的打撃を受けた。

同師団は、十八年二月ガ島を撤退し、比島で再建され、その後蘭印、マレー、シンガポールなどに分散配置されていた。斎は、千島列島幌筵島から延々シンガポールまで直線距離にして七千キロ超の時空を超えて赴任した。

死の状況

独立混成第三十六旅団長

さらに斎は、歩兵団長在任僅か四ヶ月にして、独立混成第三十六旅団長に転じる。

十九年一月、大本営は英軍の反攻に備えて、絶対国防圏の西端に位置するベンガル湾上の英領アンダマン諸島、カーニコバル諸島の防備強化のため第二十九軍（軍司令官石黒貞蔵中将）の戦闘序列を発令、カーニコバル島に独立混成第三十六旅団、アンダマン諸島に独立混成第三十五旅団、第三十七旅団を配備した（いずれもこの時編成された）。

第三十六旅団は、先にカーニコバル島に配備されていた南西第二守備隊と第二歩兵団司令部を基幹に編制されたもので、斎が旅団長に任命された。

戦犯

カーニコバル島は、時折英軍の空襲や艦砲射撃を受けたが上陸はなく、比較的人的被害も少なく終戦を迎えたが、斎は戦犯容疑で逮捕された。容疑は住民の大量殺害であった。

終戦間際、同島が英艦隊からの艦砲射撃を受けた際、住民が信号弾を打ち上げ沖合の艦艇に向かって信号を送るなどのスパイ行為をしたとして多数の住民を検挙、殺害したという。殺害数は日本人関係者の話では五十人をくだらないとも百人を超えるともいう。

戦後このことが問題になった時、斎は海軍部隊（第十四警備隊）の主計長（少佐）を訪れ「自分はもう覚悟しているが、部下から犠牲者を出したくない。主計長は法律に詳しいと聞いた。何かうまい方策を考えてもらうわけにはいかないか」と要請し、この主計長の発案で、軍事裁判を開いてスパイを処刑したという形をでっち上げたという（『戦犯』新聞記者が語りつぐ戦争20　読売新聞大阪社会部編）。

このことは、ばれなかったようであるが、取り調べに当たって拷問や虐待を行ってスパイ犯をでっち上げたとして、取り調べにあたった准尉、下士官、兵、通訳等五人が死刑判決を受けた。裁判の最中斎は、「全ての責任は自分にある。その他の者は寛大な処分を」と嘆願している。斎も監督責任を問われ死刑判決を受けたが、裁判での潔い態度が評価されて銃殺刑になったという（前掲『戦犯』）。

斎の二十五期は、戦死者、自決者等の極めて多い期の一つであるが、刑死者も多い。斎の他、元軍務局長の武藤章中将、田上八郎第三十六師団長、立花芳夫第百九師団長が刑死している。

参考文献

別冊歴史読本　戦記シリーズ42　日本陸軍部隊総覧　新人物往来社
戦犯　新聞記者が語りつぐ戦争20　読売新聞大阪社会部編　読売新聞社
丸別冊　戦争と人物20　軍司令官と師団長「戦犯になった陸軍将官　茶園義男」　潮書房

少将

鏑木　正隆（石川）

Kaburagi Masataka

明治三十一年十二月二十九日　生
昭和二十一年四月二十二日　没（絞首）　中国（上海）　四十七歳
陸士三十二期（歩）
陸大四十二期

主要軍歴

大正九年五月二十六日　陸軍士官学校卒業
昭和五年十一月二十七日　陸軍大学校卒業
昭和十四年八月一日　第十三師団参謀
昭和十五年十二月二日　駐蒙軍高級参謀
昭和十六年三月一日　大佐
昭和十七年十月九日　陸軍士官学校付
昭和十八年八月二日　陸士教官
昭和十九年三月一日　第十一軍参謀
昭和十九年五月九日　武漢防衛軍参謀長
昭和十九年七月七日　第三十四軍参謀長
昭和二十年三月一日　少将
昭和二十年六月一日　第五十五軍参謀長
昭和二十一年四月二十二日　処刑（絞首）

プロフィール

エリート軍人

鏑木は陸士、陸大卒のエリート軍人であるが、陸軍省、参謀本部など中央での要職は殆ど経験しておらず、師団や、軍の参謀職主体の勤務である。

将官に進級するためには、二年程度の隊付（連隊等の部隊）勤務が必要との内規（厳密に守られたわけではない）があったが、それも経ていない。連隊長等の野戦指揮官としての経験もない。そのことは鏑木に限ったことではなく、鏑木の同期三十二期の将官で連隊長経験者は十人足らずしかいない。珍しい期である。戦局の悪化でそのような余裕もなくなったのであろうか。

参謀

昭和十四年八月、鏑木は、第十三師団参謀を命じられる。作戦参謀である。第十三師団は明治三十八年創設の師団であるが、大正十四年の軍縮で一旦廃止されている。昭和十二年支那事変の勃発により、仙台で再編成された。編成後直ちに動員され、上海派遣軍隷下に入り、上海戦、南京攻略戦、徐州会戦、武漢攻略戦等に参加した。

鏑木の着任当時、師団は第十一軍（軍司令官岡村寧次中将）隷下で贛湘作戦に参加、揚子江沿いに洞庭湖周辺まで中国軍を駆逐した。

鏑木は、師団参謀を一年四ヶ月務めた後の十五年十二月、駐蒙軍高級参謀に栄転する。駐蒙軍は、支那派遣軍隷下で張家口に司令部を置いていたが、一個師団、一個旅団及び騎兵集団からなる小規模の軍であった。当時、軍司令官は山脇正隆中将であった。参謀部も参謀長以下五名の少人数であった。鏑木は、高級参謀として作戦主任を務めている。駐蒙軍管内は、比較的平穏で大規模作戦の発動はなかったが、浸透する中共軍に対する討伐作戦に追われていた。鏑木は、駐蒙軍高級参謀時代の十六年三月大佐に進級する。進級は第三選抜組であった。

駐蒙軍高級参謀として一年十ヶ月を過ごした鏑木は、十七年十月陸軍士官学校付として、内地帰還を命じられる。栄転ではないが第十三師団参謀以来、三年以上に及ぶ戦地生活であり、しばしの休養を与えられたものであろう。十ヶ月後の十八年八月、陸士教官となる。この教官生活は短く十九年三月には、かって第十三師団参謀時代の上部軍であった第十一軍参謀として中国戦線に戻る。軍司令官は横山勇中将、参謀長は中山貞武少将で軍司令部は中支の漢口に置かれていた。第十一軍は当時、九個師団、三個旅団を有し支那派遣軍最大規模の軍であった。

このころ、支那派遣軍は、在支兵力の過半を投入して、北京から仏印にいたる鉄道交通網の連接と所在する米支空軍基地の覆滅を企図して大陸打通作戦（正式名称「一号作戦」）を発起しようとしていた。日本陸軍始まって以来の大軍を以てする大作戦であった。中でもその中心を担ったのが第十一軍であった。

しかし、鏑木の第十一軍参謀の発令は伏線があり、五月九日武漢防衛軍参謀長を発令される。武漢防衛軍とは、第十一軍が大挙出撃したあとの占拠地であり、作戦根源地である武漢地区を防衛するため臨時に編成された軍である。一個師団、四個旅団基幹の編成で、軍司令官は佐野忠義中将であった。

この武漢防衛軍は十九年七月五日、正式に第三十四軍として第六方面軍（軍司令官岡村寧次大将）の戦闘序列に入った。佐野、鏑木のコンビは変らなかった。

第三十四軍は、直接大陸打通作戦には参加せず、後方警備と軍に付属された数個の野戦補充隊による各部隊の損耗の補充を受け持った。鏑木は第三十四軍参謀長時代の二十年三月、少将に進級する。進級はトップに七ヶ月遅れの第二選抜組である。大佐進級時よりも序列は上がっていた。

二十年六月鏑木は、第五十五軍参謀長に転補され内地に帰還する。第五十五軍は本土決戦に備えて編成された軍で、四国方面の防衛を担任した。軍司令官は原田熊吉中将で、高知に司令部を置いた。

死の状況

戦犯

終戦後、復員していた鏑木は、二十年十一月三十日戦犯容疑で逮捕され、巣鴨プリズンに収監され、翌月上海に移送された。容疑は第三十四軍時代、中国漢口に於いて、米軍搭乗員捕虜三名を長時間行進させ、殴打虐待を加えて公衆の好奇心と侮辱の前にさらし、最後に絞殺したというものであった。時期は十九年十二月十六日頃とされている。

関係者として二十二名が起訴されたが、当時の第三十四軍司令官佐野忠義中将は、七月三日に病死していた。また第三十四軍は二十年一月関東軍隷下に移り、終戦後同軍関係者は、ソ連に抑留されていた。

このため、裁判は鏑木と憲兵隊を中心に進められ、鏑木及び憲兵隊員四名が絞首刑の判決を受けた。このほか一名が終身刑、十一名が有期刑の判決を受けている。この件について鏑木は、殆ど知らなかったとされているが、捕虜を長時間（七時間という）、市中を行進させ、種々虐待を加えたうえ、「のびてしまった状態の捕虜」を絞め殺したということは、事実だったらしい（『孤島の土となるとも』岩川隆）。

当時の漢口憲兵分隊長の服部守次憲兵中佐は逮捕の直前「軍の命令により部下を派遣し、さらに憲兵分隊長の私の命令により実施せしめたもので、部下には責任はない。自分は本事件の全責任を負いここに自決する」という趣旨の遺書を残して、二十年十一月二十三日自決している。軍の命令があったとすれば軍参謀長の鏑木が知らなかったはずはないが、最高責任者の佐野軍司令官は、既に死亡しており、その他の軍関係者もソ連に抑留されていたので、ナンバー2の鏑木が責任を取らされた形になった。鏑木は、二十一年四月二十二日上海で絞首刑を執行された。

内地で最後の勤めとなった第五十五軍参謀長時代の上司原田熊吉中将も、別件であるがジャワの第十六軍軍司令官時代に、不時着した豪州軍搭乗員三名を不法に殺害したとの容疑で絞首刑となっている。

鏑木の三十二期になるとトップクラスが軍参謀長あたりで、あまり一般に知られた軍人はいない。また将官の戦死者も出ていない。刑死者も鏑木一人である。そういった意味では不運な将軍であった。

参考文献

別冊歴史読本　戦記シリーズ32　太平洋戦争師団戦史　新人物往来社
戦史叢書　一号作戦2湖南の会戦　防衛庁防衛研修所戦史室編　朝雲新聞社
孤島の土となるとも―BC級戦犯裁判　岩川隆　講談社
別冊歴史読本　戦記シリーズ23　戦争裁判処刑者一千　新人物往来社
丸別冊　戦争と人物20　軍司令官と師団長「戦犯になった陸軍将官　茶園義男」　潮書房

少将

河根　良賢（広島）

Kawane Yoshikata

明治二十一年七月二十九日　生
昭和二十四年二月十二日　没（絞首）　横浜　六十歳
陸士二十三期（輜重）
功四級

主要軍歴
明治四十四年五月二十七日　陸軍士官学校卒業
昭和十一年八月一日　輜重兵第二連隊長
昭和十二年八月二日　大佐
昭和十三年七月十五日　自動車第一連隊長
昭和十四年八月一日　久留米陸軍予備士官学校長
昭和十六年三月一日　少将
昭和十六年七月二十八日　北支那方面軍付
昭和十六年八月八日　第三野戦輸送司令官
昭和十七年八月一日　北支那自動車廠長
昭和二十四年二月十二日　処刑（絞首）

プロフィール

無天の輜重兵科将軍

河根は、陸士卒業のみで将官に上り詰めた無天の将軍である。

河根は、歩兵、騎兵、砲兵、工兵、輜重兵、航空兵、憲兵の中で最も軽視された輜重兵科出身である。昭和十五年に憲兵科以外の兵科区分は廃止され、歩兵、戦車兵、野砲兵、山砲兵、工兵、通信兵、鉄道兵、輜重兵、飛行兵等十七の兵種に細分類されたが、明治以来「輜重輸卒が兵隊ならば蝶々トンボも鳥のうち」と揶揄された輜重兵の地位が上がったわけではなかった。

陸士に入って兵科の選択は、予科卒業時に行われたが、米や味噌、醤油等を運ぶため「ミソ」と呼ばれた輜重兵科の希望者は殆どなく、教官が因果を含めて説得、輜重兵科に押し込んだという。従って、輜重兵の陸大入学者も少なく（陸大に入れない時期もあった）、輜重兵のトップである輜重兵監（教育総監部）が、陸軍省の人事局補任課長に「各期に少なくとも陸大出身者を一名ずつ転科させてくれ」と要望したことがあるという（『陸軍省人事局長の回想』額田坦）。

河根が輜重兵科を志望したのか、無理矢理させられたのか不明であるが、陸士卒業後輜重一筋に進む。

連隊長

昭和十一年八月、河根は輜重兵第二連隊長に補せられる。歩兵連隊、騎兵連隊には天皇から下賜される連隊旗（軍旗）があったが、その他の兵科には、軍旗は与えられなかった。また輜重連隊が創設されたのは、昭和十一年六月のことで、それ以前は輜重大隊であった。さらにその前身は輜重小隊で、西南戦争直前にやっと輜重中隊となった。大隊制になったのは明治十九年のことである。以来昭和十一年迄輜重兵連隊はなかった。

輜重兵第二連隊は、最初に編成された十二の輜重兵連隊の一つで、仙台で編成され第二師団に所属した。師団は昭和十二年満州に派遣され、十五年まで満州に駐屯。河根も連隊とともに満州に進出した。軍の主兵たる歩兵連隊長は、大佐が任命されるのが通常であったが、その他の兵科では、初任は中佐が充てられることが多く、途中で大佐に進級するのが通例であった。河根も中佐で連隊長となり、十二年八月大佐に進級した。この進級は無天組ではトップ（第一選抜）である。

翌十三年七月、河根は自動車第一連隊長に転じる。自動車第一連隊は第二連隊とともに、昭和十一年十一月関東軍自動車隊を母体に編成された。しかし、この自動車連隊は、その後編成された第一～第七連隊とともに十六年の関特演（関東軍特別演習―ソ連侵攻を企図した）の際、独立自動車大隊に縮小されている。自動車連隊は、輜重兵連隊（馬主体）を自動車化したものである。
輜重兵連隊は、終戦時九十二個連隊（内九個は比島、ニューギニア、沖縄その他の離島で玉砕）あったが、自動車連隊は十九個しかなかった。このうち南方に進出したのは一個のみでその他は主として中国に置かれた。

予備士官学校長

十四年八月、連隊長として関東軍で二年を過ごした河根は、この年新設の久留米陸軍予備士官学校長を命じられ、内地に帰還する。

予備士官学校は、陸軍予科士官学校と紛らわしいが、予科士官学校が、陸軍の正規将校を育成する陸軍士官学校の前期課程であるのに対し、兵として徴兵された者のうち中学校同等以上の学校卒業者の中で、甲種幹部候補生試験に合格した者を入学させ、教育して予備役将校を育成する学校である。幹部候補生試験の乙種に合格した者は下士官になった。

終戦時、全国に八つの予備士官学校があった。久留米には第一と第二の予備士官学校が置かれたが、河根の校長時代は一つであった。

予備士官学校の中で輜重兵科教育を行ったのは久留米のみであり、河根に初代校長として白羽の矢が立った。

河根は、予備士官学校長時代の十六年三月、少将に進級する。念願の将官である。同期の天保銭組トップはすでに十三年三月少将に進級しており、十六年三月に中将になった。無天組トップの少将進級は十四年八月である。トップに比べれば一年半近く遅れた。

野戦輸送司令官

輜重出身校長として後進の育成に当たっていた河根は、十六年七月、北支那方面軍付に転じる。その翌八月には第三野戦輸送司令官に栄転する。第三野戦輸送司令官は、第三野戦輸送隊の長で、北支那方面軍隷下で編成されたが、大東亜戦争開戦直前、南方軍の隷下に移り、十一月比島攻略の第十四軍（軍司令官本間雅晴中将）の兵站部隊として戦闘序列に入った。第三野戦輸送隊は、独立自動車三個大隊、独立自動車五個中隊、独立輜重兵一個中隊、その他野戦道路隊などから成っており、第十四軍直轄部隊であった。

比島攻略戦は、十六年十二月十日の先遣部隊の上陸に始まり、十七年一月二日マニラを占領したが、バターン半島に退避した米比軍の掃討に手間取り、増援部隊を得て四月九日漸く攻略した。この不手際（大本営の責任も大きかったが）により本間軍司令官はその後（八月）更迭され、さらに予備役に編入された。

比島攻略戦に於ける第三野戦輸送隊その他兵站部隊の活動については戦史叢書にも全く記録（軍の編成表に名前が載っているだけである）されておらず、不明である。

野戦自動車廠長

河根は比島攻略の後、十七年八月、北支那自動車廠長に転属となる。同月本間軍司令官は更迭されたが、河根の転勤はそれとは無縁であろう。北支那野戦自動車廠は、北支那方面軍の直轄兵站部隊で、方面軍隷下の部隊の自動車の保管、補給、修理等を行った。

河根は終戦まで、この自動車廠長を務めている。河根と同時に少将に進級した者や、それより遅れて進級した無天の少将が十名以上中将に進級しているが、河根は少将のまま据え置かれた。同期には、輜重畑の中将が二名おり、いずれも輜重兵監を務め、師団長に昇進しているが、二名とも陸大卒で他兵科からの転科者である。輜重生え抜きの将官は河根の他一名（少将）おり、無天である。このほか陸大卒の少将がいるが、輜重生え抜きかどうかは不明。

死の状況

バターン死の行進

河根は、中国で無事終戦を迎えたが、帰国後米軍に戦犯として逮捕された。容疑はいわゆるバターン死の行進における捕虜虐待、殺害であった。

バターン死の行進とは、昭和十七年四月九日バターン半島に立て籠った米比軍が降伏したが、その際日本軍の予想を上回る大量の捕虜、（八万とも十万ともいう二～三万人の難民を含む）が発生した。これをバターン半島から鉄道の通っているサンフェルナンドまで移動させたが、日本軍には大量の捕虜を輸送する手段がなく徒歩で行進させた。起訴状によれば、この輸送途上千二百人のアメリカ人捕虜、一万六千人のフィリピン人捕虜が殺害、または行方不明になったという。

本間雅晴、当時の第十四軍司令官がこの件により絞首刑となったが、日本側ではバターン死の行進は、ねつ造、少なくとも誇大な宣伝であり、勝者の報復であるとの声も強い。

確かに本間が捕虜の虐待や殺害を命じたこともなければ、そういう事実があったことを全く知らなかったであろうことも間違いなかろう。しかし、今日の企業不祥事に於いても社長が知らなかったからといって、責任は回避出来ない。知らなかったこと自体に、そのような企業統治のあり方自体が責任を問われている。そういう意味では本間も何も知らなかったからといって責任がないということは出来ない。しかし、だからといって死刑は量刑不当であり、勝者の復讐という声も理解出来る。もし、ベトナム戦争に於けるソンミ村事件について、当時の米ベトナム派遣軍司令官ウエストモーランド大将が本間と同様の責任を問われていたのなら、本間の裁きも甘受しなければならない。

とはいえ、「バターン死の行進」が誇大な宣伝であるとしても、多数の捕虜（食糧不足で降伏）が十分な食糧、医療の手当（マラリア患者が多数いた）もなく死亡し、激しい殴打などの虐待を受け、あるいは一部の部隊による捕虜の殺害があったことも事実である。当時の関係者の証言も残されている。

この捕虜の殺害は、当時作戦指導のため大本営から派遣されていた辻政信参謀があちこちで命じたという。この命令を受けて捕虜を殺害した部隊もあれば、「重大な命令であり、口頭命令では実行出来ない。筆記命令を出してくれ」と主張した連隊長（今井武夫大佐）もあれば（筆記命令は来なかった）、不当な命令であるとして直ちに捕虜を釈放した部隊もあったという。

バターン死の行進は、捕虜を斬首したり射殺した行為は別にして、護送に当たった多くの日本軍将兵にとっては、歩かせたこと、ビンタなどを食らわせたこと、食糧や医療が十分でなかったことらが、戦争犯罪になるとは戦後でも理解の外であったであろう。

移動は、車に依るのが常識の軍隊と、歩くのが当たり前の軍隊と、殴打などの暴力を認めない軍隊と暴力が教育的指導として当然の軍隊、捕虜になるなら死ねと命じる軍隊と、義務を尽くしたあとの捕虜は名誉と考える軍隊の、国力や文明の衝突でもあったともいえる。

我々がアメリカ人であったなら、どのように対処するであろうか。報復は、全くしないであろうか。あるいは逆に日本軍捕虜が同じような待遇を受けた場合、日本が戦勝国であったならどのように対処するであろうか。捕虜になどなった方が悪い。煮て食おうと焼いて食おうとかまわない。相手の勝手だと見逃すであろうか。何らかの報復をしなかったであろうか。

戦犯

ところで、バターン死の行進と、河根の関係については、必ずしもはっきりしていない。

捕虜の護送にあたったのは殆どが第一線の戦闘部隊であり、河根の野戦輸送部隊の関与は薄いと見られるが、捕虜をサンフェルナンドからカパスの捕虜収容所まで鉄道輸送したと伝えられている。この間の輸送中の処遇も劣悪で多数の死者が出たと訴追されている。このことが野戦輸送司令官としての河根が責任を問われたものであろうか。

河根は、マニラではなく米軍の横浜裁判で裁かれ、絞首刑の宣告を受け二十四年二月十二日執行された。

河根の二十三期は、戦死者や刑死者が多い。

刑死者には河根の他、岡田資第十三方面軍司令官、福栄真平第百二師団長、河野毅歩兵第七十七旅団長、佐々誠タイ俘虜収容所長等がいる。また柳川悌第百三十二師団長が終身刑で服役中死亡している。

参考文献

陸軍省人事局長の回想　額田坦　芙蓉書房
日本陸軍兵科連隊　新人物往来社
増刊歴史と人物　証言太平洋戦争（五十九年）「輜重兵かく戦えり」　中央公論社
別冊一億人の昭和史　日本の戦史別巻9　学徒出陣　毎日新聞社
いっさい夢にござ候　本間雅晴中将伝　角田房子　中公文庫
人間の記録　バターン戦　御田重宝　徳間文庫
戦史叢書　比島攻略戦　防衛庁防衛研修所戦史室編　朝雲新聞社
丸別冊　戦争と人物20　軍司令官と師団長「戦犯になった陸軍将官　茶園義男」　潮書房

少将

佐々　誠（東京）

Sassa Akira

明治二十三年八月五日　生
昭和二十三年四月二十三日　没（絞首）　シンガポール　五十七歳
陸士二十三期（歩→航）
陸大三十二期

主要軍歴

明治四十四年五月二十七日　陸軍士官学校卒業
大正九年十一月二十二日　陸軍大学校卒業
昭和十年八月一日　大佐　飛行第四連隊長
昭和十二年七月三十一日　飛行第八大隊長
昭和十二年十一月一日　下志津陸軍飛行学校幹事
昭和十三年七月十五日　少将
昭和十四年八月一日　第二飛行団長
昭和十五年八月一日　中部軍付
昭和十六年八月一日　中部軍兵務部長
昭和十七年八月十五日　タイ俘虜収容所長
昭和十八年六月十日　中部軍付
昭和十八年六月二十二日　予備役編入
昭和二十三年四月二十三日　処刑（絞首）

プロフィール

航空畑のエリート軍人

佐々は陸士、陸大卒のエリート軍人である。歩兵出身であるが途中航空に転科している。キャリア組で、少将までは順調に昇進しているが、軍歴の後半は中将にもなれず、予備役に編入されており、戦歴にも恵まれていない。

昭和十年八月、佐々は大佐に進級する。進級は四番手で、多少遅れた方であるが、佐々と同時、あるいは佐々より遅れて大佐に進級した者も、後に多数中将に進級している。ただし、この二十三期は、陸大卒で中将になれなかった者が多く、少将止まりで軍歴を終わった者が十九名（途中死亡者を除く）もいる。佐々は、大佐進級とともに、飛行第四連隊長に補職される。飛行第四連隊は、大正十四年に航空兵科が独立した際、従来の七個航空大隊が昇格して連隊となった最も古い飛行連隊の一つである。同連隊は偵察機専門の連隊である。

十二年七月、佐々は飛行第八大隊長に転じる。連隊長から大隊長への異動は格下げの感があるが、同大隊については、帝国陸軍編成総覧（芙蓉書房）にも見当たらず、実態は不明である。しかし、佐々の大隊長勤務は僅か四ヶ月にすぎず、十二年十一月、千葉の下志津陸軍飛行学校幹事に転じる。

下志津飛行学校は、大正十年設立の飛行学校で、偵察機要員（操縦員、偵察員等）教育を行った。同十年には、三重県の明野にも明野陸軍飛行学校が設立されている。明野学校は戦闘機専門の学校である。なお、陸軍最初の飛行学校は、大正八年埼玉県に設立された所沢陸軍飛行学校である。

飛行学校幹事は副校長あるいは教頭に相当し、校長に次ぐナンバー2の要職である。佐々は幹事時代の十三年七月、少将に進級する。陸大卒であるから将官への進級は当然の感懐であったであろうが、進級は第二陣で、大佐進級時より序列も上位になった。進級の第一陣は十三年三月で五人しかいない。

十四年八月、佐々は第二飛行団長に補職される。飛行連隊長、飛行団長と順調な昇進である。飛行団は、複数の飛行戦隊（飛行連隊を改称）を指揮する地上部隊でいえば旅団に相当する組織である。第二飛行団は、朝鮮東北部の会寧に司令部を置き、二個飛行戦隊を指揮していた。

不遇の始まり

佐々は、十五年八月中部軍付を命じられる。佐々の軍歴は、この時を境に航空を離れ、一種の閑職巡りをすることになる。

中部軍とは、当時内地に置かれた東部軍、西部軍、北部軍（十五年十二月編成）と並ぶ軍で、大阪に司令部を置き、東海、近畿を管下に持っていたが、指揮下の部隊も留守師団や補充部隊中心で、権限も弱いあまり実態のない軍であった。

一年後の十六年八月、中部軍兵務部長となる。軍付時代の一年間、佐々が具体的に何をしていたかは不明である。体調を崩していたのか、何か特命事項を担当していたのであろうか。

兵務部はこの十六年に、内地及び準内地（台湾、朝鮮）の軍、師団に新しく設置された組織である。召募、在郷軍人の教育、国防思想の普及、学校教練、軍人掩護、職業補導等を管掌した。軍兵務部長は、これらの管掌業務について隷下の師団兵務部を指揮、監督した。軍人としては髀肉を嘆く職務であったであろう。陸大を出てまずは順調に進級してきた佐々が途中から突然ルートを外れ、閑職に追われ、果ては予備役に編入された理由は不明である。

十七年八月、佐々はタイ俘虜収容所長に転補される。初代所長である。兵務部長も、俘虜収容所長も航空とは全く縁のない職務である。俘虜収容所長も一年足らずで終え、十八年六月再び中部軍付となって内地に帰還するが、帰還後直ちに予備役に編入され不遇のうちに軍歴を終える。佐々にとっては、この捕虜収容所長が後に命取りとなる。

予備役将軍は、本書の対象外としているが、佐々は現役時代の職務で、後に戦犯として処刑されているので、対象とした。

佐々　誠

死の状況

泰緬鉄道事件

終戦後佐々は戦犯容疑で逮捕され、シンガポールに移された。容疑は、タイ俘虜収容所長時代の泰緬鉄道建設時に於ける捕虜虐待、致死に関するものであった。

日本軍は、ビルマ戡定後の昭和十七年七月、ビルマへの陸上補給路確保のため、タイ国ノンプラドックからビルマのタンビザヤにいたる四百十五キロの鉄道建設に着手した。日本軍はこれを泰緬連接鉄道と呼んだ。泰緬鉄道はかって英国も計画したが、あまりの地形の困難性や厳しい気象条件などで計画を放棄したと言われているが、日本軍は悪条件を克服して十八年十月十七日、これを完成させた。

この建設を指揮したのは、第二鉄道監の下田宣力少将率いる鉄道部隊であったが、その労力には、連合軍捕虜と現地人労務者（タイ、マレー、ジャワ、ビルマ人）を多数使用した。その数は日本兵約一万人、連合軍捕虜五万五千人（英国は六万四千人と主張）、現地人は七万とも十八万ともいう。

これらの労働力のうち、捕虜一万六百七十二名（日本側主張）～一万三千四百人（英軍側主張）が死亡したという（『孤島の土となるとも』岩川隆）。現地人労務者については不明であるが、十八万人のうち八万五千人が死亡したとの説もある。日本兵も約千名死亡している。

戦後、鉄道建設に従事した鉄道部隊や捕虜収容所関係者が戦犯として逮捕され、責任を追及された。

日本側は、多数の死者の発生は認めながらも、故意によるものではない、食糧や医薬品の不足は、当時の日本軍の補給能力や物資の欠乏から生じたもので、決して不公平、不平等な取り扱いはしていない。日本側も等しく苦しんだ。コレラなども発生し、多数の死者は不可抗力によるものだと主張したが受け入れられなかった。

この結果、鉄道関係者から二名、捕虜収容所関係者から二十五名（九名は朝鮮人軍属）が死刑となった。このほか三十九名が終身刑、または有期刑に処せられた。収容所関係者の死刑者が多いのは、鉄道建設関連ばかりでなく、日常の収容所内での虐待や殺害問題等も含まれているからである。

将官の死刑は、管理責任を問われた佐々一人であった。刑は二十三年四月二十三日執行された。絞首刑であった。

鉄道関係の最高責任者であった下田宣力少将（死後中将）は、工事現場視察中に乗機が墜落して殉職（十八年一月）していたし、その後任となった高崎祐政少将（死後中将）も罹病して転任、内地帰還後戦病死（十九年一月）した。最後の石田英熊中将は、起訴され死刑が求刑されたが、判決は禁錮十年であった。工事終了後盛大な慰霊祭を主催し、敵味方を問わず犠牲者の霊を慰めたことが情状酌量されたと伝えられている。

佐々の同期は刑死者が多い。岡田資第十三方面軍司令官、福栄真平第百二師団長（元マレー俘虜収容所長）、河野毅歩兵第七十七旅団長、河根良賢北支那自動車廠長、このほか戦犯として拘留中二名（柳川悌、下川辺憲二）が死亡している。

佐々　誠

参考文献

陸軍航空隊全史　木俣滋郎　朝日ソノラマ
戦史叢書　ビルマ攻略戦　防衛庁防衛研修所戦史室編　朝雲新聞社
戦史叢書　インパール作戦　防衛庁防衛研修所戦史室編　朝雲新聞社
孤島の土となるとも―ＢＣ級戦犯裁判　岩川隆　講談社
丸別冊　戦争と人物20　軍司令官と師団長「戦犯になった陸軍将官　茶園義男」　潮書房
別冊歴史読本　戦記シリーズ23　戦争裁判処刑者一千　新人物往来社
THE THAI BURMA RAIL WAY Image Makers Co, Ltd.

少将

佐藤　為徳（徳島）

Sato Tamenori

明治二十七年一月一日　生
昭和二十一年四月六日　没（絞首）　シンガポール　五十二歳
陸士二十六期（歩）

主要軍歴

大正三年五月二十八日　陸軍士官学校卒業
昭和十三年七月十五日　大佐　歩兵第七十三連隊長
昭和十五年三月九日　関東軍高級副官
昭和十六年三月一日　第五十三師団司令部付
昭和十八年三月一日　少将　第十五歩兵団長
昭和十九年二月十四日　独立混成第三十七旅団長
昭和二十年五月三十一日　独立混成第三十五旅団長
昭和二十一年四月六日　処刑（絞首）

プロフィール

無天の将軍

佐藤は、陸士卒業のみで少将に上りつめた無天の将軍である。

無天組が少将以上に進級出来るのは一割程度であった。この一割は大東亜戦争の軍の大膨張期の数字であって、平時は一パーセント程度であったという。

また無天組は大将にはなれなかった。と言い切ると嘘になる。明治建軍以来、軍草創期を除き、五名の無天の大将がいるが、面白いことに全員砲兵科で、陸大卒業者と同等の扱いを受けた砲工学校高等科優等卒業や東京帝国大学造兵科卒業等四名は、技術畑を歩んだ将軍である。部隊指揮官として大将になったのは鈴木孝雄大将（昭和二年七月進級）一人しかいない。

こうした狭き門をくぐって将官になった無天組は、実兵指揮に関しては優れた者が多く、「無天の少将は天保の大将に勝る」という言葉があった。しかし、無天組は中央官衙や参謀などの経験が無く、一般に視野の狭さは否めなかったともいう。

連隊長　張鼓峯事件

佐藤は、昭和十三年七月大佐に進級すると同時に歩兵第七十三連隊長に補職される。無天組にとっては、天皇から下賜された軍旗（連隊旗）を奉ずる連隊長職は、軍人として最終目標ともいうべき名誉ある職であった。技術系を除き、連隊長を経ずして将官の道は開けなかった。佐藤の大佐進級は、無天同期のトップ（六名）組であった。

歩兵第七十三連隊は、大正五年羅南（朝鮮）編成の比較的古い連隊で朝鮮衛戍の第十九師団所属であった。

昭和十三年七月九日、満州国最南東端の張鼓峯に十数名のソ連兵が越境（日本側主張の国境線）して陣地構築工事を始めた。この付近は、ソ連領、満州領、朝鮮（日本）領が複雑に入り組み国境線未確定の地帯で、日ソ両軍とも配兵していなかった。

しかし、ソ軍越境の報を受けた第十九師団長尾高亀蔵（すえたか）中将は、断固撃退を決意した。張鼓峯事件の幕開けである。この地域は満州国領であったが、朝鮮に近く朝鮮軍の管轄地域となっていた。尾高師団長は直ちに出動して、ソ連軍を領外に駆逐すべく兵力を現地に集中しようとしたが、その報を受けた宇垣一成外務大臣、米内光政海軍大臣等が反対、天皇はその動員を裁可しなかった。このため出動部隊は原駐地に戻された。

ところが、七月二十九日、張鼓峯に隣接する沙草峯を超えてソ連兵が進入、工事を始めた。このため尾高師団長は、天皇の裁可が得られなかった張鼓峯問題とは別件であり、国境警備本来の任務として独断で守備隊長千田貞季中佐（のち少将、硫黄島で戦死）に撃退を命じた。これに対し参謀長以下は強く反対したが、尾高は聞き入れなかったという（『戦史叢書』関東軍1）。

一方現場の連隊長（以下のいずれも蛮勇で有名）、佐藤幸徳第七十五連隊長（のち中将、インパール作戦で独断撤退の抗命事件を起こす）、長勇第七十四連隊長（のち中将、沖縄で自決）、田中隆吉山砲兵第二十五連隊長（のち少将、東京裁判で検察側証人となる）等は断固攻撃を主張した。

尾高は、かねてより十九師団は、師団編成以来出動の経験がないので出動の機会を与えて光輝ある伝統（手柄）を得させてくれと参謀本部等に頼み込んでいたという。

参謀本部の稲田作戦課長は、師団長の要望通り戦場経験を積ませてやりたいという気持ちと、また支那事変拡大中のこの時期ソ連の武力介入を懸念しており、威力偵察を行ってソ連の出方を見たいとも考えており、師団長の意向に同調的であった。

尾高師団長は、七月三十日、沙草峯を奪回するためには、張鼓峯を確保しておく必要があるとして、ソ連軍に対して、朝鮮軍や大本営の承認を得ることなく独断で攻撃を開始した。明らかに大命違反であった。

攻撃にあたったのは、佐藤幸徳大佐の歩兵第七十五連隊で、攻撃は当初順調に進展し、翌三十一日張鼓峯、沙草峯とも奪還、占領した。この報を受けた朝鮮軍や大本営はそれ以上の戦線拡大は禁止したが。独断武力行使についてては追認した。

一方、張鼓峯等から追い落とされたソ連軍は、八月二日から、航空機、戦車、砲兵を繰り出し本格的な奪還攻勢を開始した。ソ連側から見れば、日本軍による領土侵犯である。このため七十五連隊は、壊滅的損害を受け（死傷率は五十パーセントを超えた）、次いで、佐藤為徳大佐の第七十三連隊、大城戸三治大佐（のち中将、憲兵司令官）の第七十六連隊等も相次いで投入された。佐藤（為）はこの時期、着任早々で部隊掌握の間も、ない中での戦闘であった。長勇の第七十四連隊の投入は朝鮮軍が許可しなかった（後に許可）。

しかし、戦況は好転せず、師団から参謀長名で朝鮮軍に対し「いまや師団の抗戦力は限界近きにあり、師団が進退の自由を有するのはここ一～三日と判断される。大乗的見地から進退の自由ある間に、事件を解決するよう外交交渉を講ずるを適当とする」との趣旨の長文の意見具申（要望）電報が打たれた。第一線が上級司令部に対し、作戦の中止を訴えることは、日本軍にとって異例中の異例であった。

張鼓峯付近に対するソ連軍の侵入に対しては、当初から外務省を通じてモスクワで抗議、や交渉が行われていたが、ソ連側はソ連領を主張して譲らず、交渉は難航していた。しかし、戦況悪化に伴い日本側はこれ以上の戦闘継続を諦め、外交交渉での決着を決意した。また、ソ連側もそれ以上の戦闘拡大を望まずこれに応じ、八月十日モスクワで停戦協定が結ばれ、大本営は十一日朝鮮軍司令官に対し戦闘行動の停止を命じた。当時の参謀本部の関係者（作戦課の西村中佐）は、ソ連がもう一日頑張っていれば、日本軍は自主的に撤退（退却）せざるを得なかったであろうと戦後述べている（前掲『戦史叢書』関東軍1）、

張鼓峯事件は、血気に逸った現地指揮官の功名心から始まった事件であるが、中央はこれを制止出来

ず、ずるずると拡大、結果得たものは、一千四百四十名に上る死傷者のみであった。第一線の暴走は、満州事変、ノモンハン事件、蘆溝橋事件等に共通する日本軍の病理であった。また、信賞必罰もなく、尾高師団長は、次の異動で第十二軍司令官に昇進した。この事件での死者五百二十六名は何を得たのであろうか。

佐藤（為）の第七十三連隊は、戦場投入が遅かったため、損害は死傷率十五・七パーセントと第七十五連隊に比べれば軽かった。

高級副官

佐藤は、一年八ヶ月連隊長を勤め、十五年三月関東軍高級副官に転じる。師団以上には参謀部、副官部、経理部、軍医部、獣医部、法務部等の組織があった。経理部以下は各部と呼ばれ、参謀部、副官部は幕僚と呼ばれた。参謀部は作戦を担当し、その長が参謀長であった。副官部は、参謀部や各部以外の業務を担当した。企業でいえば総務部、庶務部に相当しよう。高級副官は副官部の長である。軍人としては華々しさのない辛気くさい職務であった。

配属将校

十六年三月、佐藤は第五十三司令部付を命じられ、内地に帰還する。第五十三師団は、京都を衛戍地とする第十六師団が満州に移駐するため、それを埋める常設師団として、十五年七月編成が決定された。

佐藤の司令部付としての任務は、京都帝国大学派遣将校、いわゆる配属将校であった。配属将校とは、軍から中等学校以上の学校に派遣される将校で、学校教練、軍事教育の普及などを担当した。この制度は、大正十四年の軍縮により冗員となった現役将校の職場確保や軍事教育の普及のため導入された制度である。当初は優秀な軍人をということで牛島満大将（死後）のような陸大卒業者も充てられたが、支那事変以降戦局の拡大により、無天組や予備役将校の職場となった。

歩兵団長　独立混成旅団長

十八年三月、佐藤は少将に進級する。無天組トップ（五名）組である。少将進級とともに二年間の配属将校を終え、第十五歩兵団長に栄転する。

第十五歩兵団は、第十五師団（師団長山内正文中将）所属の歩兵団で隷下の歩兵三個連隊を指揮した。赴任当時師団は、北支那方面軍の第十三軍隷下にあって北支で治安警備や討伐作戦に従事していたが、十八年六月、ビルマの第十五軍（軍司令官牟田口廉也中将）に転属となり、ビルマに進出した。しかし、この進出は、途中南方軍命令によるタイ国での道路工事等で遅れ、全部隊がビルマに集結したのはインパール作戦直前となる。

十九年三月、牟田口第十五軍司令官の執念によるインパール作戦が発起されるが、佐藤はその直前の二月、新編成の独立混成第三十七旅団長に転任となった。大作戦の直前に師団の歩兵連隊統轄の要である歩兵団長を更迭する理由が理解し難い。さらにこの時、師団の作戦主任参謀も千葉戦車学校教官に転任している。日本軍にはこうした無神経な人事が実に多かった。

佐藤の第十五歩兵団司令部は、佐藤と共にマレーの第二十九軍に転属となり、同歩兵団司令部は独立混成第三十七旅団司令部に改編された。第十五師団はインパール作戦参加の三個師団中で唯一歩兵団長を欠いて戦うこととなる。

その後佐藤の赴任した第二十九軍（軍司令官石黒貞蔵中将）は、英軍の反攻に備えてマレー及びベンガル湾の東端に位置するアンダマン諸島、カーニコバル諸島の防衛を担任する軍であった。佐藤は独立混成第三十七旅団長としてカーニコバル諸島のナンコウリ島に布陣した。しかし佐藤は二十年五月、隣接のアンダマン諸島防備の独立混成第三十五旅団長に転じる。前任の井上芳佐旅団長が中将に進級し師団長に栄転したその穴を埋めるためであった。

独立混成旅団は、師団内の旅団と異なり、ミニ師団的に独立して運用されることが多く、編制も連隊制ではなく、基本は小回りのきく独立歩兵大隊制で、そのほか旅団砲兵隊、工兵隊、通信隊等から成っていた。

死の状況

戦犯

アンダマン諸島は、二十年四月頃から英機動部隊の空襲や、艦隊による艦砲射撃を受けたが、英軍の上陸はなく終戦を迎えた。

終戦後、佐藤は戦犯容疑で逮捕され、シンガポールに移送された。容疑は住民虐殺であった。二十年七月、船を盗んで島（タマグリ）を抜け出し逃亡しようとしていた住民三十四名（うち十六名は女子供）

を逮捕した現地指揮官が、旅団司令部に指示を仰いだところ「即刻厳重処分しろ」と命令され殺害したという。これは参謀の独断で行われたもので、戦後まで佐藤は全く知らなかったという（ＢＣ級戦犯の墓碑銘『神を信ぜず』岩川隆）。

佐藤は二十一年四月六日、シンガポールで英軍の裁判にかけられ絞首刑に処せられたが、裁判では、英軍から「被告は全事件に対し全責任を負わんとし、彼の部下をかばおうとした。佐藤少将はその階級にふさわしい騎士道的態度を取った」とその態度を賞賛されたと伝えられている（前掲『神を信ぜず』）。部下の中佐も死刑になった。

佐藤の前任地のナンコウリ島は、食糧も比較的豊富で原住民とのトラブルも殆ど無く、一人の戦犯者も出さなかったと生還者は伝えている。撃墜した搭乗員の捕虜もわりと厚遇し、戦後感謝されたともいう（前掲『静かなる戦場』最前線ニコバルの遊兵部隊　山田栄三）。佐藤も転任が無ければ、無事生還出来ていたであろうに。

佐藤の同期二十六期も、天保銭組（硫黄島の栗林忠道、レイテ島の牧野四郎等）、無天組（硫黄島の千田貞季、グアム島の重松潔等）を問わず戦死者が多いが、刑死者も佐藤と第十四方面軍兵站監洪思翊中将、歩兵第九十二旅団長平野儀一少将の三名いる。

参考文献

日本陸軍歩兵連隊　新人物夫来社
戦史叢書　関東軍1　防衛庁防衛研修所戦史室編　朝雲新聞社

佐藤 為徳

別冊歴史読本　戦記シリーズ32　太平洋戦争師団戦史　新人物往来社
戦史叢書　インパール作戦　防衛庁防衛研修所戦史室編　朝雲新聞社
戦史叢書　陸軍軍戦備　防衛庁防衛研修所戦史室編　朝雲新聞社
別冊歴史読本42　日本陸軍部隊総覧　新人物往来社
丸別冊　太平洋戦争証言シリーズ3「最前線ニコバルの遊兵部隊　山田栄三」　潮書房
BC級戦犯の墓碑銘　神を信ぜず　岩川隆　立風書房
丸別冊　戦争と人物20　軍司令官と師団長「戦犯になった陸軍将官　茶園義男」　潮書房

少将

田中　透（佐賀）

Tanaka Toru

明治二十五年一月二十日　生
昭和二十三年四月七日　没（銃殺）　アンボン島　五十六歳
陸士二十六期（歩）

田中　透

主要軍歴

大正三年五月二十八日　陸軍士官学校卒業
昭和十六年一月二十七日　台湾歩兵第二連隊補充隊長
昭和十六年三月一日　大佐
昭和十六年十月十五日　台湾歩兵第二連隊長
昭和二十年六月十日　少将
昭和二十三年四月七日　処刑（銃殺）

プロフィール

無天の将軍

田中は、陸士卒業のみで将官に進級した無天の将軍である。陸軍省や、参謀本部等中央官衙での華々しい要職経験は全くなく、終始隊付勤務であった。大佐に進級してからの補職も台湾歩兵第二連隊長職のみで、その連隊長職を四年近く務めている。陸大卒の天保銭組であれば、この間に三つや四つの職を経験する年数である。

田中は全く無名の軍人であり、その事績を伝える資料も極めて乏しい。

昭和十六年一月、田中は台湾歩兵第二連隊補充隊長となる。中佐時代である。台湾歩兵第二連隊は、同第一連隊と共に明治四十年十一月、台湾守備隊隷下の連隊として、台湾で編成された部隊である。その補充隊とは、本隊（連隊）が外地（戦地）に出動中の留守部隊で、本隊の死傷者等の補充、その要員の教育等を受け持った。補充隊長はその留守部隊の長である。内地の常設師団が出征した場合は、留守師団が置かれ、留守師団長その他の要員が任命されたが、補充隊長は、いわば留守連隊長にあたる。台湾歩兵第一、第二連隊は台湾を衛戍地として長く台湾守備にあたっていたが、支那事変の拡大にともない一部部隊が出動した。十四年一月、両連隊を基幹に台湾混成旅団（旅団長塩田定市少将）が編成され、海南島攻略作戦に動員されている。旅団はその後華南に転じ南寧攻略作戦にも参加した。十五年十一月、台湾混成旅団を基幹に第四十八師団が編成され、台湾の両連隊は以後同師団所属となった。初代師団長は前台湾混成旅団長（二代目）の中川広中将が親補された。この師団は編成地が海南島、補充担任地が台湾という特異な師団である。

連隊長

昭和十六年三月、田中は大佐に進級し、引き続き補充隊長を務めた。大佐進級は、かなり遅れ、無天同期のトップは既に十三年七月に進級していた。同年十月師団は大東亜戦争開戦に備え、台湾に復帰してきた。この時補充隊は解消し、田中は台湾歩兵第二連隊長に昇進した。念願の連隊長職である。天皇から下賜された軍旗（連隊旗）を奉ずる連隊長職は、無天の軍人にとっては最終目標にも等しい名誉ある職であった。

第四十八師団（師団長土橋勇逸中将）は、大東亜戦争開戦と共にマレー、シンガポール攻略作戦に起用される予定であったが、第十四軍（軍司令官本間雅晴中将）隷下で、比島攻略作戦に動員されることに変更された。

比島攻略戦

大東亜戦争開戦後、師団主力は十二月二十二日、ルソン島西部のリンガエン湾に上陸した。これより先の十二月十日、田中は先遣隊（田中支隊）として、ルソン島北部のアパリに上陸、周辺の米比軍を駆逐して、途中で師団主力と合流、マニラを目指した。米比軍総司令官マッカーサー大将は、マニラの非武装都市を宣言し、バターン半島に撤退したため、日本軍は十七年一月二日、予定よりも早くマニラを占領した。

大本営の第十四軍に対する命令は、第一にマニラの占領で、その使命は容易に果たしたが、バターン半島に立てこもった米比軍の掃討をめぐって第十四軍は、窮地に追い詰められる。土橋第四十八師団長は、かねてよりマニラ攻略よりも撤退中の米比軍の補足殲滅を主張していたが、軍もマニラ占領後これを入れて追撃を命じた。田中の台湾歩兵第二連隊も米比軍を追って果敢に進撃したが、バターン半島入り口付近で米比軍の強固な抵抗に遭い攻撃は停滞した。マニラ占領のための数日間の遅れが、米比軍に守備固めの時間を与えてしまった。

一方、第四十八師団は当初から比島攻略後、蘭印攻略に転用されることとされていたが、師団は、当初予定よりも早く比島を離れることとなり、十七年一月八日、第六十五旅団と交代することとなった。第六十五旅団は占領地警備用の二線級兵団であったが、以後同旅団がバターン半島攻略の主役となり、壊滅的な損害を受け攻略に失敗する（第一次バターン戦）。

この失敗によりのちに本間第十四軍司令官は更迭され、予備役に編入されることになるが、その失敗の原因は、本間の第十四軍ばかりではなく、大本営にもある。

ジャワ島

比島を離れた第四十八師団は、第十六軍（軍司令官今村均中将、のち大将）の隷下に入り、ジャワ島攻略に向かい、三月一日、ジャワ島東部のクラガン岬に上陸、次いで三月八日東部ジャワの要衝スラバヤを攻略した。ジャワ島のオランダ軍の戦意は低く、真面目な抵抗もない中での占領であった。その後師団は、スラバヤ周辺の警備に当たっていたが、十一月から逐次小スンダ列島のポルトガル領チモール島に移駐した。そのころ、第十七軍（軍司令官百武晴吉中将）がガダルカナル島で死闘の最中であった。

死の状況

チモール島

田中は十七年十二月、チモール島の東部ラウランに進駐し、ラウラン周辺とチモール島に隣接する小スンダ列島のいくつかの島嶼の守備を命じられた。第四十八師団司令部はチモール島西端のクーパンにあった。

二十年六月、田中は念願の少将に進級する。この時が日本陸軍最後の将官進級となった。田中と同期の無天組二十名が少将に進級している。同期では最後の進級組である。本来ならば少将に進級すればそれに相当する上級職に転任するが、外部との交通が殆ど途絶した地域にいたために転任の機会を逃し、少将のまま連隊長に据え置かれた。

戦犯

終戦後田中は、オランダ軍に戦犯容疑で逮捕されアンボン島に送られた。容疑は原住民の大量、不法殺害であった。事実関係は田中も認めており、裁く側と裁かれる側にあまり食い違いはなかったという。

容疑は二件あった。一件は、十九年八月三十日頃、スルマタ島に駐屯していた日本軍の対空監視哨と憲兵十名が、原住民に襲われ全員殺害された。知らせを受けた田中は、九月下旬討伐隊を送り、犯人として逮捕した現地住民約百名を処刑させた件である。

もう一件は、レチ島で日本軍に対する反乱計画が企てられたとして、その計画の首謀者と目された村長を処刑した件である。いずれも田中は、自己の命令によるものだと認めているという。

オランダ側は、軍律裁判にもかけず処刑したことは不法殺害だとして、田中を追求した。

これに対して田中は、たしかに軍律会議にかけることが本則であるが、軍律会議はチモール島から千キロ以上も離れた第十九軍司令部のあるアンボン島にしかなく、当時の戦況下で百名もの人間を輸送する手段がなかった。治安確保のため厳罰に処し、将来この種の犯罪の発生を未然に防止する必要があった。また、これらの反乱集団を警備する兵力もなかった。処刑は、緊急自衛権の行使である。国際法にも違反していないと主張した（『孤島の土となるとも』岩川隆）。

しかし、これらの主張は認められず、田中は二十三年一月二十四日銃殺刑を宣告され、刑は同年四月七日執行された。

田中は家族宛に「心中何等やましいところはない。天地に恥じず。ただ戦争に負けたためにこの運命に遭遇したのだ。父の正義を信じよ」と書き残している。日本人の立場から見れば、他にどんな取りうる手段があったのだ、自衛のためにはこうするより仕方がなかったではないかと抗弁することは理解出来る。が、殺された側から見れば、やむを得ないことであった。殺されても仕方なかったと許すことは出来ないであろう。

同期では、田中の他、天保銭組の洪思翔第十四方面軍兵站監、無天の佐藤為徳独立混成第三十五旅団長、平野儀一歩兵第九十二旅団長が戦犯として処刑されている。

またこの期は、硫黄島の栗林忠道第百九師団長、レイテ島の牧野四郎第十六師団長、沖縄の雨宮巽第二十四師団長、ルソン島の小林隆マニラ防衛司令官等戦死者も多い。以上は天保銭組であるが、無天でも硫黄島で千田貞季混成第二旅団長、サイパンで重松潔独立混成第四十八旅団長、同じく末長常太郎歩兵第三十八連隊長等が戦死している。

参考文献

日本陸軍歩兵連隊　新人物往来社
別冊歴史読本　戦記シリーズ32　太平洋戦争師団戦史　新人物往来社
戦史叢書　比島攻略作戦　防衛庁防衛研修所戦史室編　朝雲新聞社
戦史叢書　蘭印攻略作戦　防衛庁防衛研修所戦史室編　朝雲新聞社
孤島の土となるとも―BC級戦犯裁判　岩川隆　講談社
丸別冊　戦争と人物20　軍司令官と師団長「戦犯になった陸軍将官　茶園義男」　潮書房

少将

平野儀一（静岡）

Hirano Yoshikazu

明治二十四年七月二十日　生
昭和二十二年五月十二日　没（銃殺）　中国（広東）　五十五歳
陸士二十六期（歩）

主要軍歴

大正三年五月二十八日　陸軍士官学校卒業
昭和十五年三月九日　独立歩兵第六十三大隊長
昭和十六年三月一日　大佐
昭和十八年三月一日　歩兵第三十六連隊長

昭和二十年二月二十六日　第二十三軍付
昭和二十年四月十五日　歩兵第九十二旅団長
昭和二十年六月十日　少将
昭和二十二年五月十二日　処刑（銃殺）

プロフィール

無天の将軍

平野は、陸士卒業のみで少将に昇進した無天の将軍である。

陸大卒が陸軍省や参謀本部等の要職を経験し、第一線に出ても、師団や軍の参謀を務め、短期間にポストを次々と移って行くのに対し、陸士組は中央の要職には縁がなく、兵と苦楽を共にする第一線の隊付勤務に終始した。陸大組と陸士組の人事上の差別も大きく、陸大組のおよそ九割が少将以上に進級したのに対し、陸士組の進級率は一割前後であった。それも大東亜戦争による軍の大膨張期の比率であって、平時には一パーセント程度であったという。

戦争中、中将の軍司令官や師団長と同期の大佐の連隊長がともに戦った例も少なくなかった。

独立歩兵大隊長

昭和十五年三月九日、平野は独立歩兵第六十三大隊長に補職される。中佐時代である。

一般に大隊長といえば、古参の大尉、または少佐のポストであるが、独立歩兵大隊長は、ミニ連隊的に独立した任務遂行が可能なように、中、大佐が任命された。平野も大隊長時代の十六年三月、大佐に進級している。

独立歩兵第六十三大隊は、十四年一月、中国の九江（江西省）で編成された独立混成第十四旅団所属の大隊である。

独立混成旅団は、中国での占領地警備のための治安維持用に多数編成されたが、師団内の一般旅団と異なり、砲兵隊や工兵隊等を持ち、ミニ師団的に独立して運用されることが多かった。混成旅団長は通常少将ポストであったが、中将の旅団長もいた。

独混十四旅団は、当初九江地区の警備に当たっていたが、十六年九月、野戦兵団として長沙作戦（一次）に参加した。平野は独歩六十三大隊を基幹とする平野支隊を率いて洞庭湖を渡って側面から長沙に突入した。

この長沙作戦は、第十一軍司令官阿南惟幾中将（のち大将）の異常な熱意により実行されたものであるが、軍主力が長沙目指して出撃したあとの宜昌で、留守を守っていた第十三師団が中国軍に包囲され、一時師団長以下自決を覚悟する場面もあり、占領した長沙からも直ちに撤退(長期占領が目的ではなかったが）するなど何かと批判の多い作戦と言われている。

平野の所属した独混第十四旅団は、十七年二月解体された。同旅団を基幹に第六十八師団（師団長中山惇中将）が編成されたためである。

同師団は、独立歩兵大隊八個大隊編制で、第十四旅団と同様第十一軍に所属した。旅団時代と同様揚子江沿岸の九江付近の警備にあたった。平野も引き続き第六十三大隊長を務め、十七年十二月の大別山系の治安粛正作戦等に参加している。

連隊長

十八年三月、平野は念願の歩兵第三十六連隊長に昇進する。大佐になって二年経っていた。

歩兵第三十六連隊は、明治三十一年鯖江で編成された部隊で、金沢の第九師団所属である。日露戦争、シベリア出兵、第一次上海事変（昭和七年）等に参加した歴戦の連隊である。支那事変勃発後は、上海戦、南京攻略戦、徐州会戦、武漢攻略戦と主要な作戦に参加、中支を転戦している。

平野が連隊長に赴任した当時は、所属師団は、第二十八師団（師団長櫛淵鍹一中将）に替わっており、満州で関東軍の隷下に入っていた。師団は十九年七月、沖縄防衛のため宮古島に派遣され、第三十二軍隷下に移った。平野の三十六連隊は、南大東島に配置された。

米軍の沖縄来寇を一ヶ月後に控えた二十年二月、平野は定期異動により在広東（中国）の第二十三軍付を命じられ、大東島を去った。

もう一ヶ月も遅れれば、平野は島を出られなかったであろうし、そうなればまた、後の運命も変っていたであろう。

この時の定期異動で、沖縄守備軍（第三十二軍）の師団長クラスを初め、多数の指揮官が転勤となって、新任の指揮官は、部下の顔や名前も覚えない中で米軍上陸を迎え、指揮官の部隊把握に禍根を残した。日本軍の異動には、このような例が多数見受けられる。

死の状況

旅団長

平野は二十年二月、在中国の第二十三軍(軍司令官田中久一中将)付に転じ、広東に赴任した。しかし、翌々月の四月には歩兵第九十二旅団長に栄転する。まだ大佐時代である。旅団長は原則少将ポストであるが、平野は同年六月に少将に進級するので、既に進級の内示があったのであろう。

二十年六月は、日本陸軍最後の将官進級で、平野は同期でも最後の将官組の一人として少将に進級した。同期の天保銭組トップは、既に十四年八月に少将に進級しており、十七年十二月には中将になっていた。無天のトップも十七年八月に少将に進級し、二十年三月に中将に進級した者もいた。

歩兵第九十二旅団は、二十年四月華南に駐屯していた独立混成第十九旅団の半部を基幹に、編成された第百二十九師団所属の旅団である(残り半部で第百三十師団が編成された)。同師団は、治安警備用師団で、二個旅団(九十一、九十二旅団)、八個独立歩兵大隊編成であった。師団長は、鵜沢尚信中将が親補された。

師団は、当初、恵州淡水地区で警備に当たっていたが、終戦間際、米軍の上陸に備えてバイアス湾正面守備を命じられ移駐した。その後、陣地構築に励んでいたが、米軍の上陸はなく無事終戦を迎えた。

戦犯

終戦後、平野は戦犯として中国軍に逮捕された。しかし、その容疑は中国語でいう「縦兵殃民（兵を用いて人民に災いす）」とされ、その具体的行為がはっきりしない。

平野の所属した第二十三軍関係では、軍司令官の田中久一中将、第百三十師団長の近藤新八中将、及び平野の三人が、広東法廷で死刑の判決を受け、田中は二十二年三月二十七日、平野は同年五月十二日、近藤は十月三十一日に処刑（銃殺）された。平野の直属上司である鵜沢師団長が全く罪に問われていないのが不可解である。

平野の同期からは刑死者が四名出ている。第十四方面軍兵站監洪思翔中将、佐藤為徳独立混成第三十五旅団長（少将）、田中透台湾歩兵第二連隊長（少将）、及び平野である。また、戦死者もレイテの牧野四郎第十六師団長、硫黄島の栗林忠道第百九師団長、沖縄の雨宮巽第二十四師団長、硫黄島の千田貞季混成第二旅団長、ホロ島の鈴木鉄三独立混成第五十五旅団長、グアム島の重松潔独立混成第四十八旅団長等数多い。

参考文献

戦史叢書　支那事変陸軍作戦3　防衛庁防衛研修所戦史室編　朝雲新聞社
別冊歴史読本　戦記シリーズ32　太平洋戦争師団戦史　新人物往来社
別冊歴史読本　戦記シリーズ42　日本陸軍部隊総覧　新人物往来社
日本陸軍歩兵連隊　新人物往来社
孤島の土となるとも―BC級戦犯裁判　岩川隆　講談社

平野 儀一

丸別冊　戦争と人物20　軍司令官と師団長「戦犯になった陸軍将官　茶園義男」　潮書房

少将

藤重正従（愛媛）

Fujishige Masamichi

（写真　歴史と旅　平成四年九月五日臨時増刊
連隊旗でつづる太平洋戦争史　p317）

明治二十一年十月七日　生
昭和二十一年七月十七日　没（絞首）　フィリピン（マニラ）　五十七歳
陸士二十四期（歩）

主要軍歴

明治四十五年五月二十八日　陸軍士官学校卒業
昭和十二年九月七日　台湾歩兵第一連隊補充隊長
昭和十四年十月二日　第二十四師団兵器部長
昭和十五年八月一日　大佐
昭和十六年八月二十五日　歩兵第十七連隊長
昭和二十年六月十日　少将
昭和二十一年七月十七日　処刑（絞首）

プロフィール

無天の将軍

藤重は、陸士卒業のみで将官に進級した無天の将軍である。陸軍省や参謀本部などの中央官衙での要職の経験もなく、第一線の隊付勤務に終始した無名の将軍である。少将になったのも無天の同期の最終組であった。伝えられる事績も殆ど無いが、歴史に多少名を残したとすれば、比島戦に於いて過酷なゲリラ狩りを行ってゲリラやゲリラ協力者とみなした現地住民多数を殺害、戦後戦犯として処刑されたことであろうか。

昭和十二年九月、藤重は台湾歩兵第一連隊補充隊長に任命される。中佐時代である。台湾歩兵第一連隊は、明治四十年十一月同第二連隊と共に、台湾守備隊所属の部隊として台湾で編成された。

補充隊とは、本隊（連隊）が外地や戦地に出動中の留守部隊である。本隊の死傷者の補充や、その要員の訓練にあたった。この時期本隊は、支那事変の勃発により動員され、上海派遣軍隷下で上海、羅店鎮、珍門廟鎮など中支で戦闘中であった。

内地（含む朝鮮）の常設師団が外地に出動した場合、留守師団が置かれ、留守師団長初め各種要員が本隊の留守を守ったが、連隊補充隊長はいわば留守連隊長にあたる。

藤重は、補充隊長を二年務めたのち、十四年十月第二十四師団兵器部長に転任する。同師団は、この時満州で新たに編成された師団で、藤重が初代兵器部長である。師団長には黒岩義勝中将が親補された。兵器部長とは、師団の兵器の管理、修理、補給の責任者である。師団には兵器部の他、参謀部、副官部、軍医部、獣医部、経理部等の各部があったが、兵器部は参謀部、副官部と同様兵科のポストである。

第二十四師団は、関東軍の第五軍（軍司令官土肥原賢二中将）の隷下にあって、東安に司令部を置いてソ満国境東部の警備に当たっていた。藤重は十五年八月、兵器部長在職中に大佐に進級する。無天同期トップから四年以上遅れていた。

連隊長

大佐進級から一年後の十六年八月、藤重は待望の連隊長に補職される。歩兵第十七連隊長である。

歩兵第十七連隊は、明治十九年八月秋田で編成された連隊で、当初仙台の第二師団に所属していたが、明治三十一年弘前に第八師団が編成され、同師団に編成替となった。

第八師団は、日露戦争、シベリア出兵、満州事変などに動員された歴戦の師団であるが、明治三十五年一月、八甲田山で行われた耐寒訓練で百九十九名の凍死者を出したことでも有名である。

昭和十二年、連隊は師団と共に満州に移駐、藤重が連隊長として赴任時は、第二十軍（軍司令官関亀治中将）の隷下にあった。この時師団長は本多政材中将であった。関特演（関東軍特別演習）の最中である。

比島派遣

昭和十九年八月、第八師団に比島派遣が命じられた。同年七月、サイパン、グアム島が失陥、次の米軍来寇は比島方面と予想され、急遽比島の防備強化が図られることになった。師団は戦車第二師団と共に、第十四軍（のち方面軍に昇格）の隷下に転属となった。師団長横山静雄中将は、空路先行して八月二十二日マニラに到着したが、師団主力の輸送は米潜水艦の跳梁により難航し、九月二十一日漸く到着した。藤重の第十七連隊は先行し、九月上旬到着と伝えられている。輸送の都合上、連隊の兵力は定数の三個大隊、十二個中隊の編制が、各大隊から一個中隊が抜かれ九個中隊に縮小されていた。

第八師団の配置については変遷があるが、山下第十四方面軍司令官は、ルソン決戦に備え、北部ルソンの山岳地帯、マニラ東方山地、クラーク西方山地を三大拠点と定め、それぞれに地区集団を編成し、地区ごとに防衛任務を与えた。北部ルソンには尚武集団が、クラーク西方には建武集団が、マニラ東方には振武集団が編成された。振武集団長は横山第八師団長が任命された。尚武集団は山下方面軍司令官が直卒し、建武集団は塚田理喜智第一挺進集団長が任命された。

振武集団の編成に伴い、その基幹となる第八師団主力は、これまで駐屯していたマニラ南方から、東方山地に移り、藤重の第十七連隊が残された広大な地域を守備することとなった。南部ルソンにも米軍上陸の可能性があると考えられていたため、師団主力の転進をカモフラージュするために、第十七連隊は藤兵団と名付けられ、藤重は中将の階級章を付け、部下の将校にも参謀飾緒をつけさせ、移動の自動車には黄色い将官旗をなびかせて、これ見よがしに行動したという。中将が指揮する有力な兵団が配置されているかのように見せかけようとしたのである。

死の状況

米軍上陸

昭和二十年一月九日、米軍はリンガエン湾に大挙上陸してきた。さらに一月三十日バターン半島スービック湾に、翌三十一日にはマニラ湾南方のナスグブに上陸し、マニラを目指した。マニラ守備隊は、住民を巻き込んだ凄惨な市街戦の中、二月二十六日玉砕した。

ゲリラ狩り

南部ルソンに対する米軍の進出は、二月中旬頃から始まるが、米軍上陸の報により治安は一挙に悪化し、討伐隊が相次いでゲリラに襲われ、損害が続出した。このため藤重は各隊長を集め、「現状を持って推移すれば対米戦を待たず自滅に至るので、対米戦に先立ちゲリラを粛正する。住民にしてゲリラに協力するものはゲリラとみなして粛正せよ。責めは兵団長が負う」と指示した（『歴史と旅』臨時増刊連隊旗でつづる太平洋戦史）。このため過酷なゲリラ狩りが行われ、ゲリラとみなされた住民多数が殺害された。その数は明らかではないが、戦犯訴追の起訴状では六千名以上とされている。これが後に藤重の命取りとなる。

三月に入ると米軍の追撃が急となり、各所に分散した守備隊は各個に撃破され、藤重以下残存部隊は、食を求めてタール湖東方の山中を彷徨しつつ終戦を迎えた。米軍に降ったのは九月下旬頃と見られている。これより先の二十年六月、藤重は少将に進級したが、はたしてその知らせは本人に届いたであろうか。日本陸軍最後の定期将官進級であり、同期で最後の進級であった。

藤重の部隊は、戦没者一千四百二十三名、生存者九百七十名（生存率四〇・五パーセント）と伝えられている。藤重の属した振武集団は、総人員約十万五千人に対し、生存者約一万二千五百名（生存率十一・九パーセント）とされているのに対し、藤重部隊の生還率はかなり高い。南部ルソンは、主戦場ではなかったので米軍の行動も比較的緩慢であったし、藤重部隊も山中を彷徨し積極的な戦闘は行わなかったからである。

戦犯

藤重は、終戦後住民虐殺容疑で戦犯として逮捕され、米軍のマニラ法廷で裁かれた。判決は絞首刑で、二十一年七月十七日執行された。

藤重の上司、横山静雄振武集団長（のち第四十一軍司令官兼第八師団長事務取扱）やレイテで戦死した鈴木宗作第三十五軍司令官も同期である。彼等は天保銭組であるが、無天組では北条藤吉独混第五十四旅団長がミンダナオで、横尾闊第十四方面軍兵器部長がルソンで戦死している。刑死者には藤重のほか、第三十七軍司令官馬場正郎中将がいる。

参考文献

日本陸軍歩兵連隊　新人物往来社
別冊歴史読本　戦記シリーズ32　太平洋戦争師団戦史　新人物往来社
戦史叢書　比島捷号陸軍作戦　ルソン決戦　防衛庁防衛研修所戦史室編　朝雲新聞社
別冊歴史読本　戦記シリーズ51　太平洋戦争連隊戦史　新人物往来社
歴史と旅臨時増刊（平成四年九月五日）連隊旗でつづる太平洋戦史「ルソン持久振武集団　前原徹」秋田書店
孤島の土となるとも―ＢＣ級戦犯裁判　岩川隆　講談社
丸別冊　戦争と人物20　軍司令官と師団長「戦犯になった陸軍将官　茶園義男」　潮書房

少将

谷萩 那華雄（茨城）

Yahagi Nakao

明治二十八年八月九日　生
昭和二十四年七月八日　没（銃殺）　メダン（スマトラ島）　五十三歳
陸士二十九期（歩）
陸大三十九期
功四級

主要軍歴

大正六年五月二十五日　陸軍士官学校卒業
昭和二年十二月六日　陸軍大学校卒業
昭和十三年十二月三十日　太原特務機関長
昭和十四年三月九日　大佐　支那派遣軍参謀
昭和十四年九月十二日　支那派遣軍付
昭和十七年三月十一日　大本営陸軍報道部長
昭和十八年三月一日　少将
昭和十八年十月十五日　第十五独立守備隊長
昭和十九年十一月二十四日　独立混成第二十五旅団長
昭和二十年十月十四日　第二十五軍参謀長
昭和二十四年七月八日　処刑（銃殺）

プロフィール

エリート軍人

谷萩は、水戸中学から陸士に入り、陸大に進んだエリート軍人である。しかし、その軍歴は、必ずしも華やかなものではない。

陸士卒業後、シベリア出兵にも従軍、帰国後陸大に進む。陸大卒業後、歩兵第十五連隊中隊長として隊付勤務ののち、教育総監部付勤務、第十九師団参謀等を経て陸軍省軍事調査部新聞班に勤務する。大尉から少佐の中堅将校時代である。

その後の経歴は少し特異である。昭和八年五月参謀本部付となって中国に駐在し、十年八月からは関東軍司令部付となり、十一年八月参謀本部付、翌九月支那駐屯軍司令部付（青島駐在）、十二年八月北支那方面軍司令部付、十三年五月北支那方面軍特務部付と実に五ヶ年にわたって六つの〇〇付を経験する。その付時代も、いくつかを除いては、具体的に何を担当していたかはっきりしない。

特務機関長

十三年十二月、谷萩は太原特務機関長に昇進する。中佐時代である。中隊長以来の「長」となった。特務機関は、シベリア出兵（大正七年〜十一年）時、占領地の情報収集、謀略工作を担当する機関としてハバロフスク、ウラジオストックその他各地に置かれたものがその起源という。

特務機関には、対ソ連情報を中心とする関東軍内の対ソ機関と中国に対する謀略を中心とする対支機関があった。対支機関は占領地に於ける親日政権の樹立、育成、宣撫工作、地方政府の内面指導などを担当した。

対支機関は、明治時代から大（公）使館附武官等が中国各地に駐在し、地方軍閥との連絡、情報収集に当たっていたが、支那事変勃発後特務機関として各地に設置された。場所や名称等は変遷がある。終戦時には北京、天津、太原、済南、上海、蘇州、開封、南京、漢口、広東、マカオ等に置かれていた。

谷萩の太原特務機関長勤務は、僅か三ヶ月にすぎず、十四年三月大佐に進級すると共に支那派遣軍参謀に転じ、さらに同年九月から十七年三月まで派遣軍付となる。かって、谷萩は支那駐屯軍付として青島駐在や北支那方面軍付を経験しており、支那派遣軍付も諜報、謀略関係の特種勤務の一貫した流れに乗っていたのかもしれない。

谷萩は、功四級（佐官クラス対象）の金鵄勲章を授与されているが、参謀や野戦指揮官として活躍した形跡はなく、どのような戦功により与えられたのか謎である。

大本営陸軍報道部長

昭和十七年三月、谷萩は大本営陸軍報道部長に栄転する。報道部の前身は陸軍省新聞班で、かって谷萩も大尉から少佐時代に籍を置いていたことがある。

新聞班は十二年十一月、支那事変の拡大に対応するため大本営が設置された際、大本営の組織に組み入れられ大本営陸軍報道部に格上げされた。その任務は「戦争遂行に必要なる対内、対外並びに対敵国宣伝報道に関する計画及び実施」であった。国民には「大本営発表」の窓口として有名となった。報道部は海軍にもあり、海軍関係は海軍報道部が担当した。なお、陸海報道部は二十年五月に大本営報道部として一本化された。

海軍側の発表は「軍艦マーチ」で始まり、陸軍は「抜刀隊」を演奏して始まった。陸軍は、テーマ曲といい、発表の仕振りといい万事にあか抜けた海軍に分が悪かったという。お互いの功名争いも熾烈で過大な戦果の発表なども、こうしたことが一因となったらしい。相互の情報交換や連絡会などもなかったという。谷萩は、大東亜戦争の最中、一年七ヶ月報道部長を務めたが、性格が開放的で明るく、新聞、雑誌社の記者との会談にも積極的で評判も良かったという。茨城訛りのフランス小咄風の猥談が得意だったと伝えられている。また、そそっかしいところがあり、ある時、急を要する書類の決裁をもらうため官邸に東條陸相（首相）を訪問した際、出てきた勝子夫人を女中と間違えて失態を演じたとの話も残っている。

しかし、報道部長としての谷萩は、十七年七月の雑誌『改造』八月号に出た細川嘉六の記事で、「日本は、欧米帝国主義者と同じ道をたどってはならない。日本は、新しい民主主義に立って、アジア諸国民の独立の達成を助けるべきである。特に中国に対しては、中国の完全な主権回復こそが、日本にとっても利益であり、日中両国の間に恒久的平和友好関係を築くゆえんである（要旨）」と主張、大きな反響を呼んだのに対し、谷萩が「細川論文は戦時下巧妙なる共産主義の宣伝である。これを見逃したのは検閲の手抜かりであると談話を発表、これにより細川は出版法違反で検挙され、『改造』の編集長、論文担当者は辞職させられたという一幕もあった（『大本営報道部』平櫛孝）。

この一件は、当時報道部員であった平櫛が谷萩に焚きつけたものという。なお、平櫛はサイパン戦で第四十三師団参謀として戦い捕虜となって生還している。平櫛の名誉のために言えば負傷して人事不省になって捕われたというし、戦後、軍や報道部のあり方等を自戒しつつ批判して『大本営報道部』（図書出版社）を書いている。

谷萩は、報道部長在職中の十八年三月少将に進級している。同期のトップクラスは既に十六年十月に進級しており、あまり早い方ではない。

独立守備隊長　独混旅団長

十八年十月、谷萩は漸く第十五独立守備隊長として戦地に赴く。若き日の中隊長以来初の野戦指揮官である。

独立守備隊は、関東軍の満鉄線警備のための独立守備隊が有名であるが、第十五独立守備隊はその系統を異にする。即ち、この独立守備隊は、十七年上期南方作戦が一段落したことにともない、南方要域の守備固めのため編成されたものである。第十一〜十六の六隊が編成され、中比、マレー、ジャワ、スマトラに配置された。谷萩の第十五守備隊は、第十六守備隊と共にスマトラ守備の任についた。

しかし、これらの独立守備隊は、ガダルカナル島撤退以降の戦局の悪化に伴い、名称が消極的であるとして、十八年十一月、若干の特科部隊を増強して独立混成旅団に改編された。それに伴い谷萩の第十五独立守備隊は、独立混成第二十五旅団となった。司令部は、守備隊以来北部スマトラのシボルガ（のちパダン）に置かれていた。

死の状況

軍参謀長

谷萩は約一年旅団長を務め、十九年十月第二十五軍参謀長に転じる。旅団長時代も戦闘は経験していない。谷萩は、参謀長と共に軍政監を兼ね、スマトラ軍政の責任者ともなった。

第二十五軍は、初代軍司令官山下奉文中将指揮の下、マレー、シンガポールを攻略したが、その後はスマトラ島に転じ、軍司令官は谷萩の赴任時、田辺盛武中将に替わっていた。谷萩の前任の独混第二十五旅団の上部軍である。第二十五軍は、スマトラ島の重要な油田地帯であるパレンバンの防衛任務を持ち、パレンバン防衛司令部を指揮していた。パレンバンは、連合軍の空襲を度々受けたが、スマトラでの地上戦はなく終戦を迎えた。

軍参謀長時代の谷萩は、周辺の日本人からもあまりよい評価を受けていない。当時の報道員の記録には「独りよがりの暴政、愚政の限りを尽くした」とか「暴君」とか、果ては終戦時、「谷萩を射殺して日本の最後の信をただすべきだ」との声もあがったとも書き残されている(『秘録大東亜戦史』蘭印編「戦火に背いて―泉隆」富士書苑)。

戦犯

終戦後(二十一年十月三十日のことという)谷萩は、元第二十五軍軍司令官田辺盛武中将等と共に、オランダ軍により戦犯として逮捕された。容疑は抑留オランダ人、捕虜、現地住民の虐待、殺害等であった。

スマトラ島の戦犯問題は、大きく三つあった。第一は、日本軍の占領により抑留されたオランダ系市民の待遇をめぐる問題であり、第二は、軍政を敷いた日本軍が布告した軍律違反者の処分、処遇をめぐる問題であり、第三は捕虜の処遇問題であった。

スマトラ島には、マレー俘虜収容所の分所がメダンやパレンバンその他に置かれており、数千人の連合軍捕虜が収容されていた。これらの捕虜は、飛行場建設や鉄道建設その他の労役に使役されていた。劣悪な環境条件の中で、多数の死傷者を出したことが戦後問題とされた。収容所の所長や看守等が多数逮捕されたが、田辺や谷萩は、その管理責任を問われたものである。また、谷萩は軍参謀長として軍政監を兼ねており、軍政面での責任も問われた。

谷萩等は、スマトラ島の北部メダンに於いてオランダ軍により裁かれた。

オランダ裁判は、各国の戦犯裁判に比較して三つの大きな特徴があったといわれている。

第一は、日本軍の蘭印占領は、僅か十日足らずの戦闘で終了し、オランダ側の被害も僅少であったし、その後の日本軍による占領統治も、今村軍政に見られるように、他地域に比べて極めて穏健なものであったにも拘わらず、戦犯として弾劾された人数と、量刑の重さが際立っていたことである。

第二は、日本敗北によりインドネシアの独立が宣言され（二十年八月十八日）、戦後激しい独立闘争が展開された。蘭印は、当初英豪軍が進駐、その後オランダ軍が復帰して独立闘争を弾圧し、宗主国として返り咲こうとしている中での裁判であった。このためオランダは現地住民の告発等による日本軍の非違行為に厳罰を持って臨み、民衆の歓心を買おうとしたといわれる。

第三は、裁判官の性格、人柄によって判決が大きく異なったことである。

メダン裁判でも、ある裁判長の時は、死刑が少なく、検事側の求刑よりも軽い判決が出されたが、裁判長が交代すると、一転して厳罰主義になり、求刑よりも重い判決が続出している。

谷萩も、検察側の求刑は無期であったが、判決は死刑であった。谷萩は昭和二十四年七月八日、メダンで銃殺に処せられたが、この日、第二十五軍経理部長山本省三主計少将も処刑された。軍司令官の田辺盛武の処刑は三日後の七月十一日と伝えられている。

谷萩の同期二十九期は、中将に定期進級した最後の期であるが、谷萩は進級出来なかった。最後の陸軍省人事局長となった額田坦、元軍務局長の佐藤賢了等二十数名が二十年三月～四月に中将に進級している。同期の中では、河村参郎第二百二十四師団長がシンガポール警備司令官時代の華僑虐殺事件で絞首刑になっている。

谷萩 那華雄

参考文献

大本営報道部　平櫛孝　図書出版社
別冊歴史読本　戦記シリーズ42　日本陸軍部隊総覧　新人物往来社
孤島の土となるとも―ＢＣ級戦犯裁判　岩川隆　講談社
丸別冊　戦争と人物20　軍司令官と師団長「戦犯になった陸軍将官　茶園義男」　潮書房
秘録大東亜戦史　蘭印編　富士書苑

主計少将

山本 省三（滋賀）

Yamamoto Shozou

明治二十六年三月十一日　生

昭和二十四年七月八日　没（銃殺）　インドネシア（メダン）　五十六歳

経理学校（主計候補生）九期

山本 省三

主要軍歴

大正四年五月十九日　陸軍経理学校卒業
大正十三年五月十七日　陸軍経理学校高等科学生終了
昭和十四年三月一日　糧秣本廠員
昭和十五年八月一日　主計大佐
昭和十六年三月一日　第十一軍野戦貨物廠長
昭和十七年八月一日　第十五師団経理部長
昭和十八年六月十日　第二十五軍経理部長
昭和二十年六月十日　主計少将
昭和二十四七月八日　処刑（銃殺）

プロフィール

経理部（主計）将官

山本は、経理部の将官である。経理部将校のメインルートである陸軍経理学校を卒業し、隊付等勤務の後、兵科将校の陸軍大学に相当する経理学校の高等科に進み、経理部将校としてのエリート教育を受けている。

陸軍には、歩兵、騎兵、砲兵、工兵の兵科の他、経理、軍医、獣医、薬剤等の部門があり、これらは各部と呼ばれた。各部の「将校」は、昭和十二年までは将校相当官と呼ばれ、階級も兵科とは異なる呼称が用いられていた。

経理部の場合、下から三等主計（少尉相当）、二等主計（中尉相当）、一等主計（大尉相当）、三等主計正（少佐相当）、二等主計正（中佐相当）、一等主計正（大佐相当）、主計監（少将相当）、主計総監（中

将相当）と呼ばれた。各部は中将相当がトップで、大将に相当する階級はなかった。なお、昭和十五年に技術部、十七年に法務部が設けられた。

各部の将校相当官は、呼称が異なるだけではなく、指揮権がないとされ、礼式も異なって、兵科の将校より敬礼のされ方等一段下の扱いになっていた。このため各部の不満は大きく、昭和十二年に陸軍武官官階が改正され、階級呼称は兵科と同様になったが、階級の上に各部の呼称（例えば主計、軍医等）を付けることとなった。また礼式等の待遇面では従前と殆ど変らなかったという。

昭和十五年十二月に、朝鮮衛戍の第十九師団所属の主計中尉が、同僚の兵技中尉（十五年に発足した技術部の将校であったが、技術部将校は全員砲兵、工兵等の兵科からの転科者であったという）の侮辱に耐えかねて抜刀、これを斬殺するという事件が起きている。

経理部将校は、同じ各部の中でも軍医に比べれば地位が低かったというが、その職務は、軍会計の元締めであり、軍人軍属の給与の支払いから、衣食住全般にわたる幅広いものであった。

経理部将校の活躍の場としては、師団、軍の経理部や、陸軍省（経理局）、参謀本部等の諸機関のほか被服廠、糧秣廠等の現業組織があり、戦地では野戦貨物廠等があった。終戦時全軍では、二万名近い経理（主計）将校がいたと推定されている。

糧秣本廠

山本は、昭和十四年三月、陸軍糧秣本廠員に発令されているが、具体的な任務は明らかでない。糧秣廠は、軍で使用する糧（人用食糧）、秣（動物用食糧、主として馬用）の開発、製造を行う組織で、当時、本廠（越中島）と支廠（大阪、広島）があった。この時期山本の階級は主計中佐である。本廠員在職中の十五年八月主計大佐に進級している。

野戦貨物廠長

十六年三月、山本は第十一軍野戦貨物廠長として戦地に赴任する。第十一軍野戦貨物廠は、支那派遣軍隷下の第十一軍（軍司令官阿南惟幾中将）所属の補給機関である。第十一野戦貨物廠は中支の漢口に本部を置き、十一軍隷下諸部隊の衣食住に関連する軍需品の調達、保管、補給、修理等を担当した。現地での糧秣の製造も行っている。また現地物質の調達は、軍票での支払いが原則であったが、軍票での支払いが困難な地域では物々交換が行われた。

いわゆる日本軍の現地自活、糧は敵による主義による徴発（略奪）は、第一線部隊によるものが主で、貨物廠のような組織のある地域では、軍票による支払いが行われた。

師団経理部長

十七年八月、山本は第十五師団経理部長に転じる。師団、軍には経理部が置かれ、所属兵員の金銭（給与等）、衣食住にかかる業務を担当した。師団では経理部長（通常主計大佐）以下三十五名～四十名の経理将校がいたという。なお、師団等で補給、兵站を企画するのは参謀部で、これを担当する参謀は後方参謀と呼ばれ、最も若輩の参謀が充てられた。経理と輜重は密接な関係があるが、輜重兵は兵科で、物資の運搬を任務とした。

山本の師団経理部長就任時、第十五師団（師団長山内正文中将）は支那派遣軍の第十三軍隷下にあって、中支での警備や討伐作戦に従事していた。

軍経理部長

山本は師団経理部長として一年十ヶ月を過ごすが、十八年六月、第二十五軍経理部長に栄転する。この時十五師団は、南方軍隷下の第十五軍に転属となり、その後インパール作戦に参加、辛酸をなめることとなる。山本の新任地、第二十五軍は、開戦時山下奉文軍司令官に率いられ、マレー、シンガポールを攻略したが、その後スマトラ島に移駐していた。軍司令官は、田辺盛武中将に替わっていた。参謀長は谷萩那華雄少将であった。山本の職務は、師団経理部長と基本的には同じで、隷下の部隊が増え、責任範囲が拡がっただけである。

山本は、終戦まで軍経理部長を務めたが、スマトラでは、進攻時の軽微な戦闘を除いて、終戦間際の空襲以外地上戦はなかったし、「ジャワの極楽、ビルマの地獄、生きて帰れぬニューギニア」と言われたように他地域に較べれば、食糧等の調達も格別心配はなく、まずは平穏な日々であったであろう。こうした中で山本は、二十年六月主計少将に進級した。日本軍最後の将官進級人事であった。

死の状況

戦犯

スマトラは、蘭（オランダ）領であり、日本軍の占領後多数のオランダ系市民が抑留された。またマレー捕虜収容所の分所がメダンやパレンバン等に置かれ、数千人の連合軍捕虜が収容されていた。これらの捕虜は飛行場や鉄道建設等に使役され、過酷な労働と劣悪な環境条件の中で多数の死者が出た。また抑留されたオランダ系市民にも多くの死者が出たという。

このため、収容所関係者やその上部機関である軍政、軍司令部関係者が多数逮捕された。逮捕者の主要メンバーは、山本の他、田辺盛武軍司令官、谷萩那華雄参謀長、深谷鉄夫軍医部長等であった。田辺や谷萩の逮捕はある程度理解出来ても、経理部長や軍医部長がなぜ逮捕されるのか理解に苦しむ面があろうが、捕虜や抑留市民の死について、補給や医療の面から尽くすべき任務を尽くさなかったというのが逮捕の理由である。

終戦後最初にスマトラに進駐してきたのは、英軍を中心とする連合軍で、戦犯追及も英軍によって進められたが、後に遅れて進駐してきたオランダ軍に移管され、裁判はオランダの管轄下で行われた。

山本等の裁判はメダンで行われ、オランダ・メダン裁判と称される。オランダによる裁判は、米英等の裁判とは、異なる特徴を持っており、特異な裁判を形成したが、そのことについては同地で同様に裁かれた谷萩那華雄少将の項を参照されたい。

オランダ裁判の特徴の一つは、裁判長の個性が極めて強く現われたことにあるが、山本や谷萩等は、第三代のベルモーレン裁判長が担当した。

　裁判では検察側の求刑に対し、求刑通りか、それより軽い判決が下されるのが通例であるが、ベルモーレンの場合は、前任の裁判長と異なり、求刑以上の判決を下した例が多数あったという。山本も深谷軍医部長も、谷萩参謀長も求刑は無期であったが、判決は死刑であった。二日間の審理であったという。ベルモーレン裁判長は、戦時中日本軍の収容所に抑留されており、日本軍の実態に詳しかっただけに報復色も強かったと思われる。

　山本は、二十四年七月八日メダンで処刑された。銃殺であった。

　将官のBC級戦犯刑死者三十二名のうち二十九名は兵科出身であるが、山本他二名（日高己雄南方軍法務部長、大塚操第七方面軍法務部長）が各部出身である。主計（経理部）の刑死者は山本のみである。

参考資料

陸軍経理部　柴田隆一　中村賢治　芙蓉書房
孤島の土となるとも―BC級戦犯裁判　岩川隆　講談社
丸別冊　戦争と人物20　軍司令官と師団長「戦犯になった陸軍将官　茶園義男」　潮書房

法務少将

大塚　操（長野）

Otsuka Misao

明治二十七年九月二十七日　生

昭和二十二年四月十七日　没（絞首）　シンガポール　五十二歳

主要軍歴

昭和十六年六月十六日　朝鮮軍法務部長
昭和十七年四月一日　法務大佐
昭和十九年三月一日　法務少将

昭和十九年三月二十二日　第七方面軍法務部長
昭和十九年六月十四日　兼第三航空軍法務部長
昭和二十二年四月十七日　処刑（絞首）

プロフィール

法務官

大塚は、陸軍法務部将官である。法務部は一般になじみが薄いが、軍医部、経理部等と同様に兵科以外の各部に属する。その歴史はかなり古く、明治二十一年陸軍省に法官部が設置されたことに始まる（その前史もある）。その職掌は、①刑法治罪法、その他法律に関する事項、②懲罰令、監獄則及び監獄に関する事項、③陸軍軍法会議の裁判及びその事務の監査に関する事項等とされ、明治三十三年には法務局に昇格した。

初代法官部長は桂太郎、三代目に児玉源太郎が就任するなど初期のころには大物が起用されている。法務官は、一般将兵には、殆ど無縁の存在であったが、軍紀違反などで軍法会議に送られると軍人と法務官の裁判官（判士）が協同で裁いた。法務官は、検察官役も務めた。

法務官の身分は、長く文官で軍属扱いであったが、昭和十七年に武官に改められ、法務将校となった。

この時大塚は、大佐に任命された。文官としての法務官、あるいは武官としての法務将校への道はかなり狭く、高等試験（いわゆる高文）の司法科に合格し、司法官試補の資格を持たなければならなかった。しかし、後に法務将校の不足で、司法官試補の資格を持たない大学法学部卒業者も対象とされた。なお、法務将校の最高位は、法務中将で、軍医部や経理部と同様大将位はなかった。

法務部長

大塚は、文官時代の昭和十六年六月、朝鮮軍法務部長に就任している。一般に法務部は、師団以上の組織（軍、方面軍、総軍）に置かれたが、一部師団に置かれた例もある。

朝鮮軍は、在鮮の二個師団（第十九、二十）を基幹とする小規模の軍であったが、格式は高く、朝鮮軍司令官は、通常大将が就任した。当時の軍司令官は、板垣征四郎大将であった。

大塚は、在任中の十九年三月、少将に進級し、進級とともに南方軍隷下の第七方面軍法務部長に栄転する。第七方面軍は十九年三月に編成された軍で、マレー、ジャワ、スマトラ等の資源地帯の防衛を任務とした。軍司令官には土肥原賢二大将が親補された。しかし、二十年四月には、大塚が朝鮮で仕えた板垣征四郎大将に替わった。軍司令部はシンガポールに置かれていた。

死の状況

戦犯

大塚はシンガポールで終戦を迎えたが、まもなく進駐してきた英軍に戦犯として逮捕された。容疑は、いわゆる昭南陸軍刑務所事件と称されるもので「戦時中に拘禁されていた連合国側捕虜及び一般市民の多数を死亡せしめ、かつ肉体的精神的な苦痛を与えた（『孤島の土となるとも』岩川隆）」というものであった。陸軍刑務所は、捕虜収容所とは別組織で、日本軍占領地に於いて日本軍が、占領地住民等に遵守を命じた軍律に違反したものを収容した。違反者は軍律会議に於いて裁かれた。軍法会議が自国軍人や国民を対象とするのに対し、軍律会議は、捕虜や占領地住民を対象としている。

捕虜収容所の場合、所長は兵科の軍人が就任しているが、昭南陸軍刑務所については、法務少佐が所長であり、法務部の管轄であったのかもしれない。

日本軍は、捕虜や占領地住民の虐殺、虐待等で多くの戦犯者を出したが、多くは軍律会議という裁判（審判と言った）にかけることもなく、現場で「厳重処分（処刑の意）」したことが戦犯者を拡大した。殺害しても軍律会議という形式を踏んでいれば、戦犯として罪を問われなかったこともあるが、開いていても尋問等の過程で拷問等の事実があれば戦犯として追及された。

大塚の具体的な罪状は、資料に乏しくはっきりしない。法務部長として刑務所の管理責任を問われたのかもしれない。また軍律会議の責任者としての責任を問われた可能性もある。大塚の上司である南方軍法務部長の日高己雄少将や刑務所長の林庄造少佐等も絞首刑の判決を受けた。

昭南陸軍刑務所は、元々南方軍の直轄であったが、十九年三月第七方面軍が編成されて、シンガポールに司令部を置いた際、同方面軍の管轄に移されたので、大塚の責任は、それ以降のことである。

大塚は、上司の日高とともに二十二年四月十七日、シンガポールのチャンギー刑務所で処刑された。

参考文献
事典　昭和戦前期の日本　制度と実態　伊藤隆監修　百瀬孝　吉川弘文館
孤島の土となるとも―ＢＣ級戦犯裁判　岩川隆　講談社
丸別冊　戦争と人物　軍司令官と師団長「戦犯になった将官　茶園義男」　潮書房

法務少将

日高己雄（鹿児島）

Hidaka Mio

明治二十六年九月二十八日　生

昭和二十二年四月十七日　没（絞首）　シンガポール　五十三歳

主要軍歴

昭和十七年四月一日　法務少将　台湾軍法務部長
昭和十八年六月十五日　南方軍法務部長兼第三航空軍法務部長
昭和十九年六月十四日　免兼
昭和二十二年四月十七日　処刑（絞首）

プロフィール

法務官

日高は法務官である。軍の法務を司る法務官の沿革は古く、明治の建軍とともに発足しているが、その身分は長く文官とされ、軍属の扱いであった。しかし、昭和十七年法務官も武官に改められ、それぞれに武官としての階級が与えられた。法務官は、軍医、経理等とともに各部を形成し、階級も軍医等と同様に中将相当までしかなく、呼称は法務中将、法務少将等とされた。法務部の沿革、職掌などについては、法務少将大塚操の項を参照されたい。

各部には技術部、経理部、衛生部、獣医部、軍楽部、法務部の六部があったが、法務部は、技術部と並んで最も一般将兵にはなじみの薄い部であった。経理部、獣医部は最下級が伍長、軍楽部、法務部は上等兵が最下級であった。なお、軍楽部の最高位は少佐であった。また、兵科でも憲兵は上等兵が最下級であった。

法務部の準士官以下は、録事（書記）や軍刑務所の監獄長、看守長、看守等であった。

これらのものは、進級しても法務将校になるのではなく、法事務将校とされた。法務将校は、高等試験（いわゆる高文）の司法科に合格して、司法官試補の資格を要した（のちに、法務将校の不足から大学法学部卒業者も対象となった）。

法務部長

日高は、昭和十七年四月、法務部発足とともに、法務少将とされ、台湾軍法務部長に補職された。台湾軍は平時は台湾守備隊（二個連隊）と要塞部隊を基幹とする、小規模の軍である。当時軍司令官は、安藤利吉中将であった。大東亜戦争後期に至るまで台湾は、南方への中継基地としての位置づけで、配置部隊も少なく日高の業務が多忙を極めることはなかったであろう。

十八年六月、日高は南方軍法務部長兼第三航空軍法務部長に栄転する。南方軍総司令官は寺内寿一大将（元帥）で、司令部はシンガポール（のちマニラ、サイゴンに移転）にあった。南方軍は、関東軍、支那派遣軍と並ぶ大軍で隷下部隊の数も多く、支那派遣軍とともに戦場にあって、法務部の業務も多忙を極めたに違いない。

日高 己雄

死の状況

戦犯

日高は、終戦を仏印のサイゴン（現ホーチミン市）で迎えた。南方軍総司令部は、開戦時サイゴンに位置し南方作戦を指揮したが、マレー・シンガポール攻略後はシンガポールに移り、十九年四月インパール作戦の最中にマニラに移転したが、十九年十一月。サイゴンに戻った。レイテ決戦の最中であった。

終戦後、南方軍首脳は、シンガポールに集結を命じられ、九月十二日、降伏調印式を行い英軍に正式に降伏した。この時寺内総司令官は病中（脳卒中）でシンガポールに来られず、調印は板垣第七方面軍司令官が代理で行った。

その後、英軍による戦犯追及が始まり、日高も逮捕された。その容疑は、いわゆる昭南陸軍刑務所事件といわれるもので「戦時中に拘禁されていた連合軍捕虜及び一般市民の多数を死亡せしめ、かつ肉体的精神的な苦痛を与えた（『孤島の土となるとも』岩川隆）」というものであった。判決は死刑で絞首刑であった。

陸軍刑務所は、捕虜収容所とは別組織で、日本軍人の他、日本軍占領地に於いて日本軍が、占領地住民等に遵守を命じた軍律に違反した者を収容した。軍法会議が自国軍人や国民を対象としているのに対し、軍律会議は、占領地住民や捕虜を対象としている点が異なる。

捕虜収容所は、兵科の軍人が所長に任命されているが、昭南陸軍刑務所は、法務少佐が所長であった。

その管轄は、法務部であったのかもしれない。

英軍のシンガポール裁判では、この陸軍刑務所事件が、最も被告数が多かったという。四十五名が起訴され、南方軍法務部長の日高を始め、第七方面軍の大塚操法務部長、所長の林庄造法務少佐、その他軍医大尉、憲兵曹長等が絞首刑の判決を下された。所長以下は直接の当事者として、日高や大塚は、管理者としての責任を問われたものであろう。

日高は、南方軍がシンガポールに司令部を置いていた時代の、大塚は南方軍が十九年四月にシンガポールを去った以降（第七方面軍は十九年三月に編成され、シンガポールに司令部を置いて、南方軍の所管の一部を引き継いだ）の責任を問われたのであろう。日高や大塚の罪状は、必ずしもはっきりしない。

日高と大塚は、二十二年四月十七日、シンガポールのチャンギー刑務所に於いて絞首刑を執行された。各部将官のうち死刑となったのは、日高と大塚の他は、第二十五軍経理部長の山本省三主計少将のみである。

参考文献

丸別冊　戦争と人物20　軍司令官と師団長「戦犯になった陸軍将官　茶園義男」　潮書房
孤島の土となるとも—ＢＣ級戦犯裁判　岩川隆　講談社

おわりに

昭和十六年十二月八日に始まった大東亜戦争は、昭和二十年九月二日に終了した。その後、戦争犯罪人の処罰のための極東国際軍事裁判所が九ヶ国（アメリカ、英国、オーストラリア、オランダ、中華民国、中華人民共和国、フィリッピン、フランス、ソ連）で設置され、それぞれの管轄区域五十ヶ所以上に軍事法廷が設置された。ソ連と中華人民共和国については、その詳細は詳らかではない。最後の法廷が閉廷されたのは昭和二十六年四月九日、最後のＢＣ級戦犯の処刑が行われたのを最後に全法廷が閉鎖された。最後のＡ級戦犯（佐藤賢了元陸軍中将）が釈放されたのは、昭和三十一年三月三十一日であった。

戦犯として死刑になったのは、Ａ級七名（軍人六名、文官で一）あったが、ＢＣ級戦犯は九百八十三名（ソ連、中華人民共和国分は不明）にのぼる。戦犯リストに名がのり、不起訴になったり、無罪になったり、有期刑で釈放された有名人の中には戦後活躍して有名人になった人も多い。戦後外務大臣となり講和条約の発効や、国連加盟などをはたして勲一等旭日桐花大綬章を受けた重光葵、首相となりアメリカとの安全保障条約の改訂を実施して、勲一等旭日桐花大綬章、大勲位菊花大綬章を授与された岸信介、終身刑の判決を受けたが後に釈放され衆院議員となり、池田内閣の大蔵大臣となった賀屋興宣などがいる。賀屋は公職引退後叙勲を打診されたが辞退したという。一方、満州で生物兵器や化学兵器の研究を行っていた石井四郎元軍医中将、（関東軍防疫給水部、第七百三十一部隊長）は間一髪ソ連軍進駐の直前に満州から脱出し帰国した。戦後、研究成果を米軍に提供するという条件で免責されている。

昭和二十七年四月二十八日発効の日本との平和条約（サンフランシスコ条約）により日本の独立後の戦争犯罪人のとり扱いについては、一部が以下の第十一条により日本に委ねられた。

「日本国は、極東国際軍事裁判所並びに日本国内及び国外の他の連合国戦争犯罪法廷の判決を受諾し、かつ、日本国で拘禁されている日本国民にこれらの法廷が課した刑を執行するものとする。これらの拘禁されている者を赦免し、減刑し、及び仮出獄させる権限は、各事件について刑を課した一または二以上の政府の決定及び日本国の勧告に基づく場合の他、行使することが出来ない。極東国際軍事裁判所が刑を宣告した者については、この権限は、裁判所に代表者を出した政府の過半数の決定及び日本国の勧告に基づくの外、行使することが出来ない。刑を執行するものとする。」

これにより、

昭和二十七年六月　戦犯所在者の釈放に関する決議（参議院）
昭和二十七年十二月　戦争犯罪による受刑者の釈放などに関する決議（衆議院）
昭和二十八年八月　戦争犯罪による受刑者の赦免に関する決議

昭和三十年七月　戦争受刑者の即時釈放要請に関する決議が矢継ぎ早に出され、A級戦犯の減刑、BC級戦犯の赦免が進められた。とともに戦犯としての死者は昭和二十七年、五月から公務死と呼ばれるようになった。さらに、戦傷病者戦没者遺族等援護法の改正により戦犯としての抑留逮捕者について拘禁者として扱い、拘禁中に死亡した場合は、その遺族に扶助料を支給することとなった。

昭和三十四年、BC級戦犯として靖国神社に合祀された法務死亡者は昭和殉難者とよばれ、全くの被害者扱いをされるようになった。BC級戦犯の遺書を読むと俺は悪くない。命令に従ってやっただけだ。戦争だから仕方がない。人違いだと反省の気持ちが薄いのが気になる。人違いの場合の気持ちは分かるしお気の毒に堪えないが。ひとつひとつの事例を見ると読むに堪えない気がすることが多い。捕虜や住民の虐待、虐殺等はジュネーブ条約で禁止されていることなど全く教えられたことのない兵士（高級将校を含む）にとって罪の意識など持ちようがなかったのかもしれない。

さらに昭和五十三年、A級戦犯が靖国神社に密かに合祀された。戦後、昭和天皇は数年おきに靖国参拝を行っていたが、これ以降天皇の靖国参拝は行われなくなった。その後発見された諸史料ではA級戦犯の合祀がお気に召さなかったと見られている。

戦犯法廷の問題点

第二次世界大戦の結果、開かれたニュールンベルグ裁判（国際軍事裁判）、東京裁判（極東国際軍事裁判）は、①平和に対する罪、②通例の戦争犯罪、③人道に対する罪について裁かれた。この区分は我が国では通常　①をA級、②をB級、③をC級と理解されており、罪の軽重を示すものと理解されているが、そうではなく罪の種類を示したものに過ぎず、東京裁判ではC級については裁かれることはなくBC級とひとくくりにされている。A級、B級、C級ではなくA類、B類、C類と訳すべきであったであろう。

戦後七十六年経っても、我が国に於いてもドイツに於いても国民の一部で両裁判の結果が素直に受け入れられておらず、長年論争が続いているのは以下の理由による。東京裁判に反対する東京裁判史観なる説もある。

①　勝者による復讐—裁判である。
②　罪刑法定主義に反する事後法である。
③　連合国側の犯罪については裁かれておらず不公平である

によるものであり、正当な法的根拠を有さないとの主張が一部にあるからである。

勝者による裁判というのは事実その通りである。その中には憎悪や復讐心も入っていたことも確かであろう。しかしそれを文明国として少しでも薄めようと努力した跡も認められる。戦犯の一部には、旧敵国人のため戦勝国から選ばれて、これほど献身的に弁護に努めてくれるのだろうかと驚嘆している者もいる。

あり得ないことであるが、あの戦争に大日本帝国が勝利し、ワシントン軍事裁判が開催されたら、アメリカを始め連合国が行った以上の公平な裁判が行われたであろうか。原子爆弾投下や全国の有力都市の無差別爆撃などに対する米軍の行為に対する報復や復讐を行わなかったであろうか。自分の気持ちを考えてもとてもそうとは思えない。当時の歴史水準から見てあれが精一杯のものではなかろうか。

事後法と（罪刑法定主義）

戦犯裁判で、いわゆるA級、平和に対する罪「即ち、宣戦を布告せるまたは布告せざる侵略戦争、若しくは国際法、条約、協定または制約に違反せる戦争の計画、準備、開始、または遂行、若しくは右諸行為の何れかを達成するための共通の計画または共同謀議への参加」及びC級、人道に対する罪「即ち、戦前または戦時中なされたる殺人、殲滅、奴隷的虐使、追放、その他の非人道的行為、若しくは犯行地の国内法違反たると否とを問わず、本裁判所の管轄に属する犯罪の遂行としてまたはこれに関連してなされたる政治的若しくは犯行地の管轄に属する犯罪の遂行としてまたは、人種的理由に基づく迫害行為」については当時法定されておらず、事後法であるので罪刑法定主義に反するとしてインドのラダビノッド・パル判事のように全員無罪を主張する少数説もあった。

筆者は法律の専門家ではないので、詳しく述べる資格はないがこれがその通りとすると、第二次大戦で裁かれるのはいわゆるB級、通常の戦争犯罪人である一部の将兵、それも大部分は上官に命令されて実行した下級兵士のみということになる。当時はまだ侵略戦争というものは犯罪と見なされていなかったので、それを計画し、実行させた指導者に罪はないという主張である。事後法については、大陸法と欧米法の違いもあり、事後法も有効との説もあった。
A級、C級は皆無罪とすると、はたして、この説は被害者を納得させるであろうか。

参考資料

年表太平洋戦全史　国書刊行会
東京裁判論　粟谷憲太郎　大月書店
東京裁判　上下　朝日新聞東京裁判記者団　講談社
東京裁判を読む　半藤一利　保坂正康　井上亮　日本経済新聞社
BC級裁判　半藤一利　秦郁彦　保阪正康　井上亮　日本経済新聞社
共同研究　パル判決書　上下　講談社学術文庫

陸軍刑死将官列伝（一覧表）

番号	階級	氏名	職位	訴因	法廷	判決	執行日
1	大将	板垣征四郎	第七方面軍司令官（元陸軍大臣）	平和に対する罪（A級）	東京	死刑（絞首）	昭和二十三年十二月二十三日
2	大将	木村兵太郎	ビルマ方面軍司令官（元陸軍次官）	平和に対する罪（A級）	東京	死刑（絞首）	昭和二十三年十二月二十三日
3	大将	土肥原賢二	教育総監 奉天特務機関長	平和に対する罪（A級）	東京	死刑（絞首）	昭和二十三年十二月二十三日
4	大将	東條英機	元総理大臣、陸軍大臣	平和に対する罪（A級）	東京	死刑（絞首）	昭和二十三年十二月二十三日
5	大将	松井石根	中支那方面軍司令官 兼上海派遣軍司令官	南京事件（BC級）	東京	死刑（絞首）	昭和二十三年十二月二十三日
6	大将	山下奉文	第十四方面軍司令官 第二十五軍司令官	比島及びシンガポールにおける住民虐殺（BC級）	アメリカ（マニラ）	死刑（銃殺）	昭和二十一年二月二十三日
7	中将	岡田　資	第十三方面軍司令官	米爆撃機乗員殺害（BC級）	アメリカ（横浜）	死刑（絞首）	昭和二十四年九月十七日
8	中将	河野　毅	第七十七旅団長	住民虐殺（BC級）	フィリッピン（マニラ）	死刑（絞首）	昭和二十二年四月二十四日
9	中将	河村参郎	第二百二十四師団長 シンガポール警備隊長	住民虐殺（BC級）	イギリス（シンガポール）	死刑（絞首）	昭和二十二年六月二十二日
10	中将	洪　思翊	第十四方面軍兵站監	捕虜、民間抑留人の殺害（BC級）	アメリカ（マニラ）	死刑（絞首）	昭和二十一年九月二十六日
11	中将	近藤新八	第百三師団長	住民など殺害（BC級）	中国（広東）	死刑（銃殺）	昭和二十二年十月三十一日
12	中将	酒井　隆	予備役 元第二十三軍司令官	特務機関長、住民殺害（BC級）	中国（広東）	死刑（銃殺）	昭和二十一年九月十三日

13	中将	田上八郎	第三十六師団長	米搭乗員、住民殺害（BC級）	オランダ（ホーランディア）	死刑（絞首）	昭和二十三年十月六日
14	中将	田島彦太郎	独立混成第六十一旅団長	米搭乗員殺害、住民殺害（BC級）	アメリカ（マニラ）	死刑（絞首）	昭和二十一年四月三日
15	中将	立花芳夫	第百九師団長	米搭乗員殺害、人食肉（BC級）	アメリカ（グアム）	死刑（絞首）	昭和二十二年九月二十四日
16	中将	田中久一	第二十三軍司令官兼香港総督	住民虐待（BC級）	中国（広東）	死刑（銃殺）	昭和二十二年三月二十七日
17	中将	田辺盛武	第二十五軍司令官	住民虐殺、虐待（BC級）	オランダ（インドネシア・メナド）	死刑（銃殺）	昭和二十四年七月十一日
18	中将	谷　寿夫	第五十九軍司令官兼中国管区司令官、元第六師団長	南京事件（BC級）	中国（南京）	死刑（銃殺）	昭和二十二年四月二十六日
19	中将	西村琢磨	マドラス州長官（予備役） 元近衛師団長	住民虐殺（BC級）	イギリス（シンガポール）	死刑（絞首）	昭和二十六年六月十一日
20	中将	馬場正郎	第三十七軍司令官	捕虜虐殺（BC級）	オーストラリア（ラバール）	死刑（絞首）	昭和二十二年八月七日
21	中将	原田熊吉	第五十五軍司令官 元第十六軍司令官	豪機搭乗員殺害（BC級）	オーストラリア（ラバール）	死刑（絞首）	昭和二十二年五月二十八日
22	中将	福栄真平	第百二師団長 元マレー捕虜収容所長	捕虜殺害（BC級）	イギリス（シンガポール）	死刑（銃殺）	昭和二十一年四月二十七日
23	中将	本間雅晴	第十四軍司令官	バターン死の行進（BC級）	アメリカ（マニラ）	死刑（銃殺）	昭和二十一年四月三日
24	中将	武藤　章	第十四方面軍参謀長	住民殺害、虐待（A級実質BC級）	アメリカ（マニラ）	死刑（銃殺）	昭和二十三年十二月二十三日
25	少将	齋　俊男	独立混成第三十六旅団長	住民殺害（BC級）	イギリス（シンガポール）	死刑（銃殺）	昭和二十一年五月三日
26	少将	鏑木正隆	第五十五軍参謀長	米搭乗員殺害（BC級）	アメリカ（上海）	死刑（絞首）	昭和二十一年四月二十二日

番号	階級	氏名	職	事件	国（場所）	判決	年月日
27	少将	河根良賢	北支那自動車廠長（元第三野戦輸送司令官）	バターン死の行進（BC級）	アメリカ（日本）	死刑（絞首）	昭和二十四年二月十二日
28	少将	佐々　誠	タイ俘虜収容所長（予備役）	捕虜虐待死泰緬鉄道事件（BC級）	イギリス（オートラム）	死刑（絞首）	昭和二十三年四月二十三日
29	少将	佐藤為徳	独立混成第三十五旅団長	住民殺害（BC級）	イギリス（シンガポール）	死刑（絞首）	昭和二十一年四月六日
30	少将	田中　透	台湾歩兵第二連隊長	住民殺害（BC級）	オランダ（アンボン）	死刑（銃殺）	昭和二十三年四月七日
31	少将	平野儀一	独立歩兵第六十三大隊長	住民虐待（BC級）	中国（広東）	死刑（銃殺）	昭和二十二年五月十二日
32	少将	藤重正従	歩兵第十七連隊長	住民殺害（BC級）	フィリッピン（マニラ）	死刑（銃殺）	昭和二十一年七月十七日
33	少将	矢萩那華雄	第二十五軍参謀長	住民殺害（BC級）	オランダ（メダン）	死刑（銃殺）	昭和二十四年七月八日
34	主計少将	山本省三	第二十五軍経理部長	捕虜・住民保護の欠如（BC級）	オランダ（メダン）	死刑（銃殺）	昭和二十四年七月八日
35	法務少将	大塚　操	第七方面軍法務部長	捕虜・住民保護の欠如（BC級）	イギリス（シンガポール）	死刑（絞首）	昭和二十二年四月十七日
36	法務少将	日高己雄	南方軍法務部長	捕虜・住民保護の欠如（BC級）	イギリス（シンガポール）	死刑（絞首）	昭和二十二年四月十七日

注
1. A級戦犯として処刑された者は七名いるが、内一名（広田弘毅元首相）は文官につき、除外している。
2. BC級戦犯として死刑を宣告されたが処刑直前に病死した重藤憲文少将（南支那派遣憲兵隊長）も除外している。
3. 掲載順は階級順、階級の中ではあいうえお順を原則としている。
4. 職位野中に旧職を併記しているのは戦犯と認定された当時の職。

伊藤　禎（ただし）

昭和十六年福岡県生まれ。

昭和四十一年東北大学法学部卒業。

同年農林中央金庫入庫　本支店勤務の他、農水省、日本格付研究所出向、その他高松支店長、債券部長を経て平成七年コープケミカル（株）〈現片倉コープアグリ（株）〉常務取締役就任。平成九年代表取締役専務就任、コープ開発（株）社長、昆明人和化工有限公司董事などを歴任（兼務）。

平成十四年六月～十五年六月同社相談役。

平成十四年八月～十八年六月ジェイエイバンク電算システム（株）監査役。

平成二十年一月～NPO法人老人ホーム評価センター理事。ヘルパー2級
北條手作り甲冑隊　第七代城代家老（平成二十六年～三十年）。

無双直伝英信流居合　錬士
元軍事史学会会員　元失敗学会会員。

〈著書〉
敗者の戦訓　一経営者の見た日本軍の失敗と教訓（文芸社　平成十五年）、大東亜戦争戦没将官列伝（陸軍・戦死編）（文芸社　平成二十一年）、大東亜戦争責任を取って自決した陸軍将官26人列伝（展望社　平成三十年）、自分に合った終の住処の選び方ハンドブック（展望社　令和二年）
神奈川県在住

大東亜戦争
戦犯として処刑された陸軍将官36人列伝

二〇二一年八月十五日　初版第一刷発行

著　者――伊藤　禎
発行者――唐澤明義
発行所――株式会社　展望社
郵便番号一一二―〇〇〇二
東京都文京区小石川三―一―七　エコービル二〇二
電　話――〇三―三八一四―一九九七
FAX――〇三―三八一四―三〇六三
振　替――〇〇一八〇―三―三九六二四八
展望社ホームページ http://tembo-books.jp/
印刷・製本――株式会社東京印書館
定価はカバーに表示してあります。
落丁本・乱丁本はお取り替えいたします。

ISBN978-4-88546-405-8